普通高等教育教材

# 能源与动力类专业实验室安全教程

王国强　主编

化学工业出版社

·北京·

**内容简介**

《能源与动力类专业实验室安全教程》根据能动类专业实验室危险源的特点，系统介绍了实验室的基本安全知识，各类操作规程，常用仪器设备的使用方法、注意事项及应急预案，涵括了基本实验操作、危险化学品的使用、仪器设备安全、辐射防护安全、压力容器安全、消防安全等方面的内容。本教材共 10 章，包括消防安全、化学品安全、电气安全、仪器设备安全使用、机械加工及热加工类安全、特种设备安全、实验室个人防护及安全操作、实验室辐射安全、实验室废弃物的处理、实验室安全应急。

本书聚焦能源与动力类专业实验室安全隐患预防与治理的迫切需求，以《高等学校实验室安全检查项目表（2023 年）》要求为导向，详细地阐述能源与动力类专业实验室安全的知识要点，以及危险源管制措施。

本书可作为高等院校能源与动力类专业实验室安全教材，也为实验室教师、学生和实验技术人员、科研院所的实验室管理人员提供参考。

**图书在版编目（CIP）数据**

能源与动力类专业实验室安全教程 / 王国强主编. 北京：化学工业出版社，2024. 10. --（普通高等教育教材）. -- ISBN 978-7-122-46565-8

Ⅰ. TK-33

中国国家版本馆 CIP 数据核字第 2024SK2322 号

---

责任编辑：王海燕　姜　磊　　　文字编辑：邢苗苗

责任校对：边　涛　　　装帧设计：关　飞

---

出版发行：化学工业出版社

（北京市东城区青年湖南街 13 号　邮政编码 100011）

印　　装：北京天宇星印刷厂

787mm×1092mm　1/16　印张 14¾　字数 362 千字

2025 年 1 月北京第 1 版第 1 次印刷

---

购书咨询：010-64518888　　　售后服务：010-64518899

网　　址：http://www.cip.com.cn

凡购买本书，如有缺损质量问题，本社销售中心负责调换。

---

定　　价：42.00 元

# 前言

能源是人类社会发展的重要物质基础，也是我国经济可持续发展的一个重要瓶颈，是国家经济社会发展的全局性和战略性问题。能源技术跨学科性强，要求综合掌握物理、化学、材料、机械、电气等多学科知识，其创新发展已上升至国家战略层面，是能源领域最重要和优先的发展方向。这对能源动力类专业学生的培养带来了新的挑战。当前，传统专业的培养方式、内容、进度，难以满足我国能源领域对复合型创新人才的需求，人才短缺已经成为制约产业发展和升级的最大软肋。为满足当前能源产业发展需求，亟需整合跨学科、产业资源，推动产教深度融合，培育更多高质量专业人才，支撑能源产业转型升级。

实验室是高校进行人才培养的重要场所，是培养学生动手能力、实验实践能力和创新意识的基础环境，几乎所有学生都会在实验室中进行各种学习和训练，实验室对于学生综合素质的提高有着不可替代的重要作用。随着科研创新能力的日益提升，能源动力类专业实验室的科研活动日益频繁，实验室面临的安全风险因素也愈加错综复杂，并主要呈现出以下特点：①实验所用的材料和设备涉及的危险源种类多。实验室有易燃易爆炸实验气体、易制毒易制爆化学品、放射性同位素、高温高压设备、高旋转设备以及特种设备等。②实验条件所要求的技术参数高。实验往往涉及高温高压参数指标，如在超高压比氢输运特性研究中，安全贮存压力达50MPa的高压参数。③自研实验设备及台架多。一些实验室如化工实验室和生物实验室有标准的实验设备和台架，但能源类专业科研实验却经常需要自行研制实验设备和台架，这类自研设备和台架本身及制作过程往往存在安全隐患。④实验研究过程学科综合性强，交叉性广。实验过程涉及材料工程、电气工程、化学工程等方面的专业知识，如果缺乏相关专业安全知识，将构成安全隐患。

近年来高校实验室建设规模不断扩大，高校实验室安全事故时有发生。有研究发现，绝大多数的实验室安全事故是由于实验者缺乏良好的安全实验习惯导致，或者缺乏对实验的准确把握操控而造成的。因此，对实验人员的实验室安全教育不可低估。事实上，教育部《高等学校实验室安全检查项目表（2023年）》第3.1.1条也指出，对于有重要危险源的院系和专业，要开设有学分的安全教育必修课或将安全教育课程纳入必修环节。因此，针对能动类专业的学科特点，编写实验室安全教程对于防范事故发生和提升高校实验室安全水平具有重要意义。

本教材依据教育部实验室安全管理要求、实验室安全技术标准规范，并结合实际管理经验编写。教材以能源动力类专业实验室安全的普适知识为主，介绍“物防”“技防”知识，又传授“人防”手段，可主要作为研究生实验室安全课程用书。同时，在编写中还特别针对事故多发的一些专业实验室，增加了其专业安全知识内容，使教材具有普适性和专业性，有较强的实用性。

本教材由重庆大学王国强主编，重庆大学李俊、王锋副主编，重庆大学黄鑫参编。其中，王国强编写第一、三、四、五、七、九、十章，李俊编写第二章，黄鑫编写第六章、王锋编写第八章。全书由王国强统稿，重庆大学蒲舸教授、秦昌雷教授、张亮教授主审。

希望本书的出版能帮助实验人员和安全管理人员掌握安全知识，为提高高等学校实验室安全建设水平做出有益的贡献。

本书难免存在不足之处，诚恳希望读者批评指正。

编者

2024年2月

# 目录

## 第一章　实验室消防安全 / 001



## 第二章　实验室化学品安全 / 027

## 第三章　实验室电气安全 / 067



## 第四章　仪器设备安全使用 / 084

## 第六章　特种设备安全 / 134



## 第七章　实验室个人防护及安全操作 / 158



## 第八章　实验室辐射安全 / 172

## 第九章　实验室废弃物的处理 / 189



## 第十章　实验室安全应急 / 205

# 第一章 实验室消防安全

## 第一节 燃烧基础知识

### 一、燃烧的定义与原理

**1. 燃烧定义**

燃烧是可燃物质与助燃物质在一定条件下发生的放热发光的化学反应。在日常生活、生产中所见的燃烧现象，大多是可燃物质与空气中的氧进行剧烈的化学反应发生发热发光的现象。例如木柴的燃烧、煤的燃烧等，在这些物质的燃烧过程中都会发光发热，有时还伴有大的声响。燃烧具有两个基本特征：①产生剧烈的光和热；②发生化学反应。这是区分燃烧和非燃烧现象的依据。

通常情况下，燃烧是在有氧情况下进行的化学反应，但在一些特殊情况下的燃烧也可以在无氧情况下进行。如氢气在氯气中的燃烧、镁条在二氧化碳中的燃烧等。这两个化学反应并没有氧气参与，但产生了剧烈的光和热，同样属于燃烧范畴。

$$H_2+Cl_2 \xlongequal{点燃} 2HCl$$

$$2Mg+CO_2 \xlongequal{点燃} 2MgO+C$$

**2. 燃烧的过程分析**

可燃物质分气态、液态和固态三种。由于状态不同，燃烧的形式和过程也不相同。可燃性气体的燃烧形式为混合燃烧或扩散燃烧；可燃液体的燃烧形式为蒸发燃烧；可燃固体的燃烧形式为分解燃烧和表面燃烧。

（1）气体的混合燃烧　可燃性气体与空气预先混合，然后发生的燃烧称为混合燃烧。混合燃烧反应迅速、传播速度快、温度高，具有冲击波效应，常常引起爆炸，如汽车内燃机内的燃烧。

（2）气体的扩散燃烧　可燃性气体由管中喷出与周围空气中氧分子相互扩散，一边混合一边燃烧，这样的燃烧称为扩散燃烧，如气焊时乙炔的燃烧。

（3）液体的蒸发燃烧　可燃性液体燃烧时，通常液体本身并没有燃烧，而是由于液体蒸发产生的蒸气发生燃烧，这种形式的燃烧称为蒸发燃烧，如煤油的燃烧、汽油的燃烧、酒精的燃烧。

（4）固体的分解燃烧　固体或不挥发液体由于受热分解而产生的可燃性气体进行燃烧，这种燃烧称为分解燃烧，例如油脂大多是先分解产生可燃性气体再进行燃烧。

（5）固体的表面燃烧　可燃固体燃烧到后期分解不出可燃性气体，只剩下无定形炭和灰，此时没有可见火焰，燃烧是在高温可燃固体表面进行，例如焦炭的燃烧、木头的燃烧。

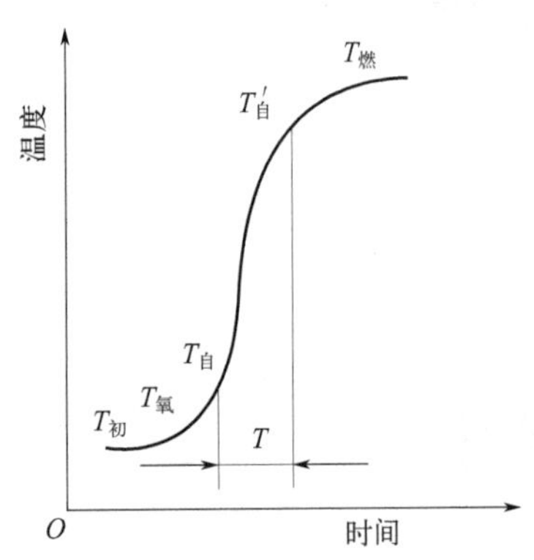

图 1-1　物质燃烧过程的温度变化

任何可燃物质的燃烧都经历氧化分解、着火、燃烧等阶段，见图 1-1。$T_{初}$ 为可燃物质开始加热的温度。初始阶段，加热的大部分热量用于可燃物质的熔化或分解以及分子内能的增加，温度上升比较缓慢。当温度继续上升到达 $T_{氧}$，可燃物质开始氧化，此时由于温度较低氧化速度不快，氧化产生的热量尚不足以使物质燃烧。此时若停止加热，尚不会引起燃烧。如继续加热则温度上升很快，到达 $T_{自}$ 时即使停止加热，温度仍自行迅速升高，到达了 $T'_{自}$ 就着火燃烧。这里 $T_{自}$ 是理论上的自燃点，$T'_{自}$ 是开始出现火焰的温度，为实际测得的自燃点，$T_{燃}$ 为物质的燃烧温度。$T_{自}$ 到 $T'_{自}$ 间的时间间隔称为燃烧诱导期，在安全上有一定实际意义，也是争取灭火的最佳时机。

## 二、燃烧的分类

燃烧按照瞬间发生的特点及要素构成的条件，可分为自燃、闪燃、着火三种类型。了解每种燃烧的特性，对评定可燃物火灾危险性及采取相应的防火措施具有重要意义。

### 1. 自燃与自燃点

可燃物质在没有外界热源直接作用下受热或在常温下自行发热，由于散热受到阻碍使温度上升，当达到一定温度时，便发生自行燃烧的现象称为自燃。根据促使可燃物升温的热量的来源不同，自燃可分为受热自燃和本身自燃两类。

可燃物质不需点火源的直接接触就能发生自行燃烧的最低温度称为自燃点。压力、组成和催化剂性能对可燃物质自燃点的温度量值有很大影响。可燃性固体粉碎得越细、粒度越小，其自燃点越低。固体受热分解，产生气体量越大，自燃点越低。对于有些固体物质，受热时间较长，自燃点也较低。

自燃点还与分子结构有密切关系，在有机物的同系物中，自燃点随分子量的增加而降低，如甲烷自燃点（540℃）＞乙烷自燃点（520℃）＞丙烷自燃点（440℃）＞丁烷自燃点（405℃）。对石油产品而言，密度越大自燃点越低，如汽油、煤油、轻柴油、重柴油、蜡油、渣油的自燃点依次降低。因此，从自燃点来看，重质油的危险性大。

### 2. 闪燃与闪点

任何液体表面都有蒸气的存在，其浓度取决于液体的温度。可燃液体蒸发的可燃蒸气上方，与空气混合后，遇明火一闪即灭（延续时间小于5s）的燃烧现象叫作闪燃。液体表面的蒸气刚足以与空气发生闪燃的最低温度叫闪点。同一液体的饱和蒸气压随温度的升高而增大，当温度稍高于闪点时，可燃液体随时都有接触火源发生燃烧的危险，故闪点是液体引起火灾的最低温度。闪点是评价可燃液体燃烧危险性大小的重要参数。在《危险货物分类和品名编号》（GB 6944—2012）中的第3类易燃液体就是以闪点划分的，规定：闭杯闪点不高于60℃、开杯闪点不高于65.6℃的液体或液体混合物，或是在溶液或悬浮液中有固体的液体都为易燃液体即危险物质。

**3. 着火（燃烧）与燃点**

着火是可燃物质与火源接触而发生燃烧，并且火源移去后仍能维持燃烧5s以上的现象。可燃物质发生着火的最低温度，称为该物质的着火点或燃点。物质的燃点低于该物质的自燃点。不同的可燃物质处在相同火源条件下，燃点低的物质首先着火，燃点越低的物质，发生火灾的危险性越大。

控制可燃物质的温度在燃点以下，是防火、灭火的重要措施之一。例如，用浇水、喷水雾的方法灭火，就是为了将燃烧物质的温度降低到燃点以下，使燃烧停止。

几种常见物质的自燃温度、燃点、闪点见表1-1。

**表1-1　几种常见物质的自燃温度、燃点、闪点**

| 物质 | 自燃温度/℃ | 燃点/℃ | 闪点/℃ |
|---|---|---|---|
| 氢气 | 560 | | |
| 煤粉 | 250～700 | 162～234 | |
| 木柴 | 350 | 295 | |
| 纸张 | 333 | 130 | |
| 甲烷 | 540 | | |
| 汽油 | 415～530 | | <28 |
| 蜡油 | 300～380 | | 120 |
| 沥青 | 270～300 | | 230 |

## 三、燃烧的条件

在一般情况下，燃烧可以理解为燃料和氧之间伴有发光发热的化学反应。除自燃现象外，都需要点火源引发燃烧。所以，燃烧要素可以简单地表示为可燃物（燃料）、助燃物（氧）和点火源这三个基本条件。接下来将围绕这三个基本条件进行讨论，并提出降低与之联系的危险性的建议。

**1. 可燃物**

防火的一个重要内容是考虑燃烧的物质，即可燃物本身。处于蒸气或其他微小分散状态的可燃物和氧之间极易引发燃烧，例如固体研磨成粉状或加热蒸发极易起火；液体则有很大的不同，有些液体在远低于室温时就有较高的蒸气压，还有一些液体在相当高的温度才有较高的蒸气压。很显然，液体释放出蒸气与空气形成易燃混合物的温度是其潜在危险的量度，这可以用闪点来表示。

液体的闪点是火险的标志。美国州际商会把闪点等于或低于 27℃的液体列为高火险液体。选择 27℃作为分界点，是因为这个温度代表通常或室内温度的上限，任何液体在此或较低温度闪燃都是危险的。闪点在 27～177℃表示中度火险，闪点在 177℃以上属于轻微火险，当液体在闪点低于 93.7℃时，美国消防协会才称之为易燃液体。上述的火险等级划分只是指出了液体加工或储存时的危险程度，实际上，所有有机物质在足够高的温度下暴露都会燃烧。

排除潜在风险对于防火安全是重要的。为此，必须用密封的有排气管的罐盛装易燃液体。这样，当与罐隔开一段距离的物料意外起火时，液罐被引燃的可能性将会大大减小。因为燃烧的液体产生大量的热，会引发存放液罐的建筑物起火，把易燃物料置于耐火建筑中对于防火安全也是重要的。易燃液体安全的关键是防止蒸气在封闭空间中积累，因此当应用或贮存中度或高度易燃液体时，通风是必要的安全措施，通风量的大小取决于物料及其所处的条件。因为有些蒸气密度较大，向下沉降，仅凭蒸气的气味作为警告是极不可靠的，用爆炸或易燃蒸气指示器连续检测才是安全的方法。

**2. 氧和热**

虽然在某些不寻常的情况下，比如氯或磷与其他物质能够产生燃烧状的化学反应，但是可以毫不夸张地说，几乎所有的燃烧都需要氧。而且，反应氧的浓度越高，燃烧就越迅速。工业上很难调节加工区氧的浓度，通常是出于防止发生火灾的需要使加工区的氧浓度远低于正常浓度。但浓度太低，不利于工作人员呼吸。工业上有时需要处理的只是在常温暴露在空气中就会起火的物体，把这些物料与空气隔绝是必要的安全措施，因此加工这些物料需要在真空容器或充满惰性气体如氩、氦和氮的容器内进行。

热是燃烧伴生的一个重要结果。为了使工业装置免受燃烧的破坏，经常需要调节和控制释放热量。一个容易被忽略的事实是，少量的燃料和氧的混合物被加热到一定程度就能引发燃烧。由于小热源引发小火产生的热会点燃更多的燃料和氧的混合物，继续下去，可用的热量很快会超过蔓延成大火所需要的热量。热量可以由不同的点火源提供，如高的环境温度、热表面、机械摩擦、火花或明火等等。

**3. 点火源**

下面是常见点火源以及与之有关的安全措施。

（1）明火　如喷枪、火柴、电灯、焊枪、探照灯、手灯、手炉等就是典型的明火。在化工生产中加热用火，维修过程中的切割和焊接等都是明火。为了防火安全，常常用隔墙的方法实现充分隔离。隔墙应该相当坚固，以在喷水器或其他救火装置灭火时能够有效地遏止火焰扩散。一般推荐使用耐火建筑，即礴石或混凝土的隔墙。

易燃液体在应用时需要采取限制措施。在加工区，即使运输或储存少量易燃液体也要用安全罐盛装。为了防止易燃蒸气的扩散，应该尽可能采用密封系统。在火灾中，防止火焰扩散是绝对必要的。所以，安全罐都应该设置通往安全地的溢流管道，因而必须用拦液堤容纳溢流的燃烧液体，否则火焰会大面积扩散，造成人员或财产的更大损失。除采取上述防火措施外，降低起火后的救援总消耗也是重要的。高位储存易燃液体的装置应该通过采用防水地板、排液沟、溢流管等措施，防止燃烧液体流向楼梯井、管道口、墙的裂缝等。另外，对于加热易燃液体，尽量避免采用明火而改用蒸气或其他热载体。

（2）电源　在这里，电源指的是电力供应和发电装置，以及电加热和电照明设施。在危险地域安装电力设施时，以下电力规范措施是应该认真遵守的公认的准则。

① 应用特殊的导线和导线管。

② 应用防爆电动机，特别是在地平面或低洼沟地安装时，更应该如此。

③ 应用特殊设计的加热设备，警惕加热设备材质的自燃温度，推荐应用热水或蒸气加热设备。

④ 电气控制元件，如热断路器、开关、中继器、变压器、接触器等，容易发生火花或变热，这些元件不宜安装在易燃液体储存区。在易燃液体储存区只能用防爆按钮控制开关。

⑤ 在危险气氛中或在库房中，只可应用不透气的球灯。在良好通风的区域才可以用普通灯。最好用吊灯，手提安全灯也可以应用。

⑥ 在危险区，只有在防爆的条件下，才可以安装保险丝和电路闸开关。

⑦ 电动机座、控制盒、导线管等都应该按照普通的电力安装要求安装接地线。

（3）过热　过热是指超出所需热量的温度点。过热过程应避免在堆放可燃物的建筑中发生，并应该受到密切监视。此外，推荐应用温度自动控制和高温限开关。

（4）热表面　易燃蒸气与燃烧室、干燥器、烤炉、导线管以及蒸气管线接触，常引发易燃蒸气起火。在运行设备时，设备的温度可能会达到或高过一些材料自燃点的温度，因此要把这些材料与设备隔开至安全距离。同时，也应该仔细检查和维护这些设备，防止偶发的过热。

（5）自燃　许多火灾是由物质的自燃引起的，并被来自毗邻的干燥器、烘箱、导线管、蒸气管线的外部热量加速燃烧。有时，在封闭的没有通风的仓库中积累的热量足以使氧化反应加速至着火点。加工易燃液体，要特别注意管理和通风。在所有设备和建筑物中，都应该避免废料、烂布条等材料的积压。

（6）电气火花　机具和设备发生的火花，吸烟的热灰、无防护的灯、锅炉、焚烧炉以及汽油发动机的回火，都是起火的潜在因素。因此，在储存和应用易燃液体的区域禁止吸烟。这种区域的所有设备都应该进行一级条件的维护，尽可能地应用防火花或无火花的器具和材料。

（7）静电　在碾压、印刷等工业操作中，常因摩擦而产生电荷即所谓静电。橡胶和造纸工业中的许多火灾大都是以这种方式引发的。在湿度比较小的季节或人工加热的情形，静电起火更容易发生。在应用易燃液体的场所，保持相对湿度在40%～50%之间，会大大降低产生静电火花的可能性。为了消除静电火花，必须采用电接地、静电释放设施等。所有易燃液体罐、管线和设备，都应相互连接并接地。禁止使用传送带，尽可能采用直接的或链条的传动装置。如果必须使用传送带，传送带的速度必须限定在45.7m/min以下，或者采用会降低产生静电火花可能性的特殊装配的传送带。

（8）摩擦　许多起火是由于机械摩擦引发的，如通风机与保护罩的摩擦，润滑性能很差的轴承，研磨或其他机械过程，都可能引发起火。对于通风机和其他设备，应该经常检查并使其维持在尽可能安全的状态。对于摩擦产生大量热的过程，应该与储存和应用易燃液体的场所隔开。

# 第二节　爆炸基础知识

## 一、爆炸及其特征分类

**1. 爆炸及其特征**

爆炸是指物质自一种状态迅速转变为另一种状态，并在瞬间以机械功的形式放出大量能量的现象。爆炸一般具有如下几个特征：

① 爆炸过程进行得非常快。

② 爆炸点附近压力急剧上升。

③ 周围建筑物或装置发生震动或被破坏。

④ 发出响声。

**2. 爆炸的分类**

爆炸按发生的原因分为物理爆炸、核爆炸和化学爆炸三类。

（1）物理爆炸　是指由物理变化而引起的爆炸，爆炸前后物质的组成和性质都未发生变化，发生变化的是物质的状态或压力。如锅炉或容器内的液体过热汽化引起的爆炸，压缩气体、液化气体超压而发生的爆炸都属于这一类。

（2）核爆炸　是以核裂变或核聚变所释放出的核能形成的爆炸。

（3）化学爆炸　由物质在短时间内完成化学反应，形成新物质，产生高温、高压而引起的爆炸称为化学爆炸。如乙炔罐回火引起的爆炸。化学爆炸的特点是反应速率快，放出大量的热量，同时产生具有强大威力的冲击波。例如1kg三硝基甲苯炸药（TNT）爆炸只需几十微秒，爆炸传播速度约7000m/s，放出热量4200～5000kJ，气体产物的温度可高达3000℃，压力约等于2000MPa，爆炸产生的气体形成强大的冲击波。实验室的爆炸中，最常见的是化学爆炸。

爆炸按发生的相态分为气相爆炸和凝聚相爆炸两类。

（1）气相爆炸　包括可燃气体，蒸气、粉尘、喷雾与助燃气体的混合物，在点火源作用下发生的爆炸以及气体分解爆炸。

（2）凝聚相爆炸　包括液相爆炸和固相爆炸。聚合爆炸、过热液体爆炸都属液相爆炸；固体物质的混合、混融以及由于电流过载而引起的电缆爆炸都属固相爆炸。

## 二、爆炸极限及影响因素

**1. 爆炸极限**

可燃物质与空气（或氧气）均匀混合形成爆炸性混合物，其浓度达到一定范围时，遇明火或一定的引爆能量立即发生爆炸，这个浓度范围称为爆炸极限（爆炸浓度极限）。形成爆炸性混合物的最低浓度叫作爆炸浓度下限，最高浓度叫作爆炸浓度上限，上、下限之间叫作爆炸浓度范围。当可燃物的浓度低于爆炸下限时，由于过量空气的冷却作用，火焰不能蔓延，爆炸也不能发生。当可燃物的浓度高于爆炸上限时，由于可燃物质过量，空气（氧）不足，火焰也不能蔓延；但若此时补充空气，就会有燃烧或爆炸的危险。因此，不能认为爆炸上限以上的可燃物是安全的。物质的爆炸下限越低，泄漏后越易达到爆炸浓度，因而危险性就越大。爆炸范围越宽，泄漏后形成爆炸性混合物的机会就越多，其危险性也越大。爆炸极限常以可燃气体或蒸气在混合物中的体积分数表示，但有时也用 $g/m^3$ 或 mg/L 表示。部分可燃气体和蒸气的爆炸极限，见表 1-2。

**表 1-2 部分可燃气体和蒸气的爆炸极限**

| 分类 | | 可燃气体和蒸气 | 分子量 | 自燃点/℃ | 爆炸极限/% | | 爆炸极限/(mg/L) | |
|---|---|---|---|---|---|---|---|---|
| | | | | | 下限 | 上限 | 下限 | 上限 |
| 无机物 | | 氢 | 2.0 | 585 | 4 | 75 | 3.3 | 63 |
| | | 二硫化碳 | 76.1 | 100 | 1.25 | 44 | 40 | 1400 |
| | | 硫化氢 | 34.1 | 260 | 4.3 | 45 | 61 | 640 |
| 碳氢化合物 | 不饱和 | 乙炔 | 26.0 | 335 | 2.5 | 81 | 28 | 883 |
| | | 乙烯 | 28.0 | 450 | 3.1 | 32 | 36 | 370 |
| | | 丙烯 | 42.0 | 498 | 2.4 | 10.3 | 42 | 180 |
| | 饱和 | 甲烷 | 16.0 | 537 | 5.3 | 14 | 35 | 93 |
| | | 乙烷 | 30.1 | 510 | 3 | 12.5 | 38 | 156 |
| | | 丙烷 | 44.1 | 467 | 2.2 | 9.5 | 40 | 174 |
| | 环状 | 苯 | 78.1 | 538 | 1.4 | 7.1 | 46 | 230 |
| | | 甲苯 | 92.1 | 552 | 1.4 | 6.7 | 54 | 260 |
| 其他有机化合物 | 含氧 | 环氧乙烷 | 44.1 | 429 | 3 | 80 | 55 | 1467 |
| | | 乙醚 | 74.1 | 180 | 1.6 | 48 | 59 | 1480 |
| | 含氮 | 三甲胺 | 59.1 | — | 2 | 11.6 | 49 | 285 |
| | 含卤素 | 氯乙烯 | 62.5 | — | 4 | 22 | 104 | 570 |
| | | 氯乙烷 | 64.5 | 519 | 3.8 | 15.4 | 102 | 410 |
| | | 氯甲烷 | 50.5 | 632 | 10.7 | 17.4 | 225 | 270 |
| | | 二氯乙烷 | 99.0 | 414 | 6.2 | 16 | 66 | 256 |
| | | 溴甲烷 | 94.9 | 537 | 13.5 | 14.5 | 534 | 573 |

### 2. 爆炸极限的影响因素

爆炸极限不是一个固定数值，它随着一些外界条件的变化而变化。如果掌握了外界条件变化对爆炸极限的影响，在一定条件下测得的爆炸极限值，就有着重要的参考价值。影响爆炸极限的因素主要有以下几种。

（1）初始温度　爆炸性混合物的初始温度越高，混合物分子内能增大，燃烧反应更容易进行，则爆炸极限范围就越宽。所以，温度升高使爆炸性混合物的危险性增加。

（2）初始压力　系统的压力增加，爆炸极限的变化较复杂。一般来说，压力增加，爆炸极限范围增大。因为压力升高，分子间距更小，碰撞概率增加，因此使燃烧的最初反应进行得更为容易。压力降低，则爆炸极限范围缩小。当压力降到一定值时，其下限与上限重合，此时的压力称爆炸的临界压力。当压力降到临界压力以下时，系统便不能发生爆炸。因此，在密闭系统内进行负压操作对安全是有利的。

（3）惰性介质　爆炸性混合物中加入惰性气体，则爆炸极限范围缩小，惰性气体的含量增加到一定值时，可使混合物不燃不爆。

（4）容器的尺寸和材质　实验表明，容器管道直径越小，爆炸范围越小，火焰蔓延速度越低。当管径小到一定程度时，火焰则不能通过，这一直径称最大熄火直径，也称临界直径。当管径小于临界直径时，火焰因不能通过而熄灭。每个物质都对应一个临界直径。容器的材质对爆炸极限也有影响，有的容器材质起催化作用，有的容器材质起到钝化作用。

（5）能源　火花能源、热表面面积、火源与混合物的接触时间等对爆炸极限均有影响。如甲烷在电压100V、电流强度1A的电火花作用下，无论浓度如何都不会引起爆炸。但当电流强度增加至2A时，其爆炸极限为5.9％～13.6％；3A时为5.85％～14.8％。对于一定浓度的爆炸性混合物，都有一个引起该混合物爆炸的最低能量。浓度不同，引爆的最低能量也不同。对于给定的爆炸性物质，各种浓度下引爆的最低能量中的最小值，称为最小引爆能量，或最小引燃能量。表1-3列出了部分气体的最小引爆能量。

**表1-3　部分可燃气体、蒸气与空气的爆炸性混合物的最小引燃能量**

| 气体 | 体积分数/％ | 能量/mJ | 气体 | 体积分数/％ | 能量/mJ |
|---|---|---|---|---|---|
| 甲烷 | 9.50 | 0.330 | 丙烯醛 | 5.64 | 0.13 |
| 丙烷 | 4.02 | 0.031 | 甲醇 | 12.24 | 0.215 |
| 戊烷 | 2.55 | 0.490 | 乙醛 | 3.37 | 0.490 |
| 乙烯 | 6.52 | 0.096 | 丙酮 | 4.97 | 1.150 |
| 丙烯 | 4.44 | 0.282 | 苯 | 2.71 | 0.550 |
| 乙炔 | 7.73 | 0.020 | 甲苯 | 2.27 | 2.500 |
| 乙醚 | 3.37 | 0.490 | 硫化物 | 12.2 | 0.077 |
| 二异丁烯 | 1.71 | 0.960 | 氢 | 29.2 | 0.020 |
| 乙酸乙酯 | 4.02 | 1.420 | 二硫化碳 | 6.52 | 0.015 |

另外，光对爆炸极限也有影响。在黑暗中，氢与氯的反应十分缓慢，在光照下则会发生链式反应引起爆炸。甲烷与氯的混合物，在黑暗中长时间内没有反应，但在曝光照射下会发生激烈反应，两种气体比例适当则会引起爆炸。表面活性物质对某些介质也有影响，如在球形器皿中，温度处于530℃时，氢与氧无反应，但在器皿中插入石英、玻璃、铜或铁棒时，则会发生爆炸。

爆炸与燃烧本质是相同的，但也存在显著差别，其异同点为：

① 爆炸（化学性）与燃烧均属物质的氧化反应，都能发光、发热并发出声音。

② 爆炸和燃烧都可以用链式反应理论来解释。因此同一种物质在同一种条件下可以发生燃烧，在另一种条件下可以发生爆炸。如汽油在敞口容器内可以发生燃烧，在闭口容器内可以发生爆炸。

③ 爆炸比燃烧化学反应激烈、速率快得多；爆炸在瞬间释放出巨大的能量、产生巨大

的冲击波，并伴有强光和强声。

**3. 防爆技术措施**

这里所说的防爆仅指防止化学爆炸。因为化学爆炸的实质是燃烧，所以防止火灾的理论就是防止爆炸的理论。防止化学性爆炸，必须避免燃烧的三个必要条件同时存在和共同作用。这是预防可燃性物质产生化学爆炸的根据。防止化学性爆炸的技术措施如下。

① 防止爆炸性混合物的形成：在生产、运输、储存、实验过程中，应采用加强密封等方法，避免可燃性物质的外泄，从根源上杜绝爆炸性混合物的形成。

② 控制可燃物质的浓度：在不能杜绝可燃物质外泄的情况下，应设法控制可燃物质的浓度，使其浓度低于爆炸下限，如采用加强排风等方法。

③ 隔绝空气：将易燃易爆物质与空气隔绝，是防爆的有效措施。如采用中性或惰性气体覆盖易燃、易爆物质，使危害物质与空气隔绝。

④ 保持系统正压：这可以防止空气进入可燃气体中。如氢气管道保持正压运行；乙炔气瓶使用中不得用尽，应保持最低安全压力，防止空气进入瓶内。

⑤ 设置气体检测装置：这可以随时自动检测可燃气体的含量，及时自动报警，部分装置可及时自动消除危险因素。

⑥ 消除和控制明火、电源、高温热体和其他能量：控制明火和引爆能量是防止爆炸性混合物发生爆炸的重要措施。严禁将明火带入爆炸危险环境，如需使用明火，应采取严格的安全措施；严格控制可能产生火花的两种物质的相对接触压力和摩擦的速度；防止铁器与其他金属、石材、坚硬的混凝土路面的撞击；在爆炸危险场所，禁止使用铁器工具，禁止穿有钉鞋，禁止装铁门窗，应使用防爆型工具，穿布底鞋、装木门窗。在爆炸危险环境中，应尽量避开或有效隔离高温热体，如蒸气管道、炉体等。当难以避开时，应使热体保温良好、表面温度不超过所在介质的闪点及自燃温度的50%。

⑦ 应防止太阳光、灯光、激光等对危险环境的照射，特别应防止太阳光、灯光、激光聚焦后的直射，应对光线采取隔离、防护等措施。应注意防护雷电火花、静电火花、电火花、电弧，以及电气线路或电气设备因过载、短路、接触不良、铁芯发热所产生的高温。

⑧ 防止自然发热：许多化学物质在空气中会发生氧化、分解、聚合、发酵、水解等反应而放热，放出的热量积蓄起来，温度升高，便会发生自行着火。防止这种发热而引起着火的措施一般有以下几种：

a. 堆积和装库存放时要有良好的通风，防止热量积蓄。例如浸油的纤维、纸张、锯末及其他多孔性物质散热很差，一旦产生热量很容易积蓄起来达到自燃点，所以这些物质堆积量不要太大，也不要太高，要保持仓库或室内通风良好。

b. 有些物质所处环境温度稍高，就易发生氧化或分解等反应放热，这些物质在仓库存放时，要保持库内有较低的温度，避免高温下储存。

c. 铝、镁、锌等金属粉末遇酸、碱等物质更容易发生自燃，储存时要避免这些物质混放。

d. 采用测温、测湿等检测和监视手段以及降温、吸湿措施，防止储存温度和水分含量超标。

e. 要尽量避免长期储存、大量堆积。

f. 要防止日光直射、雨水和地下水的渗漏，储存场所要经常清扫、保持清洁等。

# 第三节　火灾的特点和分类

## 一、火灾的特点

火灾是人类共同的敌人，一旦发生火灾，都会造成难以挽回的财产损失，有的会危害人的健康甚至夺去生命。实验室尤其是化学实验室发生的火灾一般具有以下特点。

① 燃烧猛烈，蔓延迅速，易发生爆炸。各种危险化学品如易燃液体、气体或固体，发生火灾时，火势异常猛烈，短时间内就可能形成大面积火灾；瓶装、罐（桶）装的易燃、可燃液体在受热的条件下，有发生爆炸的可能；易燃液体的蒸气、可燃气体、可燃粉尘等，在一定条件下都可发生爆炸。

② 火情复杂多变，灭火剂选择难度大。危险化学品种类繁多，各具特性，在灭火和疏散物资时，如果不慎使性质相异的物品混杂、接触或错误使用忌用的灭火剂，都将造成火情突变。不同的火源和可燃物发生火灾后带来的损失和扑救的方法不同。

③ 产生有毒气体，易发生化学性灼伤，扑救难度大。着火后，不少危险化学品在燃烧和受热条件下，可发生分解，蒸发出有毒、有腐蚀性的气体。具有强氧化性的罐（桶）装酸、碱，容器破裂后，遇某些有机物能发生燃烧或爆炸，遇某些无机物能发生剧烈反应，产生有腐蚀性的气体或毒气等。

## 二、火灾发展的四个阶段

火灾从初起到熄灭，可分为四个阶段：初起阶段、发展阶段、猛烈阶段和熄灭阶段。具体见图 1-2。

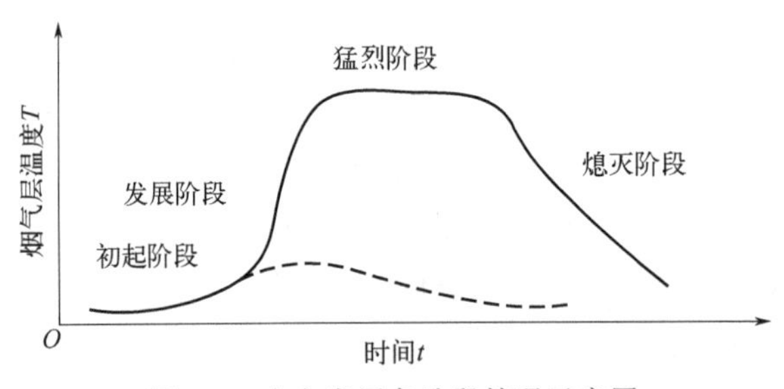


图 1-2　火灾发展各阶段情况示意图

（1）初起阶段　指物质在起火后的十几分钟内，此时燃烧面积还不大，烟气流动速度还比较缓慢，火焰辐射出的能量还不多，周围物品和结构开始受热，温度上升不快，但呈上升趋势。初起阶段是灭火的最有利时机，也是人员安全疏散的最有利时段。因此，应设法把火灾及时控制、消灭在初起阶段。

（2）发展阶段　指由于燃烧强度增大，导致气体对流增强、燃烧面积扩大、燃烧速度加快的阶段。在此阶段需要投入较多的力量和灭火器材才能将火扑灭。

（3）猛烈阶段　指由于燃烧面积扩大，大量的热释放出来，空间温度急剧上升，使周围的可燃物全部卷入燃烧，火灾达到猛烈程度的阶段，也是火灾最难扑救的阶段。

（4）熄灭阶段　指火势被控制住以后，由于灭火剂的作用或因燃烧材料已经烧至殆尽，火势逐渐减弱直至熄灭的阶段。

大量的火灾表明，在火灾的初起阶段如果能有效扑灭，成功率在95%左右。当火势很小且没有蔓延，可以在30s或更短的时间内扑灭时，可以选择合适的灭火器材扑灭。如果3min还没有将火扑灭，应尽快撤离现场逃生。实验室每年至少安排一次关于灭火器材正确使用的培训，让大家了解并熟练掌握如何扑灭初起之火，如何在保证扑火人员生命安全的前提下控制灾害的发展。

## 三、火灾的分类

2009年4月1日起，根据《火灾分类》（GB/T 4968—2008）的规定，火灾根据可燃物的类型和燃烧特性，分为A、B、C、D、E、F六类。

A类火灾：固体物质火灾。这种物质通常具有有机物性质，一般在燃烧时能产生灼热的余烬。如木材、煤、棉、毛、麻、纸张等火灾。

B类火灾：液体或可熔化的固体物质火灾。如煤油、柴油、原油、甲醇、乙醇（酒精）、沥青、石蜡等火灾。

C类火灾：气体火灾。如煤气、天然气、甲烷、乙烷、丙烷、氢气等火灾。

D类火灾：金属火灾。如钾、钠、镁、铝镁合金等火灾。

E类火灾：带电火灾。物体带电燃烧的火灾。

F类火灾：烹饪器具内的烹饪物（如动植物油脂）火灾。

# 第四节　灭火常识与技术

做好防火工作能减少火灾事故。但是，由于人们的认识水平和客观条件的限制，要完全避免火灾，是不可能的。因此，在做好防火工作的同时，还必须做好灭火的准备工作，一旦发生火灾能够迅速有效地扑救，争取将火灾扑灭在初期阶段，最大限度地减少损失。

## 一、灭火的基本方法

一切灭火方法都是为了破坏产生的燃烧条件（之一），只要失去其中任何一个，燃烧就会停止。但在灭火时，燃烧已经开始，控制点火源已经没有意义，主要是去除可燃物和氧化剂。根据物质燃烧原理及灭火的实践经验，灭火的基本方法有：窒息灭火法、冷却灭火法、隔离灭火法、化学抑制灭火法。

**1. 窒息灭火法**

这种方法主要是隔绝空气与可燃物，停止或减少空气流入燃烧区，或用惰性气体，使燃烧物质因得不到足够的氧气而熄灭。例如，用不燃或难燃物覆盖燃烧物，将泡棉、沙子、玻璃纤维等覆盖在可燃物上；将水蒸气或惰性气体灌注容器设备，封闭起火的建筑、容器的孔洞等。

**2. 冷却灭火法**

这种方法旨在降低燃烧物温度，使燃烧物的温度低于燃点，这也是常用的灭火方法。将灭火剂直接喷射到燃烧物上，将燃烧物的温度降低到燃点以下，使燃烧停止，或者将灭火剂喷洒在火源附近的物体上，使其不受火焰辐射热的威胁，避免形成新的火点，这种灭火方法称为冷却法。冷却法是灭火的最主要方法，常用灭火剂为水、二氧化碳，灭火剂在灭火过程中不发生化学反应，这种方法属于物理灭火。

**3. 隔离灭火法**

此法是隔离与火源相近可燃物质的灭火法，也是常用的灭火法之一。隔离灭火法就是将点火源或其周围的可燃物质隔离或移开，燃烧会因缺少可燃物而停止。例如，关闭可燃气体、液体管路的阀门，阻止可燃物质进入燃烧区；设法阻拦流散的液体，拆除与火源毗连的易燃建筑物等。

**4. 化学抑制灭火法**

这种方法主要是使灭火剂参与燃烧的反应过程，使燃烧过程中产生的自由基消失而形成稳定分子或低活性的自由基，从而切断自由基反应使燃烧停止，这种灭火方法称为化学抑制灭火法。如用干粉灭火剂灭火，用卤族灭火剂灭火。

值得注意的是，灭火剂一般同时具备几种灭火功能，例如，水不仅可以降温，同时生成的水蒸气还有窒息作用；卤族灭火剂不仅具有化学抑制作用，同时有窒息作用。

根据上述四种基本灭火方法所采取的灭火措施是多种多样的。在灭火中，应根据可燃物的性质、燃烧特点、火灾大小、火场的具体条件以及消防技术装备的性能等实际情况来选择一种或几种灭火方法。一般说来，几种灭火法综合运用效果较好。

无论哪种灭火办法，都要重视初期灭火。火灾扩大之前，一个人用少量的灭火剂就能扑灭的火灾称为初期火灾。初期火灾的灭火活动称为初期灭火。火灾发生后，火灾规模一般都是随时间呈指数扩大。在灾情扩大之前的初期迅速灭火，是事半功倍的明智之举。对于可燃液体，其灭火工作的难易取决于燃烧表面积的大小，一般把 $1m^2$ 可燃液体表面着火视为初期灭火范围。通常建筑物起火 3min 后，就会有约 $10m^2$ 的地板、$7m^2$ 的墙壁和 $5m^2$ 的天花板着火，火灾温度可达 700℃左右。此时则已超出了初期灭火范围。

## 二、灭火剂及其应用

灭火剂是能够有效地破坏燃烧条件，中止燃烧的物质。选择灭火剂的基本要求是灭火效能高，使用方便，来源丰富，成本低廉，对人和物基本无害。要依据现代消防技术水平、生产工艺过程的特点、着火物质的原材料、产品的性质、建筑结构、灭火剂的性质等来选择灭火剂。灭火剂的种类很多，常用的有水、水蒸气、泡沫液、二氧化碳、干粉、卤代烷、四氯化碳、沙土等。

### 1. 水和水蒸气灭火剂

（1）水的灭火作用　用水灭火时，水吸收热量变为蒸汽，1kg 水汽化要吸收 2275kJ 热量，能促使燃烧物冷却，使燃烧物的温度降到燃点以下而停止燃烧。用水浸湿的可燃物，必须有足够的时间和热量将水变为蒸汽，然后才能燃烧，这就抑制了火灾的扩大。水汽化后变为蒸汽，包围燃烧区，能降低氧气浓度，从而使燃烧减弱并有效地控制燃烧，使燃烧物得不到足够的氧气而窒息，经消防水加压的高压水强烈冲击燃烧物或火焰，可冲散燃烧物，使燃烧强度显著降低，从而使火熄灭。水溶性可燃液体发生火灾时，在允许用水扑救的情况下，水与可燃液体混合后，可降低其浓度，进而降低可燃蒸气的浓度，使燃烧减弱以至终止。

水适用于扑救化学物质及油类火灾。水能扑救闪点在 60℃以上的可燃液体，如重油、润滑油等储罐的火灾，以及直径较小的（1～3m）易燃液体储罐的火灾、铁路槽车的火灾等；能扑救流散在地上、面积不大、厚度不超过 3cm 的易燃液体火灾；能扑救少量可燃气体，某些易燃固体如赤磷的火灾。水还能吸收和湿润某些气体和烟雾，对消除火场有毒气体及烟雾起到一定作用。

（2）水蒸气的灭火作用　水蒸气使火场的氧气量减少，以阻碍燃烧，并且造成气雾，使火焰与空气隔离。油类和气体着火，都可以用水蒸气扑灭。特别是用于扑灭气体着火效果最好。空气中所含水蒸气的浓度越大，灭火的效果也越好。空气中水蒸气的含量达到 35%时，可以有效灭火；含量达到 65%时，可以使已燃物质熄灭。

（3）不能用水扑救的物品火灾

① 忌水性物质，如轻金属、电石等。因为它们能与水起化学反应，生成可燃性气体并放热，会扩大火势甚至导致爆炸。

② 不溶于水，而且密度小于水的易燃液体，如苯、甲苯等；某些芳香族烃类以及溶解或稍溶于水的易燃液体，如醇类（甲醇、乙醇等）、醚类（乙醚等）、酮类（丙酮等）、酯类（乙酸乙酯、乙酸丁酯等）以及丙烯等。对于密度小于水且不溶于水的易燃液体，若用水扑救，水会沉在液体下面，并形成喷溅、漂流而扩大火灾。这类液体的火灾可用泡沫、干粉、二氧化碳、卤代烷（1211）等扑救。但如果这些液体着火规模较小，可用雾状水扑灭，如原油、重油等。

③ 电气火灾未切断电源前不能用水扑救。因为水是良好导体，容易造成触电。高温状态的化工设备不能用水扑救，因为水的突然冷却会使设备爆裂和金属机械受到强烈影响，只能用水蒸气灭火或让其自然冷却。

④ 有些化学物品遇水能产生有毒或腐蚀性气体，也不能用水扑救，宜用沙土或二氧化碳。如磷化锌、磷化铝、甲基二氯硅烷等。

⑤ 不能用密集水流扑救储存有大量浓硫酸、浓硝酸场所的火灾。因为水流能引起酸的沸腾，使酸液四处飞溅，遇可燃物质后又存在引起燃烧的危险。这些酸类还有发烟硫酸、氯磺酸等。

⑥ 粉状物品如硫黄粉、有机颜料、粉状农药等起火，不能用加压水冲洗，以防粉尘飞扬，扩大事故，但可用雾状水灭火。

⑦ 精密仪器设备、贵重文物档案、图书着火，不宜用水扑救。

### 2. 泡沫灭火剂

灭火用的泡沫是一种体积细小、表面被液体包围的气泡群，其密度小于最轻易燃液体的密度，能覆盖在液面上，主要用于扑救易燃液体火灾。泡沫之所以能灭火主要是在易燃物表面生成凝聚的泡沫漂浮层，起窒息和冷却作用，阻止燃烧气化和外界氧气的进入，将火熄灭。用于灭火的泡沫应具有密度小、热容量大、稳定和流动快等特点。

灭火用的泡沫分为两类，一类是化学泡沫，另一类是空气机械泡沫，简称空气泡沫。

(1) 化学泡沫灭火剂　化学泡沫通常用酸性粉和碱性粉两种化学泡沫粉与水反应生成。酸性粉由酸性铝［$Al_2(SO_4)_3$］加防潮剂制成，碱性粉由碳酸氢钠（$NaHCO_3$）加少量发泡剂制成，这两种物质的水溶液混合后相互作用而产生膜状气泡群。其反应如下：

$$6NaHCO_3 + Al_2(SO_4)_3 = 2Al(OH)_3 + 3Na_2SO_4 + 6CO_2\uparrow$$

化学泡沫粉在泡沫发生系统中产生大量的二氧化碳，将其喷射到燃烧物表面使火焰熄灭。化学泡沫扑救油类火灾效果较好，但成本高，操作复杂，正逐步被空气泡沫灭火剂所代替。

(2) 空气泡沫灭火剂　空气泡沫是由一定比例的空气泡沫液、水和空气经机械或水冲击作用，形成充满空气的微小稠密的膜状气泡群。泡沫液由动物或植物蛋白质类物质水解制成。空气泡沫流动性好、抗烧性强、黏着性高、泡沫比较重、不易破灭、不易被气流冲散，覆盖到燃烧物质表面，起到隔绝空气和氧气的作用。泡沫灭火剂由于含有水，不适合于忌水性物质和电气设备的火灾。

**3. 二氧化碳灭火剂**

二氧化碳是应用最早、效果良好的气体灭火剂。二氧化碳化学性质稳定，没有可燃性，空气中含有30%～35%的二氧化碳时，燃烧就会停止。灭火用的二氧化碳，一般是压缩成液体储存在钢瓶中，纯度在99.5%以上，含水量小于0.01%。灭火时，液态二氧化碳从喷嘴喷出，立即汽化。由于吸取大量的汽化热，喷嘴处温度急剧降低，使二氧化碳液体凝结成干冰。干冰的凝结温度为－78.5℃，当其遇热被汽化为二氧化碳气体时，一方面冷却燃烧物，另一方面降低燃烧区的可燃性气体和氧气的浓度，从而使燃烧窒息。

由于二氧化碳不含水分、不导电，可以用来扑灭精密仪器及一般电气火灾，以及不能用水扑灭的火灾。但二氧化碳不能扑救钠、镁、铝、铀等活泼金属的火灾，因为这些活泼金属能夺取二氧化碳中的氧，发生燃烧反应。二氧化碳也不能扑救自身供给氧的化学药品、金属氢化物和能自燃分解的化学药品等的火灾。

**4. 干粉灭火剂**

干粉灭火剂主要成分为灭火基料（碳酸氢钠、碳酸铵、磷酸的铵盐等）、适量润滑剂（硬脂酸镁、云母粉、滑石粉等）、少量防潮剂（硅胶）混合后共同研磨制成的细小颗粒。用干燥的二氧化碳或氨气作动力，将干粉从容器中喷出形成粉雾，喷射到燃烧区灭火。在燃烧区的高温作用下，干粉中的碳酸氢钠发生如下分解反应：

$$2NaHCO_3 = Na_2CO_3 + H_2O + CO_2\uparrow$$

反应过程中吸收大量的热，并产生大量的水蒸气和二氧化碳，起冷却燃烧物和稀释易燃气体的作用。同时干粉灭火剂与燃烧区的碳氢化合物作用，脱去燃烧链式反应中的自由基，可中断燃烧链式反应，使燃烧熄灭。干粉灭火后留有残渣，不适于扑救精密设备、仪器及转动设备内部的火灾；不能用于扑救自身释放氧气或可作为供氧源的化合物（如硝化纤维化物等）的火灾；不能用于扑救钠、钾、钛等金属的火灾；不适于扑救深度阴燃物质的火灾。

**5. 卤代烷灭火剂**

卤代烷是以卤素原子取代烷烃分子中的部分氢原子或全部氢原子后得到的一类有机化合物的总称。一些低级烷烃的卤代物具有不同程度的灭火作用，这些具有灭火作用的低级卤代烷统称为卤代烷灭火剂。卤代烷灭火剂的灭火原理是卤代烷接触高温表面或火焰时，分解产生的活性自由基，通过溴和氟等卤素氢化物的负化学催化作用和化学净化作用，大量捕捉、消耗燃烧链式反应中产生的自由基，破坏和抑制燃烧的链式反应，而迅速将火焰扑灭，它是靠化学抑制作用来灭火。另外，还有部分稀释氧和冷却作用。卤代烷灭火剂的主要缺点是破坏臭氧层。因此，在我国，这种灭火剂已经停产。

**6. 四氯化碳灭火剂**

四氯化碳是无色透明液体，不自燃、不助燃、不导电。它的沸点低（76.8℃），当它落入火区时能迅速蒸发，由于其蒸气重（约为空气的5.5倍），能很快密集在火源周围，起到隔绝空气的作用。当空气中含有10%的四氯化碳蒸气时，火焰就会迅速熄灭。故它是一种很好的灭火剂，特别适用于电气设备的灭火。但值得注意的是，四氯化碳有一定腐蚀性，在高温时能生成光气，对人身有毒害性。

**7. 沙土灭火**

用沙土来灭火也很广泛。将它们覆盖在燃烧物上，主要起到隔绝空气的作用。其次，沙土也可以从燃烧物中吸收热量，起到一定的冷却作用。

当发生火灾时，要根据火灾类别的具体情况，选用适当的灭火剂，以求最好的灭火效果。

## 三、防火防爆技术

防火防爆技术是实验室安全技术的重要内容之一。安全第一，预防为主，消除可能引起燃烧和爆炸的危险因素，这是最根本的解决办法。使易燃易爆品不处于危险状态，或消除一切火源和安全隐患，就可以预防火灾或爆炸的发生。

**1. 防止可燃可爆系统的形成**

（1）控制可燃物和助燃物

① 控制实验过程中可燃物和助燃物的用量，实验室尽量少用或不用易燃易爆物。如通过实验改进，使用不易燃易爆的溶剂。一般低沸点溶剂比高沸点溶剂更具易燃易爆的危险性，例如乙醚。相反，沸点高的溶剂不易形成爆炸浓度，例如沸点在110℃以上的液体，在常温下通常不会形成爆炸浓度。

② 加强密闭。为了防止易燃气体蒸气和粉尘与空气混合，形成易爆混合物，应该设法使实验室储存易燃易爆品的容器封闭保存。对于实验室微量、正在进行的，有可能产生压力反应不能密闭的，尾气少量的要通入下水道，大量的要加以吸收或回收，消除安全隐患。

③ 做好通风除尘。实验室易燃易爆品完全密封保存和反应是有困难的，总会有部分蒸气、气体或粉尘泄漏。所以，必须做好实验室的通风和除尘，通过实验室的通风换气，使实验室的易燃、易爆和有毒物质的浓度不超过最高允许浓度。

通风分为自然通风和机械通风，前者是依靠外界风力和实验室内空气进行自然交换，而后者是依靠机械造成的室内外压力差，使空气流动进行交换，例如鼓风机、通风橱和排气扇等。两者都可以从室内排出污染空气，使室内空气中易燃易爆物的含量不超过最高允许浓度。

④ 惰性化。在可燃气体、蒸气和粉尘与空气的混合物中充入惰性气体，降低氧气、可燃物的体积分数，从而使混合物气体达不到最低燃烧或爆炸极限，这就是惰性化原理。

⑤ 实时监测空气中易燃易爆物的含量。实时监测实验室内部易燃易爆物的含量是否达到爆炸极限，是保证实验室安全的重要手段之一。在可能泄漏可燃或易爆物区域设立报警仪是实验室的一项基本防爆措施。

（2）控制点火源　实验室点火源一般有以下几个方面：明火、高温表面、摩擦与撞击、电气火花、静电火花等。

① 明火：敞开的火焰和火星等。敞开的火焰具有很高的温度和热量，是引起火灾的主要着火源。实验室明火主要有点燃的酒精灯、煤气灯、酒精喷灯、烟头、火柴、打火机、蜡烛等。在实验室易燃易爆场所不得使用酒精灯、煤气灯、酒精喷灯、火柴、打火机和蜡烛，禁止在实验室内吸烟。

② 高温表面：高温表面的温度如果超过可燃物的燃点，当可燃物接触到该表面时有可能着火。常见的高温表面有通电的白炽灯泡、电炉等。

③ 摩擦与撞击：摩擦与撞击往往会引起火花，从而造成安全事故。因此有易燃易爆品的场所，应该采取措施防止火花的发生。

a. 机器上的轴承等转动部分，应该保持良好的润滑并及时加油，例如实验室的水泵和通风的电机最好采用有色金属或塑料制造的轴瓦。

b. 凡是撞击或摩擦的两部分都应该采用不同的金属制成，例如实验室用的锤子、扳手等。

c. 含有易燃易爆品的实验室，不能穿有钉子或带金属鞋掌的鞋。

d. 硝酸铵、氯酸钾和高氯酸铵等易爆品，实验室不要大量储存，少量使用时也要轻拿轻放，避免撞击。

④ 电气火花。用电设备由于线路短路、超负荷或通风不畅，温度急剧上升，超过设备允许的温度，不仅能使绝缘材料、可燃物、可燃灰尘燃烧，而且能使金属熔化，酿成火灾。为了防止电气火花引起的火灾，在易燃易爆品场所，应该选用合格的电气设施，最好是防爆电器，并建立经常性检查和维修制度，防止线路老化、短路等，保证电气设备正常运行。

⑤ 静电火花。静电也会产生火花，往往会酿成火灾事故。其中人体的静电防止主要有以下几个方面：

a. 进入实验室不能穿化纤类的服装，要穿防静电服装，例如实验服、静电鞋和手套。

b. 长发最好盘起，防止头发与衣服摩擦产生静电。

c. 人体接地，实验室入口处设有裸露的金属接地物，例如接地的金属门、扶手、支架等，人体接触到这类物质即可以导出人体内的静电。

d. 安全操作。进入存放易燃易爆品的实验室，最好不要做产生人体静电的动作，例如不要脱衣服、不梳头等。

**2. 控制火灾和爆炸的蔓延**

一旦发生火灾和爆炸事故，要尽一切可能将其控制在一定的范围之内，并及时采取扑救措施，防止火灾和爆炸的蔓延，实验室一般可以采用以下办法：

① 实验室不要放置大量的易燃易爆品，少量存储也要规范合理放置，例如固液分开、氧化剂和还原剂分开、酸碱分开放置等。存放化学试剂的冰箱应有防爆功能。

② 实验室常用设施不能为易燃品，例如窗帘、实验台面、实验柜、药品柜和通风橱等。

③ 实验室的通风橱应具有防爆功能，具有危险性的实验可以在通风橱内操作。一旦发生安全事故，可以控制在通风橱内，防止进一步蔓延。

④ 实验室必须配备足量消防器材，例如灭火毯、灭火器、消防沙桶等。

⑤ 实验室人员要具备很强的安全意识，会熟练使用消防器材。一旦火势失控，在安全撤离时关闭相应的防火门，防止火势蔓延扩散。

# 第五节　火灾预防与自救

## 一、实验室火灾的原因及预防

### 1. 火灾隐患

火灾隐患是指在生产和生活活动中可能直接造成火灾危害的各种不安全因素。火灾隐患通常包含三层含义。

① 增加了发生火灾的危险性。如违反规定生产储存、运输销售，使用易燃易爆危险品，违反规定用火、用电、用气等。

② 一旦发生火灾，会增加对人身、财产的危害。如建筑防火分隔，建筑结构防火设施等被随意改变，失去应有的作用；建筑物内部装修装饰违反规定，使用易燃、可燃材料；建筑物的安全出口疏散通道堵塞；消防设施、器材不能完好有效等。

③ 一旦发生火灾会严重影响灭火救援行动。如缺少消防水源，消防车通道堵塞，消火栓、水泵接合器等消防设施不能正常使用或不能正常运行等。

### 2. 实验室常见火灾的原因

① 实验室管理不到位，导致发生违反安全防火制度的现象。例如，违反规定在实验室吸烟并乱扔烟头；不按防火要求使用明火，引燃周围易燃物品。

② 配电不合理、电气设备超负荷运转，造成电路故障起火；电线老化造成短路等。

③ 易燃、易爆化学品储存或使用不当。

④ 违反操作规程，或实验操作不当引燃化学反应生成的易燃、易爆气体或液态物质。

⑤ 仪器设备老化或未按要求使用。

⑥ 实验室未配置相应的灭火器材，或缺乏维护造成失效。

⑦ 实验期间脱岗，或实验人员缺乏消防技能，发生事故不能及时处理。

### 3. 遵守实验室防火制度，消除火灾隐患，做好预防工作

为加强学校实验室的消防安全管理，预防和减少火灾危害，各实验室要组织师生学习并遵守学校的相关制度和规定。所有参加实验的人员都必须严格执行实验室安全操作规程，落实防火措施，严格遵守下列安全规定。

① 实验人员要严格执行“实验室十不准”：

a. 不准吸烟；

b. 不准乱放杂物；

c. 不准实验时人员脱岗；

d. 不准堵塞安全通道；

e. 不准违章使用电热器；

f. 不准违章私拉乱接电线；

g. 不准违反操作规程；

h. 不准将消防器材挪作他用；

i. 不准违规存放易燃药品、物品；

j. 不准做饭、住宿。

② 实验人员要清楚所用实验物质的危险特性和实验过程中的危险性。

③ 实验时疏散门、疏散通道要保持通畅。

④ 易燃易爆钢瓶必须放置在室外。

⑤ 实验室内特殊的电气、高温、高压等危险设备必须有相应的防护措施，应严格按照设备的使用说明及注意事项使用。

⑥ 实验人员必须熟知“四懂四会”，即懂本岗位火灾危险性、懂预防措施、懂扑救方法、懂逃生的方法；会报警、会使用灭火器材、会处理险肇事故、会逃生。

⑦ 实验人员在实验过程中不得脱岗。要随时检查实验仪器设备、电路、水、气及管道等设施有无损坏和异常现象，并做好安全检查记录。

⑧ 从事易燃易爆设备操作的人员须经公安消防部门培训，考核合格后持证上岗。

⑨ 实验室必须配有防火、防爆、防盗、防破坏的基本设施；危险化学品应分类存放；贵重物品不得在室内随意摆放。

⑩ 实验室使用剧毒物品要严格执行“五双”管理制度，并存放在保险柜内。

⑪ 实验人员使用药品时，应确实了解药品的物理性质、化学性质、毒性及正确使用方法，严禁将化学性质相抵触的药品混装、混放。实验剩余的药品必须按规定处理，严禁随意乱放、丢入垃圾箱内或倒入下水道。要针对实验过程中可能发生的危险，制定安全操作规程，采取适当的防护措施，必要时应参考化学品安全技术说明书（MSDS）进行操作。

⑫ 严禁摆弄与实验无关的设备和药品，特别是电热设备。

⑬ 冰箱内不得存放易燃液体，普通烘干箱不准加温加热易燃液体。

⑭ 严禁闲杂人员特别是儿童进入实验室，防止因外人的违章行为导致火灾。

⑮ 实验结束后，应对各种实验器具、设备和物品进行整理，并进行全面仔细的安全检查，清除易燃物，关闭电源、水源、气源，确认安全后方可离开。

## 二、火灾的逃生与自救

除了火灾产生的高温有毒烟气威胁着火场人员生命安全，火灾的突发性、火情的瞬息变化也会严重考验火场人员的心理承受能力，影响他们的行为。被烟火围困人员往往会在缺乏心理准备的状态下，被迫瞬间做出相应的反应，一念之间决定生死。火场上的不良心理状态会影响人的判断和决定，可能导致错误的行为，造成严重后果；只有具备良好的心理素质，准确判断火场情况，采取有效的逃生方法，才能绝处逢生。

### 1. 熟悉环境，有备无患

平时应树立遇险逃生意识，居安思危，防患未然。要熟悉所处环境，熟记疏散通道、楼梯及安全出口的位置和走向，确保遇到火灾能够沿正确的逃生路线及时逃离火场，避免伤亡。

### 2. 初起火灾，及时扑灭

火灾刚刚发生时，属于初起阶段，还难以对人构成威胁。这时如果发现火情，应立即利用室内、通道内放置的灭火器，或通道内的消火栓及时将小火扑灭。切忌惊慌失措，不知所为，延误时间，使小火酿成大灾。

### 3. 通道疏散，莫乘电梯

目前我国的消防规范禁止使用普通电梯逃生，电梯不能作为火灾时疏散逃生的工具的规定也是国际惯例。

发生火灾从高层建筑物疏散时，千万不要乘坐电梯，要走楼梯通道。因为火灾时往往会断电，使得电梯卡壳或因火灾高温变形，造成救援困难；浓烟毒气涌入电梯竖井通道会形成烟囱效应，威胁被困电梯人员的安全，极易酿成伤亡事故。

应根据火灾现场情况，确定逃生路线。一般处在着火层的应向下层逃生，着火层以上的应向室外阳台、楼顶逃生。如果疏散通道未被烟火封堵，处在着火层以上的也可以向下逃生。

### 4. 毛巾捂鼻，低姿逃生

烟雾是火灾的第一杀手，如何防烟是逃生自救的关键。因此，穿过火场烟雾时，如果没有防毒面具，可用湿毛巾（含水量不宜过高，以免呼吸困难；干毛巾可多折几层）捂住口鼻降低吸入烟雾的浓度。火灾发生时烟气大多聚集在上部空间，在逃生过程中应尽量将身体压低，弯腰或匍匐靠墙前进，按照疏散标识指示方向逃出。

### 5. 防止烧伤，棉被护体

当距离安全出口较近，逃生通道有火情，可将身体用水浇湿，用浸湿的毛巾、棉被、毯子等物裹严，再冲出火场逃至安全地带。

### 6. 身上着火，切忌惊跑

如果发现身上衣物被火点燃，切忌惊跑或用手拍打，要用水浇灭；没有水源的情况下，尽快撕脱衣服或就地滚动将火压灭。禁止直接向身上喷射灭火剂（清水除外），以防伤口感染。

### 7. 被困室内，隔离烟火

当被烟火困在室内，逃生无路时，首先应关紧迎火的门窗，打开背火的门窗，用湿毛巾、湿布条塞堵门缝，防止烟气侵入。如门烫手，可泼水降温，固守在房内等待救援。2000年洛阳大火中，曾有4人被困包间内，发现火情后立即关紧屋门，推掉墙上的空调让室外空气进入而得以生存。若逃生通道被烟火封堵时，也可将卫生间、水房等有水源的地方作为临时避难场所，等待救援人员到达。1994年克拉玛依友谊馆发生火灾，在逃生无路的情况下，就有一位老师急中生智，带着三个学生躲进厕所，得以生还。

**8. 难以呼吸，结绳脱困**

如果房间充满浓烟造成呼吸困难，既不能沿通道撤离，又无法在室内立足，只能沿窗口逃生时，可利用绳索，或将床单、被罩撕成条拧成绳，从窗口顺绳滑下。如果绳子不够长，可用其一头捆住腰，一头固定在室内火焰侵袭不到的地方，将自己悬在窗外。洛阳大火中，有一位女职工就是采用这种“外悬法”获救的。当室内充满烟雾、没条件结绳，可骑坐在窗外空调机上。如果窗外墙上有突出物可供踩踏，可以翻出窗外，扒住窗檐，紧贴外墙站立以待救援。

**9. 跳楼有方，切记谨慎**

火灾事实表明，楼层在3层以上选择跳楼逃生的，生存概率极低。处于这种场合，要积极寻找其他逃生途径。只有当所处楼层较低，逃生无路，室内烟熏火燎，不得已的情况下，才能采取跳楼逃生。跳楼逃生时，可先往地上抛下棉被等物增加缓冲，俯身用手拉住窗台，头上脚下滑跳，确保双脚先着地，准确地跳在缓冲物上。切勿站在窗台上直接跳下。

**10. 莫贪钱财，生命为本**

“人死不能复生”。身处险境，应尽快撤离，不要把逃生时间浪费在寻找搬离贵重物品上；已经逃离险境的人员，切莫为了取出遗忘的钱财而重返火海。

**11. 制造信号，寻求援助**

被烟火围困暂时无法逃离的人员，应尽量待在阳台、窗口等易于被人发现和能避免烟火近身的地方。白天可以向窗外晃动鲜艳衣物，或外抛轻型晃眼的东西；晚上可以用手电筒不停地在窗口闪动或者敲击东西，及时发出有效的求救信号，引起救援者的注意。

## 三、火灾扑救的注意事项

**1. 沉着冷静**

发现起火，切忌慌张，不知所措。要沉着冷静，根据防火课和灭火演练学到的消防知识，组织在场人员利用灭火器具，在火灾的初起阶段将其扑灭。如果火情发展较快，要迅速逃离现场。

**2. 争分夺秒**

使用灭火器进行扑救火灾时，可按灭火器的数量，组织人员同时使用，迅速把火扑灭。避免只由一个人使用灭火器的错误做法。要争分夺秒，尽快将火扑灭，防止火情扩大。切忌惊慌失措、乱喊乱跑，延误灭火时机，小火酿成大灾。

**3. 兼顾疏散**

发生火灾，由现场能力较强的人员组成灭火组负责灭火，其余人员要在老师带领下或自行组织疏散逃生。疏散过程要有序，防止发生踩踏等意外事故。

**4. 及时报警**

发生火灾要及时扑救，同时应立即报告火警，使消防车迅速赶到火场，将火尽快扑灭。“报警早，损失小”。

**5. 生命至上**

在灭火过程中，要本着“救人先于救火”的原则，如果有火势围困人员，首先要想办法将受困人员抢救出来；如火情危险难以控制，灭火人员要确保自身安全，迅速逃生。

**6. 断电断气**

电气线路、设备发生火灾，首先要切断电源，然后再考虑扑救。如果发现可燃气体泄漏，不要触动电器开关，不能用打火机、火柴等明火，也不要在室内打电话报警，避免产生着火源。要迅速关闭气源，打开窗门，降低可燃气体浓度，防止燃爆。

**7. 慎开门窗**

救火时不要贸然打开门窗，以免空气对流加速火势蔓延。如果室内着火，打开门窗，会加速火势蔓延；如果室外着火，烟火会通过门窗涌入，容易使人中毒，窒息死亡。

## 四、火灾报警

《中华人民共和国消防法》第五条规定：任何单位和个人都有维护消防安全、保护消防设施、预防火灾、报告火警的义务。任何单位和成年人都有参加有组织的灭火工作的义务。所以一旦失火，要立即报警，全国统一规定使用的火警电话号码为“119”。发生火灾报告火警时，应注意以下几点：

① 拨打“119”电话时不要慌张以防打错号码，延误时间。

② 讲清火灾情况，包括起火单位名称、地址、起火部位、什么物资着火、有无人员围困、有无有毒或爆炸危险物品等。消防队可以根据火灾的类型，调配举高车、云梯车或防化车。

③ 要注意指挥中心的提问，并讲清电话号码，以便联系。

④ 电话报警后，要立即在着火点附近路口等候，引导消防车迅速到达火灾现场。

⑤ 迅速疏通消防车道，清除障碍物，使消防车到火场后能立即进入最佳位置灭火救援。

⑥ 如果着火区域发生了新的变化，要及时报告，使消防队能及时改变灭火战术，取得最佳效果。

报警注意事项如下：

① 报警电话要避免信息不全。例如，消防队常接到说完“家里起火了”“某单位起火了”就挂断的电话。这样报警，消防队无法了解火灾地点、情况，也无法核实其真实性。

② 避免误报火警。应先确定是“火灾”，再报警。例如，某人饭后散步时，抬头发现楼上一厨房窗口有烟，遂报火警，后经消防队了解，是做饭产生的油烟。消防车数量有限，误报火警，往往会影响其他地方火灾的扑救工作。

③ 严禁谎报火警。谎报火警是违法行为，消防部门会通过技术手段直接将谎报者电话锁定，并依据《中华人民共和国消防法》的相关规定进行处罚。

# 第六节 消防设施

《中华人民共和国消防法》中明确指出：消防设施是指火灾自动报警系统、自动灭火系统、消火栓系统、防烟排烟系统以及应急广播和应急照明、安全疏散设施等。

## 一、火灾自动报警系统

火灾自动报警系统主要由探测器（触发器件）、控制器、警报装置（声光、区域显示器）和辅助装置（CRT 图形显示）等部分组成。它能在火灾初期，将燃烧产生的烟雾、热量、火焰等，通过火灾探测器变成电信号，传输到火灾报警控制器，发出火灾警报并显示出火灾发生的部位、时间等，使人们能够及时发现火灾，并采取有效措施，扑灭初期火灾，最大限度地减少因火灾造成的生命和财产的损失。

**1. 火灾探测器**

火灾探测器是火灾自动报警系统的“感觉器官”，能对火灾的特征物理量（如温度、烟雾、气体浓度和光辐射等）响应，并立即向火灾报警控制器发送报警信号。

火灾探测器可以分为：感烟式、感温式、感光式、复合式等。

（1）感烟式火灾探测器　常见的感烟式火灾探测器又分为光电式、电离式和吸气式三种，如图 1-3 所示。

光电式感烟探测器

电离式感烟探测器

吸气式感烟探测器

图 1-3　感烟式火灾探测器

（2）感温式火灾探测器　感温式火灾探测器（简称温感）是利用热敏元件来探测火灾的。在火灾初始阶段，一方面有大量烟雾产生，另一方面物质在燃烧过程中释放出大量的热，使周围环境温度急剧上升。探测器中的热敏元件发生物理变化，从而将温度信号转变成电信号，并进行报警处理。感温式火灾探测器可分为定温式、差温式及差定温式三种。

（3）感光式火灾探测器　感光式火灾探测器又称火焰探测器，它是利用对扩散火焰燃烧的光强度和火焰的闪烁频率响应的一种火灾探测器。根据火焰的光特性，现使用的火焰探测器又分为紫外火焰探测器和红外火焰探测器，如图 1-4。

紫外火焰探测器

红外火焰探测器

图 1-4　感光式火灾探测器

（4）复合式火灾探测器　指能对两种或两种以上火灾的特征物理量响应的探测器，它有感烟感温式、感烟感光式、感温感光式等几种形式。

**2. 火灾报警控制器**

火灾报警控制器（如图 1-5）按其用途不同，可分为区域火灾报警控制器、集中火灾报警控制器和通用火灾报警控制器三种基本类型。

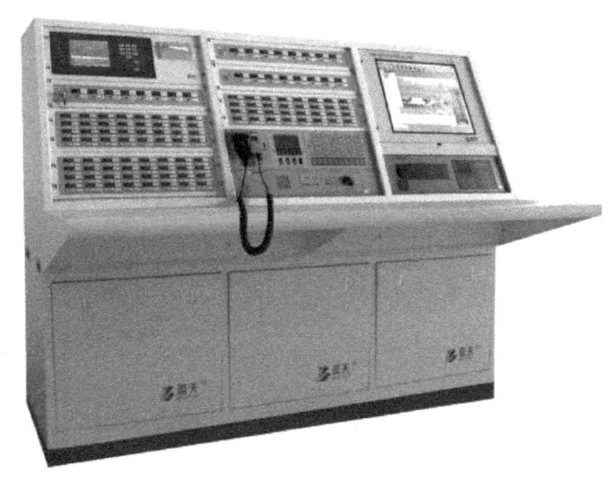

图 1-5　火灾报警控制器

① 区域火灾报警控制器的主要特点是控制器直接连接火灾探测器，处理各种报警信号，是组成自动报警系统最常用的设备之一。

② 集中火灾报警控制器的主要特点是一般不与火灾探测器相连，而与区域火灾报警控制器相连，处理区域火灾报警控制器送来的信号，常使用在较大型系统中。

③ 通用火灾报警控制器的主要特点是它兼有区域、集中两级火灾报警控制器的特点。通过设置或修改某些参数即可作区域级使用，连接探测器；又可作集中级使用，连接区域火灾报警控制器。

**3. 火灾警报装置**

在火灾自动报警系统中，用以发出区别于环境声、光的火灾警报信号的装置称为火灾警报装置。它以声光的方式向报警区域发出火灾警报信号，以警示人们采取安全疏散、灭火救灾措施。常见的如警铃、讯响器及火灾显示盘等。

① 警铃是一种火灾警报装置，用于将火灾报警信号进行声音中继的一种电气设备，警铃大部分安装于建筑物的公共空间部分，如走廊、大厅等。如图 1-6(a)。

(a) 警铃　　(b) 讯响器

图 1-6　火灾警报装置

② 讯响器是消防警铃的替代元件，是一种将电能转化为声音信号（声波）的电器元件，并可使用于有轻微腐蚀性气体及尘埃的环境中。如图 1-6(b)。

## 二、消火栓系统

消火栓系统由室外消火栓设施和室内消火栓设施构成。室外消火栓设施主要由蓄水池、加压送水装置（水泵）等构成；室内消火栓设备由消火栓箱、消防水枪、消防水带、室内消火栓、消防管道等组成。

**1. 消火栓箱**

遇有火警时，根据箱门的开启方式，按下门上的弹簧锁，销子自动退出，拉开箱门后，取下水枪并拉转水带盘，拉出水带，同时把水带接口与消火栓接口连接上，拨动箱体内壁的电源开关，把室内消火栓手轮顺开启方向旋开，即能进行喷水灭火，如图 1-7(a)。

(a) 消火栓箱

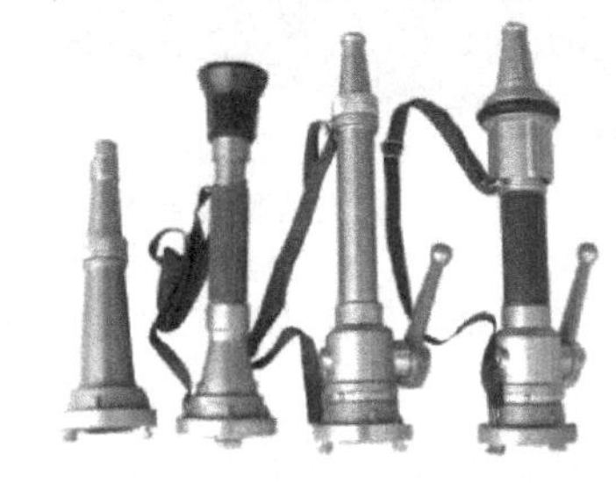

(b) 消防水枪

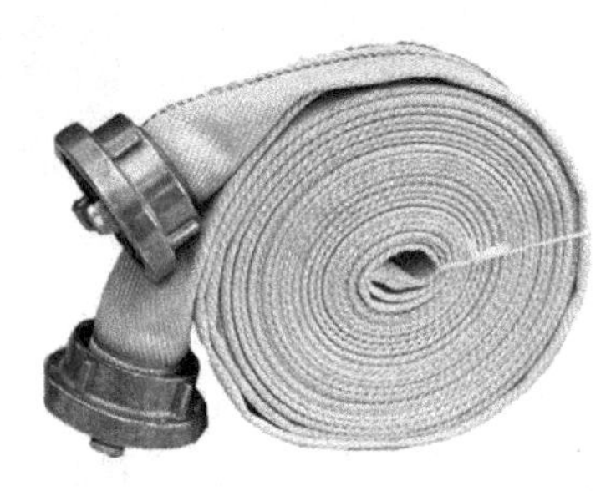

(c) 消防水带

图 1-7　消火栓系统

**2. 消防水枪**

消防水枪是灭火的射水工具，用其与水带连接会喷射密集充实的水流。它由管牙接口、枪体和喷嘴等主要零部件组成，如图 1-7(b)。

**3. 消防水带**

消防水带是消防现场输水用的软管。消防水带按材料可分为有衬里消防水带和无衬里消防水带两种。无衬里的水带承受压力低、阻力大、容易漏水、易霉腐，寿命短，适用于建筑物内火场铺设；有衬里的水带承受压力高、耐磨损、耐霉腐、不易渗漏，阻力小，经久耐用，也可任意弯曲折叠，随意搬动，使用方便，适用于外部火场铺设，如图 1-7(c)。

**4. 室内消防栓**

室内消防栓通常安装在消火栓箱内，与消防水带和水枪等器材配套使用，通过管道与室外消防设施相连，使用时可直接连接水带。

**5. 水带接扣**

水带接扣用于水带与水枪之间的连接，以便输送水进行灭火。它由本体、密封圈座、橡胶密封圈和挡圈等零部件组成，密封圈座上有沟槽，用于扎水带。

### 6. 管牙接口

管牙接口用于水带和消火栓之间的连接，内螺纹固定接口装在消火栓上。

### 7. 消火栓按钮

消火栓按钮安装在消火栓箱中。当发现火情必须使用消火栓的情况下，手动按下按钮，向消防中心送出报警信号，若自动灭火系统的主机设置在自动时，将直接启动消火栓泵。

## 三、自动灭火系统

自动灭火系统分为自动喷水灭火系统和气体自动灭火系统两大类。

### 1. 自动喷水灭火系统

自动喷水灭火系统属于固定式灭火系统，是目前世界上较为广泛采用的一种固定式消防设施，它具有价格低廉、灭火效率高等特点，能在火灾发生后，自动进行喷水灭火，同时发出警报。在一些发达国家的消防规范中，几乎所有的建筑都要求使用自动喷水灭火系统。在我国，随着建筑业的快速发展及消防法规的逐步完善，自动喷水灭火系统也得到了广泛的应用。自动喷水灭火系统又分为采用闭式洒水喷头的闭式系统和采用开式洒水喷头的开式系统。

### 2. 气体自动灭火系统

气体自动灭火系统是以气体为灭火介质的灭火系统，根据灭火机理和采用的灭火剂不同主要分为二氧化碳灭火系统、卤代烷三氟一溴甲烷（简称1301）和二氟一氯一溴甲烷（1211）灭火系统、气溶胶灭火系统、七氟丙烷灭火系统以及混合气体灭火系统等几种。

## 四、其他消防设施

### 1. 防火卷帘门

防火卷帘门是一种适用于建筑物较大洞口处的防火、隔热设施，能有效地阻止火势蔓延，是现代建筑中不可缺少的防火设施。当卷帘门附近的感烟探测器报警时，将卷帘门降至中位（距地面1.8m），人员疏散逃离；当火势蔓延至卷帘门附近时，卷帘门附近的感温探测器报警，将卷帘门降到底，完成防火分区之间的隔离。在卷帘门两侧分别安装手动开关，利用此开关可现场控制卷帘门的升降。发生火灾时，若有人困在卷帘门的内侧，可以按“上升”键，此时卷帘门可提起，用于人员撤离。

### 2. 手动火灾报警按钮

手动火灾报警按钮主要安装在经常有人出入的公共场所中明显和便于操作的部位。当有人发现有火情的情况下，手动按下按钮，向报警控制器送出报警信号。手动火灾报警按钮比探头报警更紧急，一般不需要确认。因此，手动报警按钮要求更可靠、更确切，处理火灾要求更快。

## 习题

1. 简述火灾发展的阶段及其特点。

2. 简述灭火的基本方法及其原理。

3. 简述引起实验室火灾的常见原因。

4. 干粉灭火器是实验室常见灭火器，为什么不能用于扑救精密设备、仪器及旋转设备内部的火灾?

5. 简述实验室火灾逃生注意事项。

6. 列举实验室主要消防设施系统及其作用。

# 第二章
# 实验室化学品安全

## 第一节　危险化学品概念及分类

### 一、危险化学品的概念

危险化学品，是指具有毒害、腐蚀、爆炸、燃烧、助燃等性质，对人体、设施、环境具有危害的剧毒化学品和其他化学品（《危险化学品安全管理条例》中华人民共和国国务院令第591号，2011年）。

### 二、危险化学品的分类

我国现行的危险化学品分类标准是《危险货物分类和品名编号》（GB 6944—2012）和《化学品分类和危险性公示　通则》（GB 13690—2009），这两个标准在技术内容方面分别与联合国推荐的危险化学品或危险货物分类标准“橙皮书”和“紫皮书”一致（非等效）。“橙皮书”指《联合国关于危险货物运输的建议书规章范本》，英文名称 *The UN Recommendations on the Transport of Dangerous Goods, Model Regulations*，简称TDG；“紫皮书”指《全球化学品统一分类和标签制度》，英文名称 *Globally Harmonized System of Classification and Labelling of Chemicals*，简称GHS。

《危险货物分类和品名编号》将化学品按其危险性或最主要的危险性划分为9个类别。这9个类别分别为：①爆炸品；②气体；③易燃液体；④易燃固体、易于自燃的物质、遇水放出易燃气体的物质；⑤氧化性物质和有机过氧化物；⑥毒性物质和感染性物质；⑦放射性物质；⑧腐蚀性物质；⑨杂项危险物质和物品，包括危害环境物质。

《化学品分类和危险性公示　通则》按理化危险、健康危险和环境危险将化学物质和混合物分为28个危险性类别，具体见表2-1。

表 2-1 《化学品分类和危险性公示　通则》(GB 13690—2009) 对危险化学品的分类

| 项目 | 危险性类别 |
| --- | --- |
| 理化危险 | 爆炸物、易燃气体、易燃气溶胶、氧化性气体、压力下气体、易燃液体、易燃固体、自反应物质或混合物、自燃液体、自燃固体、自热物质和混合物、遇水放出易燃气体的物质或混合物、氧化性液体、氧化性固体、有机过氧化物、金属腐蚀剂 |
| 健康危险 | 急性毒性、皮肤腐蚀/刺激、严重眼损伤/眼刺激、呼吸或皮肤过敏、生殖细胞致突变性、致癌性、生殖毒性、特异性靶器官系统毒性——一次接触、特异性靶器官系统毒性——反复接触、吸入危险 |
| 环境危险 | 危害水生环境<br>(1)急性水生毒性<br>(2)慢性水生毒性 |

# 第二节　化学物质的危险特性

化学物质有气、液、固三态，它们在不同状态下分别具有相应的化学、物理、生物方面的危险特性。了解并掌握这些危险特性是进行危害识别、预防、消除的基础。

## 一、理化危险性

危险化学品的理化危险性主要体现在易燃性、爆炸性和反应性三方面。

**1. 易燃性**

易燃是指物质（固体、液体、气体）在遇到火源、高温或是其他形式的点火刺激时，会迅速发生燃烧反应。这种燃烧反应往往伴随着强烈的热量释放和火光，迅速蔓延开来，难以控制。

易燃物是指在空气中容易着火燃烧的物质，包括固体、液体和气体。气体物质不需要经过蒸发，可以直接燃烧。固体和液体发生燃烧，需要经过分解和蒸发，生成气体，然后由这些气体成分与氧化剂作用发生燃烧。易燃物容易引发以下危害：

(1) 可能会引发大火，长时间的燃烧和爆炸会造成巨大的经济损失。

(2) 易燃易爆物品在接触空气后更容易自燃，而且自燃时的火势往往极其猛烈，将带来颠覆性的破坏力。

(3) 易燃易爆物品对人体健康具有严重威胁，人体误食、皮肤接触或吸入部分易燃易爆物品，可能会造成严重伤害和生命危险。

(4) 易燃易爆物品对环境的污染和破坏力也非常严重。燃烧和爆炸会释放大量的烟雾、有害气体和毒烟，对大气、水体和土壤带来很大的危害。

**2. 爆炸性**

爆炸是指物质在热、压力、撞击、摩擦、声波等激发下，在极短时间内释放出大量能量，产生高温，并放出大量气体，在周围介质中造成高压的化学反应或物理状态变化。通常爆炸会伴随有强烈放热、发光和声响的效应。爆炸生成的高温高压气体会对它周围的介质做机械功，而导致猛烈的破坏作用。爆炸相关知识见第一章第二节。

**3. 反应性**

（1）与水反应的物质　与水反应的物质是指那些和水反应剧烈的物质。例如碱金属、许多有机金属化合物及金属氢化物等，这些物质与水反应放出的氢气和空气中的氧气混合发生燃烧、爆炸。另外，无水金属卤化物（如三氯化铝）、氧化物（如氧化钙）、非金属化合物（如三氧化硫）及卤化物（如五氯化磷）会与水反应放出大量的热，造成危害。

（2）发火物质　发火物质指只有少量物品与氧气或空气接触短暂时间（一般指不到5min）内便能燃烧的物质，如金属氢化物、活性金属合金、低氧化态金属盐、硫化亚铁等。

（3）自反应物质　自反应物质指即使没有氧气（空气）也容易发生激烈的放热分解的热不稳定物质或混合物。

（4）不相容的化学品　一些化学物质一旦混合就会发生剧烈反应，引起爆炸或释放高毒物质，或者二者皆有之。这些物质一定要分开存放，避免混存。氧化剂一定要与还原剂分开存放，即使其氧化性或还原性不强。例如：强还原物质钾、钠常用来去除有机溶剂中痕量的水，但却不能用于去除卤代烷烃中的水，因为虽然卤代烷烃的还原性很弱，但仍会和钾、钠反应。正是因为这个原因，不能用卤代烷烃灭火器灭除钾、钠火灾。

## 二、健康危害性

实验室中大多数化学药品都有不同程度的毒性，会对人体产生健康危害。广义的毒性是指外源化学物质与机体接触或进入体内的易感部位后引起机体损害的能力，包括急性毒性、慢性毒性、腐蚀性、刺激性、致敏性、窒息性、神经毒性、生殖毒性、生长毒性及特异性靶器官系统毒性等。

**1. 健康危害性种类**

（1）急性毒性　是指机体（人或实验动物）一次（或24h内多次）接触外来化合物之后所引起的中毒甚至死亡效应。实验室常见的高急性毒性化学物质有丙烯醛、羰基镍、甲基汞、四氧化锇、氢氰酸等。

通常，在实验室进行实验时，因为用量很少，除非严重违反使用规则，否则不会由于一般性的药品而引起中毒事故。但是，对毒性大的物质，一旦用错就会发生事故，甚至会危及生命。因此，在化学品的使用中，必须关注其毒性危险因素，做好防护措施，遵照有关规定进行使用。

（2）慢性毒性　是指长期接触毒性物质或染毒对机体所致的功能或结构形态的损害。慢性毒性是衡量蓄积毒性的重要指标，其症状可能不会立即出现，经过数月甚至数年才会表现。在实验室中长期接触重金属（如铅、镉、汞及其化合物等）及一些有机溶剂（如苯、正己烷、卤代烷烃等）往往会发生慢性中毒。

（3）腐蚀性　指通过化学反应对机体接触部位的组织（如皮肤、肌肉、视网膜等）造成的不可逆性的组织损伤。化学实验室常见的腐蚀性物质有氨、过氧化氢、溴、浓酸、强碱、酚类、氢氟酸等。在操作这些物质时，需要确保皮肤、面部、眼睛得到充分保护。

（4）刺激性　是指通过化学反应对机体的接触部位的组织造成的可逆性的炎症反应（红

肿)。接触有刺激性的化学药品需要采取防护措施，将药品与皮肤、眼睛接触的可能性降至最小。

(5) 致敏性　是机体对材料产生的特异性免疫应答反应，表现为组织损伤和（或）生理功能紊乱。一些过敏反应非常迅速，接触几分钟机体就会发生反应；延迟性过敏则需要几小时甚至几天才发作。过敏通常发生在皮肤，如出现皮肤红肿、瘙痒；严重的如过敏性休克，是一种急性的、全身性的严重过敏反应，如果救治不及时，过敏者常在 5～10min 死亡。因为极其微量的致敏性物质就能引发过敏性体质者的过敏反应，实验室工作人员应当对化学药品引发的过敏症状保持警觉。

(6) 窒息性　是指可使机体氧的供给摄取、运送、利用发生障碍，使全身组织、细胞得不到或不能利用氧，而导致组织、细胞缺氧窒息，丧失功能，坏死。乙炔、二氧化碳、惰性气体、氨气、甲烷等都是常见的窒息性物质。一氧化碳、氰化物则可以与血红蛋白结合，使血液失去携氧能力，造成缺氧昏迷甚至死亡。

(7) 神经毒性　指对中枢神经、周边神经系统的结构和功能有毒副作用，有些可恢复，有些会造成永久性伤害。许多神经毒素的伤害作用在短期内没有明显症状，容易被忽视。实验室可接触到的神经毒素有汞（包括有机汞和无机汞化合物）、有机磷酸酯、农药、二硫化碳、二甲苯等。

(8) 生殖毒性与生长毒性　生殖毒素是一种可以引起染色体变异或损伤的物质，它可以导致婴儿夭折或畸形。这类物质可以在生殖过程的多个层面引发问题，在某些情况下可导致不育。许多生殖毒素都是慢性毒素，它们只有在被多次或长时间接触时才能对人造成伤害，有些伤害只有经过了青春期之后才会慢慢显现出来。

生长毒素作用于妊娠的孕妇期并且对婴儿有很大伤害。一般在妊娠期前三个月作用最为明显，需要特别注意，尤其是容易通过皮肤迅速被吸收的物质，如甲酰胺，接触前一定要做好防护措施。

(9) 特异性靶器官系统毒性　特异性靶器官系统毒性物质包括大部分卤代烃、苯及其他芳香烃金属有机化合物、氟化物、一氧化碳等，对机体的器官（肝脏、肾脏、肺等）会产生多种影响。

(10) 致癌性　即能导致癌症的物质。致癌物是慢性毒性物质，只有在多次或长时间接触后才会造成损伤，且具有潜伏性。很多研究中的新物质都未经过致癌性检测，在使用可能具有潜在致癌性的物质时，要进行适当保护。

**2. 毒害性物质侵入人体途径**

毒害性物质主要通过消化道、呼吸道和皮肤三种途径入侵人体。其中多数物质被人吞食才会中毒。而一些物质，无论通过什么样的途径进入体内，都会对身体造成毒害。了解毒害性物质的入侵途径有助于做好针对性的防护措施。

(1) 通过消化道入侵　食入毒害性物质时，毒物会通过口腔进入食道、胃、肠，有毒物质会被口腔、胃部、肠道逐步吸收，其中大部分会被小肠吸收。如果这些器官发炎、溃疡或者感染了，那么它们的保护层就会吸收更多的有毒物质。具体吸收量还和当时肠胃里所含的食物种类以及质量有关。毒害性物质通过消化道入侵时，多数情况下都会导致立刻中毒，甚至会造成意外死亡。

(2) 通过呼吸道入侵　当通过口、鼻吸入空气中的毒害性物质时，鼻腔、咽喉和肺部会产生刺激。此外，这些毒素会直接进入我们的血液，快速流经大脑、心脏、肝脏以及肾脏等人体器官。人体吸入有毒化合物的毒量通常与毒物浓度、呼吸的频率和深度、肺部功能有关，患有哮喘或其他肺部疾病的人更易中毒。吸入中毒是一种更为常见的中毒方式，它比食入更有危害。通常情况下，肺部可将吸入的气体迅速吸收，而其中的灰尘、雾气以及微粒会被困在肺部。

（3）通过皮肤入侵　有毒物质或其蒸气与皮肤接触时，可通过表皮屏障、毛囊，极少数通过汗腺进入皮下血管并传播到身体各部位。吸收的数量与毒物的溶解度和浓度、皮肤的温度、出汗等有关。当皮肤被烫伤、烧伤、割破时，有毒物质就更易入侵。

另外，毒物也会通过皮肤注射而进入体内。而有害物质溅入眼内，则会通过眼结膜或眼角膜吸收进入体内。

### 3. 量效关系

一种外源化学物质对机体的损害能力越大，其毒性就越高。外源化学物质毒性的高低仅具有相对意义。物质与机体的接触量、接触途径、接触方式及物质本身的理化性质是影响其对机体毒性作用的因素，但在大多数情况下与机体接触的数量是决定因素。在某种意义上，只要达到一定的数量，任何物质对机体都具有毒性；如果低于一定数量，任何物质都不具有毒性。

一般用半数致死量（$LD_{50}$）或半数致死浓度（$LC_{50}$）来表示急性毒性的作用程度。$LD_{50}$（lethal dose 50）是指能杀死一半试验总体之有害物质、有毒物质或游离辐射的剂量，是描述有毒物质或辐射毒性的常用指标，常以 mg/kg 或 g/kg 为单位表示药剂对单位千克机体的作用。$LC_{50}$（lethal concentration 50）是指能杀死一半试验总体的毒物浓度，国际单位为 mg/L，也常用 ppm（1ppm＝1mg/L）为单位。一般来说，$LD_{50}$ 或 $LC_{50}$ 越高，表示外源化学物质的毒性越低。但对外源化学物质毒性的评价，不能仅以急性毒性高低来表示。一些外源化学物质的急性毒性是属于低毒或微毒，但却有致癌、致畸等毒性作用。如近年来世界各国纷纷禁止将双酚 A 用于食品容器的加工制造中［双酚 A 也称 BPA，在工业上双酚 A 被用来合成聚碳酸酯（PC）和环氧树脂等材料，这些材料曾广泛用作食品容器材质］，尽管双酚 A 的急性毒性很低，但却具有致癌性和生殖毒性。

### 4. 影响毒性作用的因素

物质的毒性与物质的溶解度、挥发性和化学结构等有关。一般而言，溶解度（包括水溶性或脂溶性）越大的有毒物质，其毒性越大，因其进入体内溶于体液、血液淋巴液、脂肪及类脂质的数量多、浓度大，生化反应强烈所致。挥发性越强的有毒物质，其毒性越大，因其挥发到空气中的分子数多，浓度高，与身体表面接触或进入人体的毒物数量多，毒性大。物质分子结构与其毒性也存在一定关系，如脂肪族烃系列中碳原子数越多，毒性越大；含有不饱和键的化合物化学毒性较大。

## 三、环境危害性

### 1. 危害水生环境

一些化学物质可对水生环境产生急性或慢性毒性，其毒害性可能存在潜在的或实际的生物积累，最终将影响人类健康。

**2. 危害臭氧层**

一些化学物质，如卤化碳，会对大气平流层造成臭氧层消耗，从而使紫外线更多地辐射到地球表面，危害人体健康（如皮肤癌、白内障、免疫系统削弱等），减少作物产量及破坏海洋食物链等。

# 第三节　各类危险化学品

## 一、爆炸性物质

**1. 定义和分类**

爆炸性物质指自身能够通过化学反应产生气体，其温度、压力和速度高到能对周围造成破坏的固体或液体物质（或这些物质的混合物），也包括不放出气体的烟火物质。爆炸性物质按组成可分为爆炸化合物和爆炸混合物。

爆炸化合物具有一定的化学组成，在分子中含有某种活性基团（又称作爆炸基团），这些基团结构中多含有双键、三键或键长较长的单键，化学键活性高，不稳定，在外界能量的作用下很容易被活化，发生爆炸反应。对震动敏感的爆炸性化合物包括乙炔类化合物（如乙炔亚汞），叠氮类化合物（如叠氮铅），氮的卤化物（如三碘化氮），硝酸酯类，含多个硝基的化合物，高氯酸盐（尤其是重金属的高氯酸盐，如高氯酸钌、高氯酸锇），有机过氧化物及结构中带有重氮、亚硝基、臭氧基团的化合物等。

爆炸混合物是由两种或两种以上爆炸化合物，或性质不相容的两种化合物经机械混合而成的，例如硝铵炸药是以硝酸铵为其主要成分的粉状爆炸性机械混合物，是由硝酸铵再加入还原剂、有机物、易燃物（如硫、磷或金属粉末）等构成的；黑火药的成分是木炭、硫黄和硝酸钾；氢气和氯气的混合气体，光照可以引发其爆炸反应；在酸、碱存在下，丙烯醛会发生爆炸性的聚合反应等。

**2. 危险特性**

（1）爆炸性强　爆炸性物质都具有化学不稳定性，在一定外界因素的作用下，会进行快速、猛烈的化学反应，一般在万分之一秒内完成化学反应，并放出爆炸能量。

（2）敏感度高　热、火花、撞击、摩擦、冲击波、光、静电、特定的催化剂或杂质等都可能引发爆炸品发生爆炸反应。爆炸品的爆炸需要外界供给它一定的能量，即起爆能。一些化合物的起爆能非常低，十分敏感，稍有不慎即可引发爆炸。例如雷酸银，稍经触动即能发生爆炸。

（3）破坏性大　爆炸时产生的大量热量由于来不及释放，会产生很高的温度，有时甚至高达数千摄氏度；同时产生的大量气体，形成高压，高温高压气体做功会对周围产生巨大的冲击波和破坏力。且绝大多数爆炸品爆炸时产生的 $CO$、$HCN$、$CO_2$、$NO_2$、$NO$、$N_2$ 等气体具有毒性或窒息性，经呼吸道、皮肤、消化道吸收入人体后引起中毒。另外爆炸还容易引发次生灾害，如引发大面积的火灾，导致有毒有害化学品泄漏等。

### 3. 实验室中常见的爆炸品

（1）高氯酸盐或有机高氯酸化合物　高氯酸盐主要用作火箭燃料、烟火中的氧化剂和安全气囊中的爆炸物。多数高氯酸盐可溶于水，因此在实验室中被广泛用于无机合成或金属有机合成。一般高氯酸盐对热和碰撞并不敏感，但许多重金属的高氯酸盐、有机高氯酸盐、有机高氯酸酯、高氯酸肼、高氯酸氟等极易爆炸。在还原性物质的存在下，操作任何一种高氯酸化合物均具有潜在的爆炸可能，因此操作时必须谨慎。近年来已发生多起实验室高氯酸类物质爆炸的事故，如某研究所化学工程师将高氯酸与有机化合物共热发生爆炸，造成该工程师爆炸性耳聋。

（2）硝酸酯类或含多个硝基的有机化合物　硝酸酯类物质及含多个硝基的有机化合物燃爆危险性大，许多该类化合物被用作炸药。如：硝酸甘油、硝化棉、乙二醇二硝酸酯及黄色炸药三硝基甲苯（TNT）和苦味酸等。曾经发生过在蒸馏硝化反应物的过程中，当蒸至剩下很少残液时，突然发生爆炸的实验事故，因为在蒸馏残物中有多硝基化合物，具有爆炸性，故不能将其过分蒸馏。

（3）叠氮化合物　有机和无机叠氮化合物均为叠氮酸衍生物。叠氮酸的重金属盐，如叠氮银（$AgN_3$）、叠氮铅［$Pb(N_3)_2$］具有高度爆炸性。叠氮铅对撞击极为敏感，是起爆剂的重要成分。一般碱金属的叠氮酸盐无爆炸性，如叠氮钠，遇水会分解，释出水解产物叠氮酸（$HN_3$）。烷基叠氮化合物在室温较稳定，但加热易爆炸；温度升高可分解释出叠氮酸。芳基叠氮化合物为有色的、相对稳定的固体，撞击时易爆，熔化时可分解，释出叠氮酸。叠氮钠易和铅或铜急剧化合生成易爆炸的金属叠氮化合物。

（4）重氮化合物　重氮化合物是一类由烷基与重氮基（—N═N—）相连接而成的有机化合物，如重氮甲烷、重氮乙酸乙酯。重氮化合物大多具有爆炸性，且多数有毒，对皮肤、黏膜等有刺激性。重氮化合物与碱金属接触或高温时可发生爆炸。常用的重氮化合物有重氮甲烷（$CH_2N_2$），$CH_2N_2$ 在有机合成上是一个重要的试剂，能够发生多种类型的反应，非常活泼，具有爆炸性，而且是一种有毒的气体，所以在制备及使用时要特别注意安全，反应时必须用光洁的玻璃仪器，不能使用磨口玻璃，因为玻璃磨口接头能引发重氮甲烷的爆炸性分解。

## 二、气体

### 1. 定义和分类

属于危险化学品的气体符合下述两种情况之一：

① 在 50℃时，其蒸气压力大于 300kPa 的物质；

② 20℃时在 101.3kPa 压力下完全是气体的物质。

本类危险化学品包括压缩、液化或加压溶解的气体和冷冻液化气体，一种或多种气体与一种或多种其他类别物质的蒸气的混合物，充有气体的物品和烟雾剂。

按危险特性可将本类化学品分为易燃气体、有毒气体和非易燃无毒气体三类。

（1）易燃气体　易燃气体指在 20℃时在 101.3kPa 下与空气的混合物按体积分数占 13％或更少时可点燃的气体；或不论易燃下限如何，与空气混合，燃烧范围的体积分数至少为12％的气体。此类气体极易燃烧，与空气混合能形成爆炸性混合物。在常温常压下遇明火、高温即会发生燃烧或爆炸。实验室中常见的可燃性气体包括氢气、甲烷、乙烷、乙烯、丙烯、乙炔、环丙烷、丁二烯、一氧化碳、甲醚、环氧乙烷、氨、乙胺、氰化氢、丙烯腈、硫化氢、二硫化碳等。常见气体及蒸气的爆炸极限见表 2-2。

**表 2-2 常见气体及蒸气的爆炸极限**

| 气体名称 | 化学式 | 在空气中的爆炸极限/% | |
|---|---|---|---|
| | | 下限 | 上限 |
| 甲烷 | $CH_4$ | 5.0 | 15.0 |
| 乙烷 | $C_2H_6$ | 3.0 | 12.5 |
| 丙烷 | $C_3H_8$ | 2.1 | 11.1 |
| 丁烷 | $C_4H_{10}$ | 1.9 | 8.5 |
| 乙烯 | $C_2H_4$ | 2.7 | 36 |
| 乙炔 | $C_2H_2$ | 2.5 | 80 |
| 苯 | $C_6H_6$ | 1.2 | 7.8 |
| 甲苯 | $C_6H_5CH_3$ | 1.2 | 7.1 |
| 苯乙烯 | $C_6H_5CHCH_2$ | 0.9 | 6.8 |
| 环氧乙烷 | $(CH_2)_2O$ | 3.0 | 80 |
| 乙醚 | $(C_2H_5)_2O$ | 1.9 | 36 |
| 甲醇 | $CH_3OH$ | 6.0 | 36 |
| 乙醇 | $C_2H_5OH$ | 3.3 | 19 |
| 丙酮 | $CH_3COCH_3$ | 2.6 | 12.8 |
| 氢气 | $H_2$ | 4.0 | 75 |
| 一氧化碳 | $CO$ | 12.5 | 74 |
| 硫化氢 | $H_2S$ | 4.3 | 45.5 |
| 氨气 | $NH_3$ | 15 | 30.2 |
| 天然气 | | 3.8 | 13 |
| 城市煤气 | | 4.0 | — |

资料来源：《石油化工可燃气体和有毒气体检测报警设计标准》(GB/T 50493—2019)。

（2）有毒气体　有毒气体指具有毒性或腐蚀性，对人类健康造成危害的气体。常见的有毒气体有光气、溴甲烷、氰化氢、磷化氢、氟化氢、氧化亚氮等。

（3）非易燃无毒气体　本类气体指在 20℃时在不低于 280kPa 压力下的压缩或冷冻的非上两类气体的其他气体，包括窒息性气体和氧化性气体。这类气体中的氧化性气体指能提供比空气更能引起或促进气体材料燃烧的气体（如纯氧等），为助燃气体，遇油脂能发生燃烧或爆炸。窒息性气体则会稀释或取代空气中的氧气，在高浓度时对人有窒息作用，如氮气、二氧化碳、惰性气体等。

**2. 危险特性**

（1）膨胀爆炸性　由于压缩气体和液化气体是把气体经高压压缩贮藏于钢瓶内，无论是哪类气体处于高压下时，它们在受热、撞击等作用时均易发生物理爆炸。

（2）易燃易爆性　在常用的压缩气体和液化气体中，超过半数是易燃气体。与易燃液体、固体相比，易燃气体更易燃烧，燃烧速度快，着火爆炸危险性大。

（3）健康危害性　本类中的绝大多数气体对人体健康具有危害性，如毒性、刺激性、腐蚀性或窒息性。

（4）氧化性　危险气体中很多具有氧化性，包括含氧的气体，如氧气、压缩空气、臭氧、一氧化二氮、二氧化硫、三氧化硫等；还包括不含氧的气体，如氯气、氟气等。这些气体遇到还原性气体或物质（如多数有机物、油脂等）易发生燃烧爆炸。在储存、运输和使用中要将这些气体与其他可燃气体分开，并远离有机物。

（5）扩散性　气体由于分子间距大，相互作用力小，所以非常容易扩散。比空气轻的气体在空气中容易扩散，易与空气形成爆炸性混合物；比空气重的气体往往沿地面扩散，聚集在沟渠、隧道房屋角落等处，长时间不散，遇着火源发生燃烧或爆炸。

**3. 实验室常见气体及性质**

（1）氧气　氧气是强烈的助燃气体，高温下纯氧十分活泼；温度不变而压力增加时，可以和油类发生急剧的化学反应，并引起发热自燃，进而产生强烈爆炸。氧气瓶一定要防止与油类接触，瓶身严禁沾染油脂，并绝对避免让其他可燃性气体混入，禁止用（或误用）盛其他可燃性气体的气瓶来充灌氧气。氧气瓶禁止放于阳光暴晒的地方，应储存在阴凉通风处，远离火源、避免阳光直射。

（2）氢气　氢气密度小，易泄漏，扩散速度很快，易和其他气体混合。氢气与空气的混合气极易引起自燃自爆，燃烧速度约为2.7m/s。在高压条件下的氢和氧，能够直接化合，因放热而引起爆炸；高压氢、氧混合气体冲出容器时，由于摩擦发热，或者产生静电火花，也可能引起爆炸。氢气应单独存放，最好放置在室外专用的小屋内，以确保安全，严禁放在实验室内，严禁烟火。

（3）氮气　氮气为惰性气体，有窒息性，在密闭空间内可使人窒息死亡。氮气若遇高热，容器内压增大，有开裂和爆炸的危险。氮气过量，使氧分压下降，会引起人缺氧。大气压力为392kPa时人表现为爱笑和多言，对视、听和嗅觉刺激迟钝，智力活动减弱；在980kPa时，肌肉运动严重失调。氮气瓶应存放在通风良好、阴凉干燥的地方，避免阳光直射和高温环境。存放环境温度不得超过30℃。

## 三、易燃液体

**1. 定义和分类**

易燃液体是指闭杯闪点小于或等于60℃时放出易燃蒸气的液体或液体混合物，或是在溶液或悬浮液中含有固体的液体。表2-3是实验室中常用到的易燃、可燃液体的闭杯闪点。

**表2-3　实验室常用易燃、可燃液体的闭杯闪点**

| 液体名称 | 闭杯闪点/℃ | 液体名称 | 闭杯闪点/℃ |
|---|---|---|---|
| 乙醚 | −45 | 乙腈 | 6[①] |
| 四氢呋喃 | −14 | 甲醇 | 12 |
| 二甲基硫醚 | −38 | 乙酰丙酮 | 34 |
| 二硫化碳 | −30 | 乙醇 | 13 |
| 乙醛 | −38 | 异丙苯 | 44 |

续表

| 液体名称 | 闭杯闪点/℃ | 液体名称 | 闭杯闪点/℃ |
|---|---|---|---|
| 丙烯醛 | −25 | 苯胺 | 70 |
| 丙酮 | −18 | 正丁醇 | 29 |
| 辛烷 | 13 | 异丁醇 | 24 |
| 苯 | −11 | 叔丁醇 | 11 |
| 乙酸乙酯 | −4 | 氯苯 | 29 |
| 甲苯 | 4 | 1,4-二氧六环 | 12 |
| 环己烷 | −20 | 石脑油 | 42 |
| 二戊烯(松油精) | 46 | 樟脑油 | 47 |
| 乙酸戊酯 | 21 | 汽车汽油 | −38 |
| 航空汽油 | −46 | 柴油 | 66 |
| 煤油 | 38 | | |

资料来源：*Fire and explosion hazards handbook of industrial chemicals.*
① 该数据为开杯闪点。

易燃液体的分类标准较多，《化学品分类和标签规范　第7部分：易燃液体》（GB 30000.7—2013）将易燃液体按其闪点划分为以下4类：

第1类（极易燃液体和蒸气），闭杯闪点小于23℃且初沸点不大于35℃，如乙醚、二硫化碳等；

第2类（高度易燃液体和蒸气），闭杯闪点小于23℃且初沸点大于35℃，如甲醇、乙醇等；

第3类（易燃液体和蒸气），闭杯闪点不小于23℃且不大于60℃，如航空燃油等；

第4类（可燃液体），闭杯闪点大于60℃且不大于93℃，如柴油等。

**2. 危险特性**

（1）易燃性　易燃液体的闪点低，其燃点也低（高于闪点1～5℃），在常温下接触火源极易着火并持续燃烧。易燃液体燃烧是通过其挥发的蒸气与空气形成可燃混合物，达到一定的浓度后遇火源而实现的，实质上是液体蒸气与氧发生的氧化反应。由于易燃液体的沸点都很低，易燃液体很容易挥发出易燃蒸气，其着火所需的能量极小，因此，易燃液体都具有高度的易燃性。

（2）蒸气的爆炸性　多数易燃液体沸点低于100℃，具有很强挥发性，挥发出的蒸气易与空气形成爆炸性混合物，当蒸气与空气的比例在爆炸极限范围内时，遇火源会发生爆炸。挥发性越强的易燃液体，其爆炸危险性就越大。

（3）热膨胀性　易燃液体和其他液体一样，也有受热膨胀性。储存于密闭容器中的易燃液体受热后，体积膨胀，蒸气压力增加，若超过容器的压力限度，就会造成容器膨胀，发生物理爆炸。因此，盛放易燃液体的容器必须留有不少于5%的空间，并储存于阴凉处。

（4）流动性　易燃液体的黏度一般都很小，本身极易流动。同时还会通过渗透、浸润及毛细现象等作用，沿容器细微裂纹处渗出容器壁外，并源源不断地挥发，使空气中的易燃液体蒸气浓度增高，增加了燃烧爆炸的危险性。

（5）静电性　多数易燃液体属于电介质，在灌注、输送、流动过程中能够产生静电。当静电积聚到一定程度时就会放电，引起着火或爆炸。

（6）毒害性　易燃液体大多本身（或蒸气）具有毒害性。一般不饱和、芳香族碳氢化合物和易蒸发的石油产品比饱和的碳氢化合物、不易挥发的石油产品的毒性大。一些易燃液体还有麻醉性，如乙醚，长时间吸入会使人失去知觉，发生其他灾害事故。

**3. 实验室中常见易燃液体**

（1）乙醚　乙醚的分子式是 $(C_2H_5)_2O$，是无色透明液体，有特殊刺激气味，带甜味，极易挥发，易燃，低毒，闪点－45℃，沸点 34.6℃，是一种用途非常广泛的有机溶剂，具有麻醉作用，可作为麻醉药使用。纯度较高的乙醚不可长时间敞口存放，否则其蒸气可能引来远处的明火起火。乙醚在空气的作用下被氧化成过氧化物、醛和乙酸，光线能促进其氧化。蒸馏乙醚时不可过尽，蒸发残留物中的过氧化物加热到 100℃以上时能引起强烈爆炸。乙醚与硝酸、硫酸混合发生猛烈爆炸，曾发生过用盛放乙醚的试剂空瓶装浓硝酸发生爆炸的事故。应将乙醚贮于低温通风处，远离火种、热源，与氧化剂、卤素、酸类分储。

（2）丙酮　丙酮的分子式是 $C_3H_6O$，也称作二甲基酮。是无色液体，有特殊气味（辛辣甜味），易挥发，易燃，闪点－18℃，沸点 56.05℃，能溶解乙酸纤维和硝酸纤维，低毒，属易制毒化学品。丙酮反应活性高，其蒸气与空气可形成爆炸性混合物，遇明火、高热极易燃烧爆炸，与氧化剂能发生强烈反应。其蒸气比空气重，能在较低处扩散到相当远的地方，遇火源会着火回燃。若遇高热，容器内压增大，有开裂和爆炸的危险。丙酮应储存于密封的容器内，置于阴凉干燥通风良好处，远离热源、火源和有禁忌的物质。

（3）甲苯　甲苯的分子式是 $C_6H_5CH_3$，是一种无色带特殊芳香气味的易挥发液体，闪点 4℃，沸点 110.6℃，易燃，低毒，高浓度的蒸气有麻醉性、刺激性。其蒸气与空气可形成爆炸性混合物，遇明火、高热能引起燃烧爆炸，由于其蒸气比空气重，因此能在较低处扩散到相当远的地方，遇火源会着火回燃。与氧化剂能发生强烈反应。流速过快容易产生和积聚静电。甲苯是芳香族碳氢化合物的一员，很多性质与苯相似，常常替代苯作为有机溶剂使用；是一种常用的化工原料，同时也是汽油的一个组成成分。应储存于阴凉、通风的库房，远离火种、热源，应与氧化剂分开存放。

## 四、易燃固体、易于自燃的物质和遇水放出易燃气体的物质

**1. 易燃固体**

易燃固体是指燃点低，对热、撞击、摩擦、高能辐射等敏感，易被外部火源点燃，燃烧迅速，并可能散发出有毒烟雾或有毒气体的固体，但不包括已列入爆炸品的物质。常见易燃固体有红磷与含磷化合物，如三硫化四磷、五硫化二磷等；硝基化合物，如二硝基苯、二硝基萘等；亚硝基化合物，如亚硝基苯酚等；易燃金属粉末，如镁粉、铝粉、钍粉、锆粉、锰粉等；萘及其类似物，如甲基萘、均四甲苯、莰烯、樟脑等；其他如氨基化钠、重氮氨基苯、硫黄、聚甲醛、苯磺酰肼、偶氮二异丁腈、氨基化锂等。

（1）危险特性

① 易燃性。易燃固体的着火点都比较低，一般都在 300℃以下，在常温下很小能量的着火源就能引燃易燃固体发生燃烧。有些易燃固体在受到摩擦、撞击等外力作用时也能引起燃烧。

② 爆炸性。绝大多数易燃固体与酸、氧化剂，尤其是与强氧化剂接触时，能够立即引

起着火或爆炸。易燃固体粉末与空气混合后容易发生粉尘爆炸，如硫粉及易燃金属粉末等。

③ 毒害性。很多易燃固体本身具有毒害性，或燃烧后产生有毒物质。

(2) 实验室中常见的易燃固体

① 硫黄，别名硫、胶体硫、硫黄块。外观为淡黄色脆性结晶或粉末，有特殊臭味，闪点为207℃，熔点为119℃，沸点为444.6℃，硫黄难溶于水，微溶于乙醇、醚，易溶于二硫化碳。硫黄易燃，与氧化剂混合能形成爆炸性混合物，与卤素、金属粉末等接触后也会发生剧烈反应，粉尘或蒸气与空气或氧化剂混合后就会形成爆炸性混合物。硫黄为不良导体，在储运过程中易产生静电荷，可导致硫尘起火。硫黄本身低毒，但其蒸气及固体燃烧后产生的二氧化硫对人体有剧毒。

② 氨基化钠，别名氨基钠，分子式 $NaNH_2$，室温下为白色或浅灰色（带铁杂质）固体，有氨的气味，熔点208℃，沸点400℃，在空气中易氧化，易燃，有腐蚀性和吸湿性，能与水强烈反应生成氢氧化钠和氨。在遇高热、明火、强氧化剂或受潮时均可产生爆炸。粉状固体飘浮于空气中时，容易形成爆炸性粉尘。氨基钠变成黄色或棕色后，表示已经有氧化产物生成，不可再用，否则可能发生爆炸。因此，氨基钠应该用时制备，不要久贮。在贮存或使用时，应注意防水，打开盖子时盖口不要对着脸部。

**2. 易于自燃的物质**

易于自燃的物质指自燃点低，在空气中易发生氧化反应放出热量而自行燃烧的物质，包括发火物质和自热物质两类。发火物质是指与空气接触不足5min便可自行燃烧的液体、固体或液体和固体的混合物。自热物质是指与空气接触不需要外部热源便自行发热而燃烧的物质。常见的这类物质有黄磷、还原铁、还原镍以及金属有机化合物三乙基铝、三丁基硼等。另外，一些含有不饱和键化合物，如油脂类物质可在空气中氧化积热不散而引起自燃。

(1) 危险特性

① 自燃性。自燃性物质都是比较容易氧化的，接触空气中的氧时会产生大量的热，积热达到自燃点而着火、爆炸。同时，潮湿、高温、包装疏松、结构多孔（接触空气面积大）、助燃剂或催化剂存在等因素，可以促进发生自燃。

② 化学活性。自燃物质一般都比较活泼，具有极强的还原性，遇氧化剂可发生激烈反应、爆炸。

③ 毒害性。有相当部分自燃物质本身及其燃烧产物不仅对机体有毒或剧毒，还可能有刺激、腐蚀等作用，如黄磷、亚硝基化合物、金属烷基化合物等。

(2) 实验室中常见的自燃物质

① 黄磷，又叫白磷，为白色至黄色蜡性固体，熔点44.1℃，沸点280℃，密度 $1.82g/cm^3$，着火点是40℃，特臭，剧毒，人吸入0.1g白磷就会中毒死亡。性质活泼，极易氧化，燃点特别低，一经暴露在空气中很快引起自燃，必须放置在水中保存，远离火源、热源。其燃烧的产物五氧化二磷也为有毒物质，遇水还能生成磷酸，对皮肤有腐蚀作用。在使用黄磷时，要注意防护，不能用手指或其他部位皮肤与它接触。

② 三乙基铝，化学式为 $Al(C_2H_5)_3$，无色透明液体，具有强烈的霉烂气味，熔点 −52.5℃，闪点<−52℃，沸点194℃，溶于苯。化学性质活泼，能在空气中自燃，遇水即发生爆炸，也能与酸类、卤素、醇类和胺类起强烈反应。主要用于有机合成，也用作火箭燃料。极度易燃，具强腐蚀性、强刺激性，主要损害呼吸道、眼结膜和皮肤，高浓

度吸入可引起肺水肿，皮肤接触可致灼伤、充血、水肿和起水泡，疼痛剧烈。储存时必须用充有惰性气体或特定的容器包装，包装要求密封，不可与空气接触，储存于干燥阴凉通风处，远离火种、热源。应与氧化剂、酸类、醇类等分开存放，切忌混储。取用时必须对全身进行防护。

**3. 遇水放出易燃气体的物质**

遇水放出易燃气体的物质又称遇湿易燃物质，指遇水或受潮时，发生剧烈化学反应，易变成自燃物质或放出危险数量的易燃气体和热量的物质。有些甚至不需明火，即能燃烧或爆炸。常见该类物质有活泼金属锂、钠、钾、锶等及其氢化物，磷化钙，磷化锌，碳化钙，碳化铝等，这些物质通常显示自燃倾向，易引起燃烧或爆炸，危险性很大。还有一些物质较上述物质危险性小，可引起燃烧或爆炸，但不常引起自燃或自发爆炸，如氢化钙、锌粉、保险粉（连二亚硫酸钠）等。

（1）危险特性

① 遇水易燃性。这是这类物质的共性。遇水、潮湿空气、含水物质可剧烈反应，放出易燃气体和大量热量，引起燃烧、爆炸，或可形成爆炸性混合气体，从而造成危险。

② 遇氧化剂、酸反应更剧烈。除遇水剧烈反应外，也能与酸类或氧化剂发生剧烈反应，且反应更加剧烈，燃烧爆炸的危险性更大。

③ 自燃危险性。磷化物，如磷化钙、磷化锌，遇水生成磷化氢，在空气中能自燃，且有毒。

④ 毒害性和腐蚀性。一些遇水放出易燃气体的物质本身具有毒性或放出有毒气体。由于易与水反应，故对机体有腐蚀性，使用这类物质时应防接触皮肤、黏膜，以免灼伤，取用时要戴橡皮手套或用镊子操作，不可直接用手拿。

（2）实验室中常见的遇水放出易燃气体的物质

① 金属钠、钾。钠，熔点 97.81℃，沸点 882.9℃；钾，熔点 63.25℃，沸点 760℃。钠、钾均为银白色金属，质软而轻，密度比水小。钾和钠化学性质非常相似，均具有强还原性，能和大量无机物、绝大部分非金属单质、大部分有机物反应，在空气中暴露会迅速氧化。钠、钾物质与水反应，会放出氢气和热量而引起着火、燃烧或爆炸，具有很高的危险性。金属钠或钾等物质与卤化物反应，往往会发生爆炸。金属钠、钾需密封保存。一般实验室将钠或钾保存在盛有液体石蜡的玻璃瓶中并将瓶子密封，在阴凉处保存。处理不用的废金属钠时，可把它切成小片投入过量乙醇中使之反应，但要注意防止产生的氢气着火。处理废金属钾时，则须在氮气保护下，按同样的操作进行处理。

② 氢化铝锂，化学式为 $LiAlH_4$，是有机合成中非常重要的还原剂。纯的氢化铝锂是白色晶状固体，在干燥空气中相对稳定，但遇水即发生爆炸性反应。其粉末在空气中会自燃，但大块晶体不易自燃。加热至 125℃即分解出氢化锂和金属铝，并放出氢气。在空气中磨碎时可发火。受热或与湿气、水、醇、酸类物质接触，即发生放热反应并放出氢气而燃烧或爆炸。与强氧化剂接触猛烈反应而爆炸。本品对黏膜、上呼吸道、眼和皮肤有强烈的刺激性，可引起烧灼感、咳嗽、喘息、喉炎、气短、头痛、恶心、呕吐等。可发生因吸入导致喉及支气管的痉挛、炎症、水肿、化学性肺炎或肺水肿而致死的情况。由于氢化铝锂具有高度可燃性，储存时需密封防潮、隔绝空气和湿气、充氮气并在低温下保存。使用时需全身防护，且必须佩戴防毒面具，以防吸入粉尘。

## 五、氧化性物质和有机过氧化物

### 1. 氧化性物质

氧化性物质是指本身不一定可燃，但通常能分解放出氧或起氧化作用而可能引起或促进其他物质燃烧的物质。氧化性物质具有较强的获得电子能力，有较强的氧化性，氧化剂对热、震动或摩擦较敏感，遇酸碱、高温、震动、摩擦、撞击、受潮或与易燃物品、还原剂等接触能迅速反应，引发燃烧、爆炸危险，与松软的粉末状可燃物能组成爆炸性化合物。

凡品名中有“高”“重”“过”字，如高氯酸盐、高锰酸盐、重铬酸盐、过氧化物等都属于氧化剂。此外，碱金属和碱土金属的氯酸盐、硝酸盐、亚硝酸盐、高氧化态金属氧化物以及含有过氧基（—O—O—）的无机化合物也属于此类物质。

### 2. 有机过氧化物

有机过氧化物是指分子组成中含有过氧基的有机物质，该类物质为热不稳定物质，可能发生放热的自加速分解。所有的有机过氧化物都是热不稳定的，易分解，并随温度的升高分解速度加快。本身易燃、易爆、极易分解，对热、震动和摩擦极为敏感。具有较强的氧化性，遇酸、碱、还原剂可发生剧烈的氧化还原反应，遇易燃品则有引起燃烧、爆炸的危险。分子中的过氧键一般不稳定，有很强的氧化能力，容易发生断裂生成两个 RO·，可引发自由基反应，其蒸气与空气会形成爆炸性的混合物。过氧键对重金属、光、热和胺类敏感，能发生爆炸性的自催化反应。有些有机过氧化物具有腐蚀性，尤其对眼睛。常见的有机过氧化物有过氧化二苯甲酰、过氧化二异丙苯、叔丁基过氧化物、过氧化苯甲酰、过甲酸、过氧化环己酮等。

### 3. 危险特性

（1）强氧化性　氧化剂和有机过氧化物最突出的特性是具有较强的获得电子能力，即强的氧化性、反应性。无论是无机过氧化物还是有机过氧化物，结构中的过氧基易分解释放出原子氧，因而具有强的氧化性。氧化剂中的其他物质则分别含有高氧化态的氯、溴、碘、氮、硫、锰、铬等元素，这些高氧化态的元素具有较强的获得电子能力，显示强的氧化性。在遇到还原剂、有机物时会发生剧烈的氧化还原反应，引起燃烧、爆炸，放出反应热。

（2）易分解性　氧化剂和有机过氧化物均易发生分解放热反应，引起可燃物的燃烧爆炸。尤其是有机过氧化物本身就是可燃物，易发生放热的自加速分解而迅速燃烧、爆炸。

（3）燃烧爆炸性　氧化剂多数本身是不可燃的，但能导致或促进可燃物燃烧。有机过氧化物本身是可燃物，易着火燃烧，受热分解后更易燃烧爆炸。有机过氧化物比无机氧化剂具有更大的火灾危险性。同时两者的强氧化性使之遇到还原剂和有机物会发生剧烈反应引发燃烧爆炸。一些氧化剂遇水易分解放出氧化性气体，遇火源可导致可燃物燃烧。多数氧化剂和有机过氧化物遇酸反应剧烈，甚至发生爆炸，尤其是碱性氧化剂，如过氧化钠、过氧化二苯甲酰等。

（4）敏感性　多数氧化剂和有机过氧化物对热、摩擦、撞击、震动等极为敏感，受到外界刺激，极易发生分解、爆炸。

（5）腐蚀毒害性　一些氧化剂具有不同程度的毒性、刺激性和腐蚀性，如重铬酸盐，既有毒性又会灼伤皮肤；活泼金属的过氧化物则具有较强的腐蚀性。多数有机过氧化物具有刺激性和腐蚀性，容易对眼角膜和皮肤造成伤害。

**4. 实验室中常见氧化性物质和有机过氧化物**

（1）过氧化氢　过氧化氢化学式 $H_2O_2$，是除水外的另一种氢的氧化物，一般以30%或60%的水溶液形式存放，其水溶液一般称为双氧水。过氧化氢有很强的氧化性，且具弱酸性。低浓度的双氧水可用于消毒。浓的双氧水具有腐蚀性，其蒸气或雾会对呼吸道产生强烈刺激，眼直接接触可致不可逆损伤甚至失明，口服中毒则会导致多种器官损伤，长期接触本品可致接触性皮炎。过氧化氢本身不可燃，但能与可燃物反应放出大量热量和氧气而引起着火爆炸。过氧化氢在 pH 值为 3.5～4.5 时最稳定。碱性条件、重金属（如铁、铜、银、铅、汞、锌、钴、镍、铬、锰等）的氧化物或盐、粉尘、杂质、强光照等都会诱发、催化其分解，当遇到有机物，如糖、淀粉、醇类、石油产品等物质时会形成爆炸性混合物，在撞击、受热或电火花作用下能发生爆炸。过氧化氢应贮存于密封容器中，置于阴凉、避光、清洁、通风处，远离火源、热源，避免撞击、倒放。应与易燃或可燃物、还原剂、碱类、金属粉末等分开存放，避免与纸片、木屑等接触。

（2）过氧化二苯甲酰　过氧化二苯甲酰化学式为 $[C_6H_5C(O)O]_2$，简称 BPO，是一种有机过氧化物，为强氧化剂，白色结晶，有苦杏仁气味，熔点 103～106℃（分解）。溶于苯、氯仿、乙醚、丙酮、二硫化碳，微溶于水和乙醇。性质极不稳定，遇摩擦、撞击、明火、高温、硫及还原剂，均有引起爆炸的危险。对皮肤有强烈的刺激和致敏作用，刺激黏膜。储存时应注入 25%～30%的水，避免光照和受热，勿与还原剂、酸类、醇类、碱类接触。

## 六、毒性物质和感染性物质

**1. 毒性物质**

毒性物质是指经吞食吸入或皮肤接触后可能造成死亡、严重受伤或健康损害的物质。如氰化钾、氯化汞、氢氟酸等。

毒性物质的毒性分为急性口服毒性、皮肤接触毒性和吸入毒性。分别用口服毒性半数致死量 $LD_{50}$、皮肤接触毒性半数致死量 $LD_{50}$、吸入毒性半数致死浓度 $LC_{50}$ 衡量。

毒性物质的认定标准如下。

经口摄取半数致死量：固体 $LD_{50}\leqslant 200mg/kg$，液体 $LD_{50}\leqslant 500mg/kg$。

经皮肤接触 24h 半数致死量：$LD_{50}\leqslant 1000mg/kg$。

粉尘、烟雾吸入半数致死浓度：$LC_{50}\leqslant 10mg/L$（固体或液体）。

**2. 感染性物质**

感染性物质指含有病原体的物质，包括生物制品、诊断样品、基因突变的微生物、生物体和其他媒介，如病毒蛋白、病毒株、病理样品、使用过的针头等。

**3. 毒性物质的分类**

毒性物质化学属性可分为无机毒性物质和有机毒性物质两类。

（1）无机毒性物质　常见的无机毒性物质包括：有毒气体，如卤素、卤化氢、氢氰酸、二氧化硫、硫化氢、氨、一氧化碳等；氰化物，如 KCN、NaCN 等；砷及其化合物，如

$As_2O_3$；硒及其化合物，如 $SeO_2$；其他，如汞、锑、铍、氟、铯、铅、钡、磷、碲、铊及其化合物。

（2）有机毒性物质　常见的有机毒性物质包括：卤代烃及其卤化物类，如氯乙醇、二氯甲烷、光气等；有机金属化合物类，如二乙基汞、四乙基铅、硫酸三乙基锡等；有机磷、硫、砷及腈、胺等化合物类，如对硫磷、丁腈等；某些芳香环、稠环及杂环化合物类，如硝基苯、糠醛等；天然有机毒品类，如鸦片、尼古丁等；其他有毒物质，如硫酸二甲酯、正硅酸甲酯等。

**4. 毒性物质的危险特性**

（1）毒性　毒性是这类物质的主要特性。无论通过口服、吸入，还是皮肤渗入，毒性物质侵入机体后会对机体的功能与健康造成损害，甚至死亡。毒性物质溶解性越好，其危害越大。这里指的溶解性不仅包括水溶性还包括脂溶性。如易溶于水的氯化钡对人体危害大，而难溶的硫酸钡则无毒；具有致癌，生殖、遗传毒性的二噁英就是脂溶性毒害品。多数有机毒害品挥发性较强，容易引起吸入中毒，尤其需要注意无色、无味的有毒物质。对于固体毒物颗粒越小，分散性越好，越容易通过呼吸道和消化道进入体内。

（2）隐蔽性　有相当部分的毒性物质没有特殊气味和颜色，容易和面粉、盐、糖、水、空气等混淆，不易识别和防范。如氰化银，为白色粉末，无臭无味；铊盐溶液为无色透明状液体，容易和水混淆；一氧化碳为无色无味气体等。另一些毒性物质，如苯、四氯化碳、乙醚、硝基苯等蒸气久吸会使人嗅觉减弱，使人放松警惕。

（3）易燃易爆性　目前列入危险品的毒害品有 500 多种，有火灾危险的占其总数近 90%。这些毒害品遇火源和氧化剂容易发生燃烧、爆炸。对于含硝基和亚硝基的芳香族有机化合物遇高热、撞击等都可能引起爆炸并分解出有毒气体。

（4）遇水、遇酸反应　大多数毒害品遇酸或酸雾，会放出有毒的气体，有的气体还具有易燃和自燃危险性，有的甚至遇水即发生爆炸。

**5. 实验室中常接触到的毒性物质**

（1）一氧化碳　一氧化碳（CO）纯品为无色、无臭、无刺激性的气体，分子量 28.01，密度 1.250g/L，冰点－207℃，沸点－190℃，与空气混合能形成爆炸性混合物，遇火星、高温有燃烧爆炸危险，空气混合爆炸极限为 12.5%～74%。一氧化碳具有毒性，进入人体之后会和血液中的血红蛋白结合，进而使血红蛋白不能与氧气结合，从而引起机体组织出现缺氧，导致人体窒息死亡，其直接致害浓度为 $1700g/m^3$。由于一氧化碳是无色、无味的气体，因此容易发生忽略而致中毒的事故。

（2）氰化钠　氰化钠，俗称山萘，化学式为 NaCN，是氰化物的一种。为白色结晶粉末或大块固体，极毒，吸湿而带有苦杏仁味，能否嗅出与个人的基因有关。氰化钠强烈水解生成氰化氢，水溶液呈强碱性。常用于提取金、银等贵金属，也用于电镀、制造农药及有机合成。各种规格的氰化钠均为剧毒化学品，氰化钠致死剂量为 0.1～1g。当与酸类物质、氯酸钾、亚硝酸盐、硝酸盐混放时，或者长时间暴露在潮湿空气中，易产生剧毒、易燃易爆的 HCN 气体。当 HCN 在空气中浓度为 $20mL/m^3$ 时，经过数小时人就产生中毒症状、致死。

（3）硫酸二甲酯　硫酸二甲酯，化学式为 $(CH_3)_2SO_4$，无色或微黄色，是略有洋葱气味的油状可燃性液体，分子量 126.14，自燃点 187.78℃。溶于乙醇和乙醚，在水中溶解度是 2.8g/100mL。在 18℃ 易迅速水解成硫酸和甲醇，在冷水中分解缓慢，遇热、明火或氧化剂可燃。在有机合成中作为甲基化试剂。它与所有的强烷基化试剂类似，具高毒性，皮肤接触或吸入均有严重危害。在有机化学中的应用已逐渐被低毒的碳酸二甲酯和三氟甲磺酸甲酯所取代。

**6. 易制毒化学品**

易制毒化学品是指国家规定管制的可用于制造麻醉药品和精神药品的原料和配剂，既广泛应用于工农业生产和群众日常生活，流入非法渠道又可用于制造毒品。我国自 2005 年 11 月 1 日起施行《易制毒化学品管理条例》（国务院令第 445 号），颁布了易制毒化学品名录。2008 年 6 月开始施行的《中华人民共和国禁毒法》第二十一条规定，国家对易制毒化学品的生产、经营、购买、运输实行许可制度。《中华人民共和国刑法》第三百五十条规定：违反国家规定，非法生产、买卖、运输醋酸酐、乙醚、三氯甲烷或者其他用于制造毒品的原料、配剂，或者携带上述物品进出境，情节较重的，处三年以下有期徒刑、拘役或者管制，并处罚金；情节严重的，处三年以上七年以下有期徒刑，并处罚金；情节特别严重的，处七年以上有期徒刑，并处罚金或者没收财产。

表 2-4 列出了易制毒化学品的分类和品种目录，易制毒化学品分为三类 23 个品种，第一类是可以用于制毒的主要原料，第二类、第三类是可以用于制毒的化学配剂。

**表 2-4 易制毒化学品分类和品种目录**

| 序号 | 第一类 | 第二类 | 第三类 |
| --- | --- | --- | --- |
| 1 | 1-苯基-2-丙酮 | 苯乙酸 | 甲苯 |
| 2 | 3,4-亚甲基二氧苯基-2-丙酮 | 乙酸酐(醋酸酐) | 丙酮 |
| 3 | 胡椒醛 | 三氯甲烷 | 甲基乙基酮 |
| 4 | 黄樟素 | 乙醚 | 高锰酸钾 |
| 5 | 黄樟油 | 哌啶 | 硫酸 |
| 6 | 异黄樟素 | | 盐酸 |
| 7 | *N*-乙酰邻氨基苯酸 | | |
| 8 | 邻氨基苯甲酸 | | |
| 9 | 麦角酸* | | |
| 10 | 麦角胺* | | |
| 11 | 麦角新碱* | | |
| 12 | 麻黄素、伪麻黄素、消旋麻黄素、去甲麻黄素、甲基麻黄素、麻黄浸膏、麻黄浸膏粉等麻黄素类物质 | | |

注：本表引自《易制毒化学品管理条例》；第一类、第二类所列物质可能存在的盐类，也纳入管制；带有 * 标记的品种为第一类中的药品类易制毒化学品，第一类中的药品类易制毒化学品包括原料药及其单方制剂。

## 七、腐蚀性物质

**1. 定义和分类**

腐蚀性物质指通过化学作用使生物组织接触时会造成严重损伤，或在渗漏时会严重损害甚至毁坏其他物质或运载工具的物质。《危险货物分类和品名编号》（GB 6944—2012）规定腐蚀性物质包含：①使完好皮肤组织在暴露超过 60min、但不超过 4h 之后开始的最多 14d

观察期内全厚度毁损的物质；②被判定不引起完好皮肤组织全厚度毁损，但在55℃试验温度下，对钢或铝的表面腐蚀率超过6.25mm/a的物质。

腐蚀性物质按化学性质分为三类：酸性腐蚀品、碱性腐蚀品和其他腐蚀品。

（1）酸性腐蚀品　如硝酸、硫酸、氢氟酸、氢溴酸、高氯酸、王水（由1体积的浓硝酸和3体积的浓盐酸混合而成）、乙酸酐、氯磺酸、三氧化硫、五氧化二磷、酰氯等。

（2）碱性腐蚀品　如氢氧化钠、氢氧化钙、氢氧化钾、硫氢化钙、硫化钠、烷基醇钠类、水合肼、有机胺类及有机铵盐类等。

（3）其他腐蚀品　如氟化铬、氟化氢铵、氟化氢钾、二氯乙醛、氯甲酸苄酯、苯基二氯化磷等。

**2. 危险特性**

（1）强烈的腐蚀性　腐蚀性物质的化学性质比较活泼，能和很多金属、有机化合物、动植物机体等发生化学反应，从而灼伤人体组织，对金属、动植物机体、纤维制品等具有强烈的腐蚀作用。腐蚀品中的酸能与大多数金属反应，溶解金属；酸还能和非金属发生作用。腐蚀品中的强碱也能腐蚀某些金属和非金属。

（2）毒性　多数腐蚀品有不同程度的毒性，有的还是剧毒品，如氢氟酸、重铬酸钠等。

（3）易燃性　许多有机腐蚀物品都具有易燃性，这是由它们本身的组成和分子结构决定的，如冰乙酸、甲酸、苯甲酰氯、丙烯酸等接触火源时会引起燃烧。

（4）氧化性　腐蚀品中有些物质具有很强的氧化性，其中多数是含氧酸和酸酐，如浓硫酸、硝酸、氯酸、高锰酸、铬酸酐等。当强氧化性的腐蚀品接触木屑、食糖、纱布等可燃物时，会发生氧化反应，引起燃烧、爆炸。

**3. 实验室中常见腐蚀品**

（1）硫酸　是一种无色透明黏稠的油状液体，难挥发，在任何浓度下与水都能混溶并且放热，常用的浓硫酸中$H_2SO_4$的质量分数为98.3%，沸点338℃，密度1.84g/cm$^3$，物质的量浓度为18.4mol/L。硫酸具有非常强的腐蚀性。高浓度的硫酸不仅具有强酸性，还具有脱水性和强氧化性，会与蛋白质及脂肪发生水解反应并造成严重化学性烧伤，还会与碳水化合物发生高放热性脱水反应并将其炭化，造成二级火焰性灼伤，因此会对皮肤、黏膜、眼睛等组织造成极大刺激和腐蚀作用。硫酸具有强氧化性，与易燃物（如苯）和有机物（如糖、纤维素等）接触会发生剧烈反应，甚至引起燃烧。能与一些活性金属粉末发生反应。遇水大量放热，可发生沸溅。存储时，应保持容器密封，储存于阴凉、通风处，与易（可）燃物、还原剂、碱类、碱金属、食用化学品分开存放。

（2）氢氧化钠（NaOH）　白色颗粒或片状固体，其水溶液无色透明，有涩味和滑腻感，呈强碱性，俗称烧碱。纯氢氧化钠有吸湿性，易吸收空气中的水分和二氧化碳，常用作碱性干燥剂。溶于水、乙醇，或与酸混合时产生剧热。能与许多有机、无机化合物起化学反应。具有强烈的刺激性和腐蚀性。其粉尘或烟雾会刺激眼和呼吸道，腐蚀鼻中隔；皮肤和眼与氢氧化钠直接接触会引起灼伤；误服可造成消化道灼伤，黏膜糜烂，出血和休克。氢氧化钠能够与玻璃发生缓慢反应，生成硅酸钠，因此固体氢氧化钠一般不用玻璃瓶装，装氢氧化钠溶液的试剂瓶使用胶塞。

（3）氯磺酸（$HSO_3Cl$）为无色油状液体，熔点－80℃，沸点152℃，属酸性腐蚀品。氯磺酸很容易水解，与空气中的水蒸气也能反应生成酸雾并放出大量的热，若在容器中漏进水就会发生猛烈反应，甚至使容器炸裂。若与多孔性或粉末状的易燃物质接触，会引起燃烧。氯磺酸不仅对金属有强烈的腐蚀作用，而且对眼睛也有强烈的刺激作用，还会侵蚀咽喉和肺部。

（4）氢氟酸　是氟化氢（HF）气体的水溶液，为无色透明有刺激性气味的发烟液体。氢氟酸具有极强的腐蚀性，能强烈地腐蚀金属、玻璃和含硅的物质，吸入蒸气或接触皮肤则会造成难以治愈的灼伤，民间称其为“化骨水”。有剧毒，最小致死量（大鼠，腹腔）为25g/kg。存放时需要放在密封的塑料瓶中保存于阴凉处。取用时需对人体实施全面防护。

## 八、杂项危险物质和物品

杂项危险物质和物品是指未被其他类别收录的危险物质和物品。主要包括三类。

（1）危害环境的物质　危害环境的物质，如海洋污染物、水生环境危害物质。

（2）在高温下运输或提交的物质　在高温下运输或提交的物质，如运输或要求运输的高温物质，液态温度达到或超过100℃，或固态温度达到或超过240℃。

（3）经过基因修改的微生物或组织　经过基因修改的微生物或组织不属感染性物质，但可以非正常天然繁殖结果的方式改变动物、植物或微生物物质。

其他的，如强磁性物品、白石棉、干冰、锂电池组、可危害健康的超细粉尘、具有较弱的燃烧或腐蚀性能的物质等均属于此项。

# 第四节　化学品采购和存储

## 一、一般化学品采购

一般化学品通常包括以下四类。

① 无机类，如氯化钠、碳酸氢钠等。

② 金属类，如锡粒、铋粒等。

③ 指示剂类，如酚酞、中性红等。

④ 其他类，如石墨粉、分子筛等。

一般化学品的采购，须从具有化学品经营许可资质的公司购买，使商品质量得到保证。

## 二、危险化学品采购

### 1. 教学、科学研究实验用危险化学品采购

高校用于教学、科学研究实验的危险化学品，必须向具有危险化学品经营许可资质的公司购买。购买时，需要供货单位提供危险化学品经营许可证（如是易制毒化学品，需要提供易制毒化学品经营许可证），并确认其提供的化学试剂和化工原料在规定的经营范围内。

**2. 特定种类危险化学品采购**

购买剧毒化学品、易制毒化学品、易制爆化学品、放射性物品、麻醉品、精神类药品等国家特定种类危险化学品时，应通过学校向公安、环保、食品药品监督管理等部门提出申请备案，获批准后凭证购买。采购时，须查验供货单位的特定种类危险化学品经营许可资质。

（1）剧毒化学品采购　高校应根据国家的相关法规，开展使用剧毒化学品安全评价，并向所在地的区市两级安全生产监督管理局申请使用备案的基础上，向所在地的市级公安机关治安管理部门提出申请后，凭取得的《剧毒化学品购买凭证》向具有剧毒化学品经营许可资质的公司采购。个人不得购买剧毒化学品（属于剧毒化学品的农药除外）。

（2）易制毒化学品采购　国家对易制毒化学品的生产、经营、购买、运输和进口出口实行分类管理和许可证制度。个人不得购买第一类和第二类易制毒化学品。

第一类易制毒化学品的购买：采购前，采购单位须向所在地相关管理部门提出申请。其中，购买药品类的由所在地的省级食品药品监督管理部门审批，购买非药品类的由所在地的省级公安机关审批。采购时，采购单位须向具有经营许可资质的单位提供所购易制毒化学品的合法使用证明和所在地相关管理单位批准购买的凭证。

第二类、第三类易制毒化学品的购买：购买前，应将所需购买的品种、数量报所在地的区公安机关备案审批后，凭证向具有经营许可资质的单位购买。

（3）易制爆化学品的分类与采购

① 易制爆化学品的分类。易制爆化学品是指可以作为原料或者辅料而制成爆炸品的化学品，分为：高氯酸，高氯酸盐及氯酸盐，硝酸及硝酸盐，硝基类化合物，过氧化物与超氧化物，燃料还原剂类，其他类。

② 易制爆化学品的采购。采购单位购买易制爆危险化学品时，须向所在地的公安派出所、区（县）公安分局治安大队提出申请，凭所在地的公安派出所、区（县）公安分局治安大队出具的批准购买凭证和所购易制爆化学品的合法使用证明向具有经营许可资质的单位购买。

个人不得购买易制爆危险化学品。

（4）气体的分类与采购

① 瓶装气体的分类及气瓶颜色标志。瓶装气体根据其在气瓶内的物理状态和临界温度可分为压缩和低温液化气体、液化气体、溶解气体三类，液化气体又分为高压液化气体和低压液化气体；根据其化学性质、燃烧性、毒性、腐蚀性可分为不燃无毒和不燃有毒气体、可燃无毒和可燃有毒气体、易分解或聚合的可燃气体、不燃无毒和不燃有毒的酸性腐蚀气体、可燃无毒和可燃有毒的碱性腐蚀气体。

压缩气体是指临界温度低于或等于－50℃的气体，见表 2-5。高压液化气体是指临界温度大于－50℃且低于或等于 65℃的气体。低压液化气体是指临界温度高于 65℃的气体，见表 2-6。溶解气体是指在压力下溶解于气瓶内溶剂中的气体，见表 2-7。

**表 2-5　临界温度低于等于－50℃的气体**

| 序号 | 名称 | 沸点(101.325kPa)/℃ | 临界温度/℃ | 燃烧性 | 毒性 | 腐蚀性 |
|---|---|---|---|---|---|---|
| 1 | 空气 | －194.3 | －140.6 | 助燃(氧化性) | | |
| 2 | 氩 | －185.9 | －122.4 | | | |

续表

| 序号 | 名称 | 沸点(101.325kPa)/℃ | 临界温度/℃ | 燃烧性 | 毒性 | 腐蚀性 |
|---|---|---|---|---|---|---|
| 3 | 氟 | −188.1 | −129.0 | 强氧化性 | 剧毒 | 酸性腐蚀 |
| 4 | 氦 | −268.9 | −268.0 | | | |
| 5 | 氪 | −153.4 | −63.8 | | | |
| 6 | 氖 | −246.1 | −228.7 | | | |
| 7 | 一氧化氮 | −151.8 | −92.9 | 强氧化性 | 剧毒 | 酸性腐蚀 |
| 8 | 氮 | −195.8 | −146.9 | | | |
| 9 | 氧 | −183.0 | −118.4 | 强氧化性 | | |
| 10 | 二氟化氧 | −144.6 | −58.0 | 强氧化性 | 剧毒 | |
| 11 | 一氧化碳 | −191.5 | −140.2 | 可燃乙类 | 毒 | |
| 12 | 氘 | −249.5 | −234.8 | 可燃甲类 | | |
| 13 | 氢 | −252.8 | −239.9 | 可燃甲类 | | |
| 14 | 甲烷 | −161.5 | −82.5 | 可燃甲类 | | |
| 15 | 天然气(压缩) | | | 可燃甲类 | | |
| 16 | 空气(液体) | −194.3 | −140.6 | 助燃(氧化性) | | |
| 17 | 氩(液体) | −185.9 | −122.4 | | | |
| 18 | 氦(液体) | −268.9 | −268.0 | | | |
| 19 | 氢(液体) | −252.8 | −239.9 | 可燃甲类 | | |
| 20 | 天然气(液体) | −161.5 | −82.5 | 可燃甲类 | | |
| 21 | 氮(液体) | −195.8 | −146.9 | | | |
| 22 | 氖(液体) | −246.1 | −228.7 | | | |
| 23 | 氧(液体) | −183.0 | −118.4 | 强氧化性 | | |

资料来源：《瓶装气体分类》(GB/T 16163—2012)。

注：1～10号气体属不燃无毒和不燃有毒气体，11～15号气体属可燃无毒和可燃有毒气体，16～23号气体属低温液化气体（深冷型）。

**表 2-6　临界温度高于 65℃ 的气体**

| 序号 | 名称 | 沸点(101.325kPa)/℃ | 临界温度/℃ | 燃烧性 | 毒性 | 腐蚀性 |
|---|---|---|---|---|---|---|
| 1 | 溴氯二氟甲烷 | −3.3 | 154.0 | | | |
| 2 | 三氯化硼 | 12.5 | 176.8 | | 毒 | 酸性腐蚀 |
| 3 | 溴三氟甲烷 | −57.9 | 66.8 | | | |
| 4 | 氯 | −34.1 | 144.0 | 强氧化性 | 毒 | 酸性腐蚀 |
| 5 | 氯二氟甲烷 | −40.6 | 96.2 | | | |
| 6 | 氯五氟乙烷 | −39.1 | 80.0 | | | |
| 7 | 氯四氟甲烷 | −12.0 | 122.3 | | | |
| 8 | 氯三氟乙烷 | 6.9 | 150.0 | | | |
| 9 | 二氯二氟甲烷 | −24.9 | 112.0 | | | |

续表

| 序号 | 名称 | 沸点(101.325kPa)/℃ | 临界温度/℃ | 燃烧性 | 毒性 | 腐蚀性 |
|---|---|---|---|---|---|---|
| 10 | 二氯氟甲烷 | 8.9 | 178.5 | | | |
| 11 | 三氧化二氮 | 2.0 | 151.8 | | 剧毒 | |
| 12 | 二氯四氟乙烷 | 3.9 | 145.7 | | | |
| 13 | 七氟丙烷 | −15.6 | 101.6 | | | |
| 14 | 六氟丙烯 | −29.8 | 86.2 | | | |
| 15 | 溴化氢 | −66.7 | 89.8 | | 毒 | 酸性腐蚀 |
| 16 | 氟化氢 | −19.5 | 188.0 | | 毒 | 酸性腐蚀 |
| 17 | 二氧化氮 | 22.1 | 158.2 | 强氧化性 | 毒 | 酸性腐蚀 |
| 18 | 八氟环丁烷 | −6.4 | 155.3 | | | |
| 19 | 五氟乙烷 | −49.0 | 66.0 | | | |
| 20 | 碳酰二氯 | 7.4 | 182.3 | | 剧毒 | 酸性腐蚀 |
| 21 | 二氧化硫 | −10.0 | 157.5 | | 毒 | 酸性腐蚀 |
| 22 | 硫酰氟 | −55.4 | 92.0 | | 毒 | |
| 23 | 1,1,1,2-四氟乙烷 | −26.0 | 101.1 | | | |
| 24 | 甲硫醇 | 6.0 | 196.8 | 可燃甲类 | 毒 | 酸性腐蚀 |
| 25 | 丙烷 | −42.1 | 96.8 | 可燃甲类 | | |
| 26 | 丙烯 | −47.7 | 91.8 | 可燃甲类 | | |
| 27 | 三氯硅烷 | 31.8 | 206.0 | 可燃甲类 | 毒 | |
| 28 | 1,1,1-三氟化烷 | −47.6 | 73.1 | 可燃甲类 | | |
| 29 | 三甲胺 | 2.9 | 162.0 | 可燃甲类 | | |
| 30 | 液化石油气 | | | 可燃甲类 | | |
| 31 | 1,3-丁二烯 | −4.5 | 152.0 | 聚合 | | |
| 32 | 氯三氟乙烯 | −28.4 | 105.8 | 聚合 | 毒 | |
| 33 | 环氧乙烷 | 10.5 | 195.8 | 分解 | 毒 | |
| 34 | 甲基乙烯基醚 | 5.0 | 200.0 | 聚合 | | |
| 35 | 溴乙烯 | 15.7 | 198.0 | 高温易聚合 | 毒 | |
| 36 | 氯乙烯 | −13.7 | 156.5 | 聚合 | 致癌 | |

资料来源：《瓶装气体分类》(GB/T 16163—2012)。

注：1～23号气体属不燃无毒和不燃有毒气体，24～30号气体属可燃无毒和可燃有毒气体，31～36号气体属易分解或聚合的可燃气体。

**表 2-7　溶解气体**

| 序号 | 名称 | 沸点(101.325kPa)/℃ | 临界温度/℃ | 燃烧性 | 毒性 | 腐蚀性 |
|---|---|---|---|---|---|---|
| 1 | 乙炔 | 84.0 | 36.3 | 分解 | | |

资料来源：《瓶装气体分类》(GB/T 16163—2012)。

根据《气瓶颜色标志》(GB/T 7144—2016)，气体钢瓶外表面颜色、字样内容及颜色等是识别充装气体的标志。个别进口气体钢瓶的颜色与国内标准不一致，使用时需注意。

② 压缩气体的采购。剧毒气体采购参照剧毒化学品的采购，其他气体采购参照危险化学品的采购。采购验收时应检查气体钢瓶的颜色标识、合格证明及其上面的钢印信息、钢瓶帽和防护圈的配备，确保钢瓶质量的可靠，标识正确、完好。

（5）放射性物品的采购　使用单位必须申请取得环保部门颁发的《辐射安全许可证》，并根据《辐射安全许可证》中所许可的场所和允许使用的放射源的量向所在地的区、市、省三级环保部门提出申请，获得批准后才能向具有供货资质的单位采购。

对于进口的放射性物品，还须报中华人民共和国生态环境部审批。

（6）麻醉品与精神类药品的采购

① 麻醉药品与精神类药品定义。麻醉药品对中枢神经有麻醉作用，连续使用后易产生生理依赖性，能形成瘾癖。精神药品直接作用于中枢神经系统，使用后起到极度兴奋或抑制作用。精神药品分为第一类和第二类精神药品。

② 麻醉品与精神类药品采购。国家对麻醉药品和精神类药品实行定点经营制度。高校教学、科学研究工作中需要购买麻醉药品和精神药品的，须在具备一定条件的基础上向所在地省、自治区、直辖市人民政府食品药品监督管理部门申请，报批同意后向定点供应商或者定点生产企业采购。

该条件主要有以下几点：必须是以科学研究或者教学为目的，有保证实验所需麻醉药品和精神药品安全的措施和管理制度，单位及其工作人员两年内没有违反有关禁毒的法律、行政法规规定的行为。

## 三、化学品贮存的通用要求

### 1. 化学品贮存仓库的通用要求

化学品贮存仓库建筑和库房的电气装置必须符合国家相关规定，实行专人管理。

① 仓库应当设置醒目的禁火标志，严禁烟火。库区应当配备消火栓、灭火器砂箱、铁锹等消防设施及器材。

② 库房要求阴凉干燥，通风良好，不受水害，避免阳光直射物品；库房温度、湿度调控合适，保持场地干净，物品整洁。

③ 库房货架、物品摆放整齐，保证通道顺畅。

④ 仓库应当保证通信、报警装置始终处于工作状态

⑤ 化学品应当按照仓库设计容量存放，严禁超量贮存；根据化学品的性质特点，做好物品日常管理。

⑥ 仓库应当有健全的管理规章制度，如安全值班制度、外来人员登记制度、物品验收出入库制度、库房设施及物品检查制度、特定类物品收发与保管制度、仓库紧急预案、仓库档案管理制度等；实行全天候值班制度，经常性巡查仓库及存放物品，加强对重点物品的检查，并做好检查记录。

⑦ 仓库工作人员应当熟悉储存物品的分类、性质、保管业务知识和防火安全制度，掌握消防器材的操作使用和维护保养方法，做好防火工作。

### 2. 危险化学品仓库贮存总体要求

危险化学品的仓库贮存除了满足化学品贮存仓库的通用要求外，还需满足以下条件。

① 危险化学品仓库室内应干燥，温度一般不超过 28℃，建筑应符合《建筑设计防火规范（2018 年版）》（GB 50016—2014）中所述的甲、乙类仓库要求。

② 危险化学品仓库的电气装置必须符合国家标准规定，照明设施和通风设施应是防爆型。

③ 配备相应的监测、监控报警、通风、防火、灭火、防爆、泄压、防毒、中和、防潮、防雷、防静电、防腐、防泄漏等安全设施、设备，并保证设施、设备的正常使用。对于重点库房，还需安装烟雾报警、有毒气体浓度检测报警系统以及与公安 110 联网的监控报警系统。

④ 甲、乙类危险化学品库区应实行专人管理，并有严格的登记制度。进入前，人员必须关闭手机、交出携带的火种；机动车辆须配装阻火器。

⑤ 易制毒化学品、易制爆化学品以及剧毒化学品应实行双人收发双人保管制度。

⑥ 危险化学品仓库的从业人员应当进行危险化学品作业培训，实行持证上岗。

**3. 实验室贮存的通用要求**

① 场所应当阴凉干燥、通风、隔热，备有相应的消防器材，并定期检查。

② 对于剧毒品等特殊化学品要采取双人双锁、安装必要的监控防盗系统。

③ 物品分类存放，不得叠放。

④ 数量根据实验用量贮存，不要过多存放。

⑤ 定期对化学品的包装、标签、状态进行检查，发现问题，应立即采取措施进行整改。

## 四、危险化学品贮存

**1. 剧毒化学品贮存**

剧毒化学品的贮存须满足化学品贮存的通用要求，配备中毒急救、中和、清洗、消毒等应急用药，严格实行“双人收发、双人运输、双人使用、双人双锁保管”的五双制度，即领用时必须双人发货，双人验收；运输时必须有双人押运；存放容器必须有两把锁或两组密码，保管人员必须有两人，每人保管一把锁或一组密码，两人同时在场才能打开存放容器；称量使用时必须有两人同时在场，切实做好相关记录（如：采购与领用记录、使用与处置记录等）及记录的留档工作（至少保存两年）。

**2. 易制毒化学品贮存**

易制毒化学品的贮存需满足化学品贮存的通用要求，并实行双人验货、双人发放，切实做好相关采购与领用记录（记录至少保存两年）。

**3. 特定易制爆化学品贮存**

特定易制爆化学品贮存参见剧毒化学品贮存。

**4. 放射性物品贮存**

放射性物品贮存场所应通过环保部门的审批，在生态环境部颁发的《辐射安全许可证》的许可范围内，实行专人管理和记录，并经常检查，做到账物相衡。

① 放射性同位素和射线装置的场所按照国家有关规定设置明显的放射性标志，其入口处应当按照国家有关安全与防护标准的要求，设置防火、防水、防盗、防丢失、防破坏、防泄漏的安全和防护措施，以及必要的防护安全联锁、报警装置或者工作信号。

② 放射性同位素应当独立存放，不得与易燃、易爆、腐蚀性物品一起存放。

③ 放射性同位素的包装容器、含放射性核素的设备和射线装置，应当设置明显的放射性标识和中文警示说明；放射源上能够设置放射性标识的，应当一并设置。

**5. 麻醉品与精神类药品贮存**

麻醉品和精神类药品的使用单位应当设立专库或者专柜贮存麻醉品和精神类药品。贮存场所应当设有防盗设施并安装报警装置；专柜应当使用保险柜。专库和专柜应当实行双人双锁管理，具体可参见剧毒化学品的贮存。

**6. 气体钢瓶的存放**

气体具有可压缩性、膨胀性、混合爆炸性、易燃性、毒性、刺激性、致敏性、腐蚀性、窒息性等特性，高校需加强气体钢瓶存放管理，不得在走廊和公共场所存放气瓶。实验室气体钢瓶存放要求如下：

① 气体钢瓶须配置压力表、安全阀、紧急切断装置、安全帽和防震圈，妥善固定，并做好气瓶和气体管线标识，制订详细的供气管路图，放置整齐，实行分类隔离存放。

a. 气体钢瓶必须与爆炸物品、氧化剂、易燃物品、自燃物品、腐蚀性物品隔离贮存。

b. 可燃性气体钢瓶和助燃性气体钢瓶严禁混放。

c. 毒性气体钢瓶应和与其相互接触后能引起燃烧、爆炸、产生毒物的气体的钢瓶分室存放，并在附近设置防毒器材或灭火器材。

d. 氧气钢瓶不得与含油脂物品混合贮存。

e. 腐蚀性气体钢瓶存放点附近应设置应急喷淋和洗眼装置。

f. 盛装易起聚合反应或分解反应气体的钢瓶，必须规定存放期限，并应避开放射性射线源。

② 气体钢瓶存放地应严禁明火，保持通风、干燥，避免阳光直射气瓶或靠近其他热源，安装必要的气体检测和报警装置，采取有效的应对气瓶可能造成突发事件的应急措施。

③ 供气管路需选用合适的管材。易燃、易爆、有毒的危险气体（乙炔除外）连接管路必须使用金属管；乙炔的连接管路不得使用铜管。

④ 存放的空瓶内必须保留剩余压力（永久气体钢瓶的剩余压力，应不小于0.5MPa；液化气体钢瓶应留有不小于0.5%～1.0%规定充装量的剩余气体），与实瓶应分开放置，并标有明显标志。

⑤ 对于易燃易爆的气体钢瓶，都需要加阻火器防止明火回流。

⑥ 各种气体钢瓶必须定期进行技术检查。对于气体钢瓶有缺陷，安全附件不全或已损坏、不能保证安全使用的，须退回供气商或请有资质的单位进行及时处置。

# 第五节　化学实验操作安全

## 一、化学试剂取用操作安全

**1. 化学试剂的分类**

化学试剂是指在化学实验、化学分析、化学研究及其他实验中所使用的各种纯度等级的单质或化合物。依据性质、用途、功能和安全性能的不同，化学试剂有不同的分类方法。如按其状态可分为固体、液体和气体化学试剂；按其用途可分为通用、专用化学试剂；按其类别可分为无机、有机化学试剂；按性能可分为危险、非危险化学试剂等。中国化学试剂工业协会等组织则通常采用按“用途化学组成”“用途学科”“纯度规格”的分类方法进行分类。

不同的分类方法各有特点、相互交叉并无根本的界限，按用途学科分类既便于识别、记忆又便于储存和取用。而按危险化学试剂和非危险化学试剂分类既考虑到了化学试剂的实用性又关注到了试剂的特殊性质，因此既便于试剂的安全存放，又便于科学工作者在使用时遵守安全操作规程，以免事故的发生。

**2. 化学试剂的存放**

大多数化学试剂具有一定的毒性和危险性。对化学试剂的科学管理，不仅是保障化学反应顺利进行及分析结果可靠性的需要，也是确保科学工作者和实验室工作人员生命财产安全的需要。若无特殊原因，实验室内应有计划地存放少量短期内需要使用的药品，易燃易爆试剂应放在专用的铁柜中，铁柜的顶部要有通风口。严禁在实验室里放置大量的瓶装易燃液体，当试剂的量较大时应存在药品库内。对于一般试剂应按一定的存放规则有序地放置在试剂柜里。存放化学试剂时要注意化学试剂的存放期限，因为有些试剂在存放过程中会逐渐变质，甚至造成危害。化学试剂必须分类隔离保存，不能混放在一起。

一般试剂分类存放于试剂柜内，温度低于 30℃，并置于阴凉通风处。这类试剂包括不易变质的无机酸、碱、盐和不易挥发的有机物，如没有还原性的硫酸盐、碳酸盐、盐酸盐、碱性比较弱的碱。尽管这类物质的储存条件要求不是很高，但要保证试剂的密封性良好，要对这类物质进行定期查看，在保质期的化学试剂的存放要设计合理。根据化学试剂的存放条件，对通风性、透光性、室温条件、干燥度、储药柜位置等认真设计。这样才能做到防患于未然。化学试剂的管理和存放要注意防火防盗，对不能用水灭火的试剂与能直接用水灭火的试剂要分开存放，对一些不能用二氧化碳灭火的金属粉末要单独存放，以免出现火情后由于灭火方式不当造成更大损失。

**3. 化学试剂的取用**

取用试剂时，应提前了解试剂的性质尤其是其安全性能，如是否易燃易爆，是否有腐蚀性，是否有强氧化性，是否有刺激性气味，是否有毒，是否有放射性及其他可能存在的安全隐患，看清试剂的名称和规格是否符合要求，以免用错试剂。试剂瓶盖取下后翻过来放在干净的位置，以免盖子上沾有其他物质以致再次盖上时带入脏物。取完试剂后应及时盖上瓶盖，然后将试剂瓶放回原处。将试剂瓶上的标签朝外放置，以便以后取用。取用试剂时要根据不同的试剂及用量采用相应的器具，要注意节约，用多少取多少，取出的过量的试剂不能再放回原试剂瓶中，有回收价值的试剂应放入相应的回收瓶中。

（1）固体化学试剂的取用　取用固体化学试剂时应注意以下几点：用干净的药匙取用，用过的药匙必须洗净和擦干后才能再次使用以免污染试剂。取用试剂后立即盖紧瓶盖，防止试剂与空气中的氧气等发生反应。称量固体试剂时注意不要取多，取多的药品不能倒回原来的试剂瓶中。因为取出的试剂已经接触空气，有可能已经受到污染，倒回去容易污染试剂瓶里余下的试剂。一般的固体试剂可以放在干净的纸或表面皿上称量。具有腐蚀性、强氧化性或易潮解的固体试剂不能在纸上称量，而应放在玻璃容器内称量。

如氢氧化钠有腐蚀性又易潮解，最好放在烧杯中称取，否则容易腐蚀天平。有毒的药品称取时最好在有经验的老师或同学的指导下进行，要做好防护措施，如戴好口罩、手套、防护眼镜等。

（2）液体化学试剂的取用　取用液体化学试剂时应注意以下几点：从滴瓶中取用液体试剂时要用该滴瓶中的滴管，滴管不要探入所用的容器中，以免滴管接触容器壁而污染试剂，从试剂瓶中取少量液体试剂时则需要使用专用滴管。装有药品的滴管不得横置或滴管口向上斜放，以免液体滴入滴管的胶帽中，腐蚀胶帽，再次取用试剂时使其受到污染。从细口瓶中取出液体试剂时用倾注法，先将瓶塞取下，反放在桌面上，手握住试剂上贴有标签的一面，逐渐倾斜瓶子让试剂沿着洁净的管壁流入试管或沿着洁净的玻璃棒注入烧杯中。取出所需量后，将试剂瓶口在容器上靠一下，再逐渐竖起瓶子，以免残留在瓶口的液滴流到瓶的外壁。对于一些不需要准确计量的实验，可以估算取出液体的量。例如用滴管取用液体时 1mL 相当于多少滴，5mL 液体占容器的几分之几等。倒入的溶液的量一般不超过容器容积的 1/3。用量筒或移液管定量取用液体时，量筒用于量取一定体积的液体，可根据需要选用不同量程的量筒，而取用准确的量时就必须使用移液管。取用挥发性强或刺激性比较强的试剂时应在通风橱中进行，并做好安全防护措施。

## 二、常用化学操作单元的规范与安全

### 1. 回流反应操作的规范与安全

回流反应是化学反应中最常见、最基本的操作之一，适用于需长时间加热的反应或用于处理某些特殊的试剂。由于反应可以保持在液体反应物或溶剂的沸点附近（较高温度）进行，因此可显著地提高反应速率，缩短反应时间。回流反应装置一般由加热、反应、搅拌、冷凝、干燥、吸收等几个部分组成。

① 操作规范。确定主要仪器（通常是烧瓶）的高度，按从下至上，从左到右的顺序安装。S 夹应开口向上，以免其脱落导致烧瓶夹失去支撑。烧瓶夹子应配套有橡胶管避免金属与玻璃直接接触。固定烧瓶夹和玻璃仪器时，用左手手指将双钳夹紧，再逐步拧紧烧瓶夹螺钉，做到不松不紧。烧瓶夹应分别夹在烧瓶的磨口部位及冷凝管的中上部位。冷凝管的冷凝水采取“下进水，上出水”方式通入，即进水口在下方，出水口在上方。正确安装好装置后，应先将冷却水通入冷凝管中，然后再开始加热，并根据反应特点控制加热速度，当烧瓶中的液体沸腾后，调整加热，控制反应速率，一般以上升的蒸气环不超过冷凝管长度的 1/3 为宜。温度过高，蒸气来不及被充分冷凝，不易全部回到反应瓶中；温度过低，反应体系不能达到较高的温度值，使得反应时间延长。反应完毕，拆卸装置时应先关掉电源，停冷凝水，再拆卸仪器，拆卸的顺序与安装相反，其顺序是从右至左，先上后下。进行回流反应时，必须有人在现场，不得出现脱岗现象。进入实验室要做好个人的安全防护——穿实验服，必要时应佩戴防护眼镜、面罩和手套等。

② 安全事项。安装仪器前应仔细检查玻璃仪器有无裂纹，是否漏气，以免在反应过程中出现液体泄漏或气体冲出造成事故。采用电热套加热时，一般不要使烧瓶底部与电热套贴上以免造成反应体系局部过热，要充分考虑到冷凝水水压的变化（如白天和晚上的区别），以免由于水压太大造成进水管脱落引发漏水跑水事故。一般的回流反应需要加沸石或搅拌以免引起暴沸。一定要使反应体系与大气保持相通，切忌将整个装置密闭以免发生安全事故。

对于低沸点、易挥发或有毒有害的气体应采取必要的冷凝和吸收措施。

**2. 蒸馏及减压蒸馏操作的规范与安全**

蒸馏及减压蒸馏是分离和提纯有机化合物的常用方法，减压蒸馏特别适用于那些在常压蒸馏时未达沸点即已受热分解、氧化或聚合的物质。蒸馏部分由蒸馏瓶、克氏蒸馏头、毛细管、温度计及冷凝管、接收器等组成。减压蒸馏装置主要由蒸馏、抽气（减压）、安全保护和测压部分组成。由于蒸馏或减压蒸馏的物料大多数易燃、易爆、有毒或有腐蚀性，蒸馏过程还涉及玻璃仪器内压力的变化，因此蒸馏过程中如果操作不当有可能引起爆炸、火灾、中毒等危险。

① 操作规范。蒸馏装置必须正确安装。常压操作时，切勿造成密闭体系。减压蒸馏时要用圆底烧瓶作接收器，不可用锥形瓶或平底烧瓶，否则可能会发生炸裂甚至爆炸。减压蒸馏按要求安装好仪器后，先检查系统的气密性。若使用毛细管作汽化中心，应先旋紧毛细管上的螺旋夹子，打开安全瓶上的二通活塞，然后开启真空泵，逐渐关闭活塞，如果系统压力可以达到所需真空度且基本保持不变，说明系统密闭性较好。若压力达不到要求或变化较大，说明系统有漏气，应仔细检查各个接口的连接部位，必要时加涂少量真空脂进一步密封。蒸馏或减压蒸馏时待蒸馏液体的加入量不得超过蒸馏瓶容积的1/2。减压蒸馏时，在加过药品后，关闭安全瓶上的活塞，开真空泵抽气，通过毛细管上的螺旋夹调节空气的导入量，以能冒出一连串小气泡为宜。严禁用明火直接加热，而应根据液体沸点的高低使用石棉网、油浴、砂浴或水浴。加热速度宜慢不宜快，避免液体局部过热，一般控制馏出速率为1～2滴/s，蒸馏某些有机物时，严禁蒸干。蒸馏易燃物质时装置不能漏气，如有漏气则应立即停止加热，检查原因，解决漏气后再重新开始。接收器支管应与橡胶管相连，使余气通往水槽或室外。循环冷凝水要保持畅通，以免大量蒸气来不及冷凝排出而造成火灾。减压蒸馏完毕后，撤去热源，再稍微抽气片刻，使蒸馏瓶以及残留液冷却，缓慢打开毛细管上的螺旋夹，并打开安全瓶上的活塞，使系统与大气相通，达到压力平衡，然后关泵。

② 安全事项。蒸馏装置不可形成密闭体系。减压蒸馏时应使用克氏蒸馏头，以减少由于液体暴沸而溅入冷凝管的可能性。由于在减压条件下，蒸气的体积比常压下大得多，液体的加入量应严格控制不可超过蒸馏瓶体积的一半。减压蒸馏应使用二叉管或三叉管作接液管，接收不同馏分时，只需转动接液管即可，不会破坏系统的真空状态。减压蒸馏时加入药品后，待真空稳定时再开始加热。因为减压条件下，物质的沸点会降低，加热过程中抽真空可能会引起液体暴沸。蒸馏加热前应放2～3粒沸石以防止暴沸。如果在加热后才发现未加沸石，应立即停止加热，待被蒸馏的液体冷却后补加沸石，然后重新开始加热。严禁在加热时补加沸石，否则会因暴沸而发生事故。减压蒸馏时需用毛细管或磁搅拌代替沸石，防止暴沸，使蒸馏平稳进行，避免液体过热而产生暴沸冲出的现象。在减压蒸馏系统中，要使用厚壁耐压的玻璃仪器，切勿使用薄壁或有裂纹的玻璃仪器，尤其不能用不耐压的平底瓶（如锥形瓶等）作接收器，以防止内向爆炸。减压蒸馏结束后，切记待体系通大气后再关泵，不能直接关泵，否则有可能引起倒吸。

**3. 水蒸气蒸馏的操作规范与安全**

水蒸气蒸馏是提纯、分离有机化合物常用的方法之一，这种方法是在不溶于水或难溶于水的有机物中通入水蒸气与水共热，从而将水与有机化合物一起蒸出，达到分离和提纯的目的。被分离的有机化合物应：难溶或不溶于水；长时间与水共热不会发生化学反应；在10℃左右，具有一定的蒸气压，一般不小于 1.33kPa。常用于从大量树脂状杂质或不挥发性杂质中分离有机物，从固体混合物中分离易挥发物质，常压下蒸馏易分解的化合物。水蒸气蒸馏装置通常由蒸馏和水蒸气发生器两部分组成，见图 2-1。

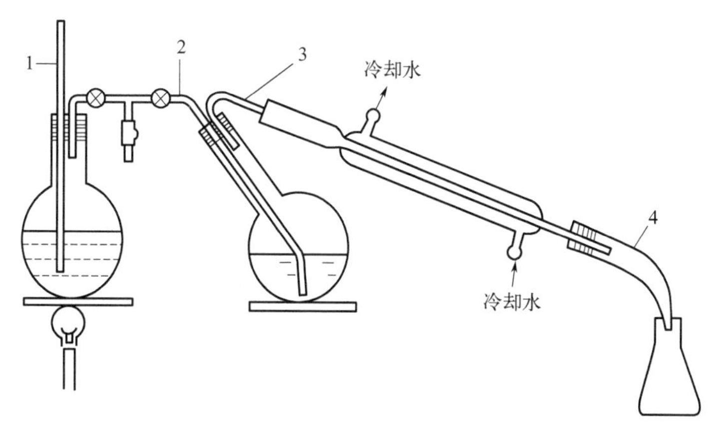


图 2-1　水蒸气蒸馏装置

1—温度计；2—120°弯头；3—U 形弯头；4—牛角管

① 操作规范。水蒸气发生器可以是金属容器或大的圆底烧瓶，水的量一般以其容积的2/3 为宜。水蒸气发生器中的安全管应插到发生器的底部，若体系内压力增大，水会沿玻璃管上升，起到调节压力的作用。水蒸气发生器至蒸馏瓶之间的蒸气导管应尽可能短，以减少蒸气的冷凝量。蒸气导管的下端应尽量接近蒸馏瓶的底部，但不能与瓶底接触。当有大量蒸气冒出并从 T 形管冲出时，旋紧螺旋夹，开始蒸馏。如果由于水蒸气的冷凝而使蒸馏瓶内液体增多时，可适当加热蒸馏瓶。控制蒸馏速率，馏分以 2～3 滴/s 为宜。通过水蒸气发生器的液面，观察蒸馏是否顺畅。如水平面上升很快说明系统有堵塞，应立即旋开螺旋夹，撤去热源，进行检查。当馏出液无明显油珠、澄清透明时停止蒸馏，松开螺旋夹，移去热源，防止倒吸现象。

② 安全事项。水蒸气蒸馏操作时，先将被蒸溶液置于长颈圆底烧瓶中，加入量不超过其容积的 1/3。加热水蒸气发生器，直至水沸腾，当有大量水蒸气产生时，关闭两通活塞，使水蒸气平稳均匀地进入圆底烧瓶中。为了使蒸气不在蒸馏瓶中冷凝而积累过多，必要时可适当对其加热，但应控制加热速度，使蒸气能在冷凝管中全部冷凝下来。当蒸馏固体物质时，如果随水蒸气挥发的物质具有较高的熔点，易在冷凝管中凝结为固体，此时应调小冷凝水的流速，使其冷凝后仍然保持液态。如果已有固体析出，并且接近阻塞时，可暂停冷凝水甚至将冷凝水放掉，若仍然无效则应立即停止蒸馏。若冷凝管已被阻塞，应立即停止蒸馏，并设法疏通（可用玻璃棒将阻塞的晶体捅出或用电吹风的热风吹化结晶，也可在冷凝管夹套中灌以热水使之熔化后流出来）。当冷凝管夹套中需要重新通入冷却水时，要小心缓慢，以免冷凝管因骤冷而破裂。当中途停止蒸馏或结束蒸馏时，一定要先打开 T 形管下方的螺旋夹，使其通大气后才可停止加热，以防蒸馏瓶中的液体倒吸到水蒸气发生器中。在蒸馏过程中，如果安全管中的水位迅速上升，则表示系统中发生了堵塞，此时应立即打开活塞，然后移去热源，待解决了堵塞问题后再继续进行水蒸气蒸馏。

### 4. 萃取与洗涤操作的规范与安全

萃取和洗涤是分离、提纯有机化合物常用的操作。萃取是用溶剂从液体或固体混合物中提取所需要的物质，洗涤是从混合物中洗掉少量的杂质，洗涤实际上也是一种萃取。实验室中最常见的萃取仪器是分液漏斗。

① 操作规范。选用容积比萃取液总体积大一倍以上的分液漏斗，加入一定量的水，振荡，检查分液漏斗的塞子和旋塞是否严密、是否漏水，确认不漏后方可使用。将其放置在固定在铁架台上的铁环中，关好活塞。将被萃取液和萃取剂（一般为被萃取液体积的1/3）依次从上口倒入漏斗中，塞紧顶塞（顶塞不能涂润滑脂）。取下分液漏斗，用右手手掌顶住漏斗上面的塞子并握住漏斗颈，左手握住漏斗活塞处，拇指压紧活塞，把分液漏斗放平，并前后振摇，尽量使液体充分混合。开始阶段，振摇要慢，振荡后，使漏斗上口向下倾斜，下部支管指向斜上方，保持倾斜状态，下部支管口指向无人处，左手仍握在活塞支管处，用拇指和食指旋开活塞，释放出漏斗内的蒸气或产生的气体，使内外压力平衡，此操作也称“放气”。如此重复至放气时只有很小压力后，再剧烈振荡2～3min，然后再将漏斗放回铁圈中静置。待液体分成清晰的两层后，进行分离。分离液层时，慢慢旋开下面的活塞，放出下层液体。上层液体从上口倒出，不可从下口放出以免被残留的下层液体污染。

② 安全事项。不可使用漏液的分液漏斗，以免液体流出或气体喷出，确保操作安全。上口塞子不能涂抹润滑脂，以免污染从上口倒出的液体。振摇时一定要及时放气，尤其是当使用低沸点溶剂或者用酸、碱溶液洗涤产生气体时，振摇会使其内部出现很大的压力，如不及时放气，漏斗内的压力会远大于大气压力，就会顶开塞子出现喷液，有可能造成伤害事故。振摇时，支管口不能对着人，也不能对着火，以免发生危险。若一次萃取不能达到要求可采取多次萃取的办法。

### 5. 干燥的操作规范与安全

干燥是指除去化合物中的水分或少量的溶剂。一些化学实验需在无水的条件下进行，所有原料和试剂都要经过无水处理，在反应过程中还要防止潮气的侵入。有机化合物在蒸馏之前也必须进行干燥，以免加热时某些化合物会发生水解或与水形成共沸物。测定化合物的物理常数，对化合物进行定性、定量分析，利用色谱、紫外光谱、红外光谱、核磁共振、质谱对化合物进行结构分析和测定，都必须使化合物处于干燥状态，才能得到准确可信的结果。干燥的方法包括物理干燥和化学干燥，这里主要介绍化学干燥。化学干燥是利用干燥剂除去水，按照去水作用分为两类：一类是干燥剂与水可逆地结合成水合物，如硫酸镁、氯化钙等；另一类是干燥剂与水反应产生新的化合物，是不可逆的，如金属钠、五氧化二磷等。

① 操作规范。所选用的干燥剂不能与被干燥的化合物发生化学反应，也不能溶解在该溶剂中。要综合考虑干燥剂的吸水容量和干燥效能，有些干燥剂虽然吸水容量大但干燥效果不一定很好。干燥剂的用量与所干燥的液体化合物的含水量、干燥剂的吸水容量等多种因素有关，干燥剂加入量过少，起不到完全干燥的作用；加入过多会吸附部分产品，影响产品的产量。将被干燥液体放入干燥的锥形瓶（最好是磨口锥形瓶）中，加入少量的干燥剂，塞好塞子，振摇锥形瓶。如果干燥剂附着在瓶底并板结在一起，说明干燥剂的用量不够。当看到锥形瓶中液体澄清且有松动游离的干燥剂颗粒时，可以认为此时的干燥剂用量已足够。塞紧

塞子静置一段时间（一般 30min 以上）。

② 安全事项。酸性化合物不能用碱性干燥剂干燥，碱性化合物也不能用酸性干燥剂干燥。强碱性干燥剂（如氧化钙、氢氧化钠等）能催化一些醛、酮发生缩合反应和自动氧化反应，也可以使酯、酰胺发生水解反应，因此不能用于此类化合物的干燥。有些干燥剂可与一些化合物形成配合物，因此不能用于这些化合物的干燥。氢氧化钠（钾）易溶解在低级醇中，所以不能用于干燥低级醇。

**6. 重结晶与过滤操作的规范与安全**

在有机化学反应中，固体有机产物中常含有一些副产物、未反应完的原料和某些杂质，重结晶就是提纯固体有机化合物的有效方法。这种方法是利用有机化合物在不同溶剂中、不同温度条件下的溶解度不同，使被提纯物质从过饱和溶液中析出，而杂质全部或大部分仍留在溶液中，从而达到提纯目的。重结晶一般包括选择适当溶剂、制备饱和溶液、脱色、过滤、冷却结晶、分离、洗涤、干燥等过程。

① 操作规范。选择溶剂的条件：不与重结晶物质发生化学反应；在较高温度时，重结晶物质在溶剂中溶解度较大，而在室温或低温时溶解度应很小；杂质不溶在热的溶剂中，或者是杂质在低温时极易溶在溶剂中，不随晶体一起析出；化合物在溶剂中能结出较好的晶体，且溶剂易与重结晶物质分离，无毒或毒性很小，便于操作。热的饱和溶液的制备：通过试验结果或查阅溶解度数据计算所需溶剂的量，溶剂加入太少会形成过饱和溶液，晶体析出很快，热过滤时会有大量的结晶析出并残存在滤纸上，影响产品的收率；溶剂加入过多，不能形成饱和溶液，冷却后析出的晶体少。一般用活性炭除去有色杂质和树脂状物质，其加入量为固体量的 1%～5%。加入太少不能达到脱色的目的，加得太多，会使产品包裹在活性炭中而降低产量。加入活性炭后再煮沸 5～10min，趁热过滤。抽滤前先将剪好的滤纸放入布氏漏斗，滤纸的直径不可大于漏斗底边缘直径，否则滤液会从折边处流出造成损失。将滤纸润湿后，可先倒入部分滤液（不要将溶液一次倒入），启动水循环泵，通过缓冲瓶（安全瓶）上二通活塞调节真空度，开始真空度不要太高，这样不致将滤纸抽破，待滤饼已结一层后，再将余下溶液倒入，逐渐提高真空度，直至抽“干”为止。

② 安全事项。为避免溶剂挥发、可燃性溶剂着火或有毒溶剂导致中毒，必要时应在锥形瓶上装置回流冷凝管，溶剂可从冷凝管的上端加入。若使用酒精灯等明火加热，当所用溶剂易燃易爆（如乙醚）时，应特别小心，热过滤时需要将火源撤掉，以防引燃着火。如果在溶液沸腾状态下加入活性炭会引起暴沸，导致液体喷溅造成烫伤或其他事故，因此在加入活性炭之前，应将溶液稍微冷一下，然后再加入。热过滤时先用少量热的溶剂润湿滤纸，以免干滤纸由于吸收溶液中的溶剂使晶体析出而堵塞滤纸孔，影响抽滤效果。抽滤结束后，先打开放空阀使系统与大气相通，再停泵，以免产生倒吸现象。

**7. 搅拌装置操作的规范与安全**

搅拌装置是化学反应中常用的装置。搅拌的作用有：可以使两相充分接触、反应物混合均匀和被滴加原料快速均匀分散；使温度分布均匀，避免或减少因局部过浓、过热而引起副反应的发生；在密闭容器中加热，可防止暴沸；缩短反应时间，加快反应速率或蒸发速度。常见的搅拌装置有机械搅拌和磁力搅拌两种。图 2-2 为机械搅拌装置，图 2-3 为磁力搅拌装置。

（1）机械搅拌　由电机带动搅拌棒转动从而达到搅拌目的的一种装置，主要由电机、搅拌棒和搅拌密封装置三部分组成。

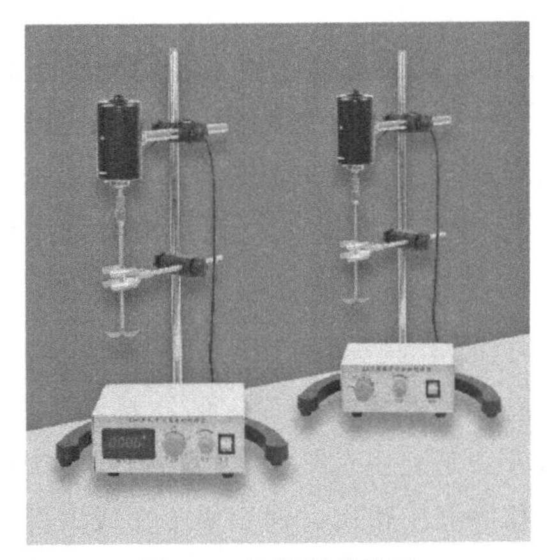
图 2-2 机械搅拌装置

图 2-3 磁力搅拌装置

① 机械搅拌操作规范。安装搅拌装置时，要求搅拌棒垂直安装，与反应容器的器壁无摩擦和碰撞，转动灵活。搅拌棒与电机轴之间可通过两节橡皮管和一段玻璃棒连接。不能将玻璃搅拌棒直接与搅拌电机轴相连，以免造成搅拌棒磨损或折断。搅拌棒的形状有多种，但安装时都要求搅拌棒下端距瓶底应有适当的距离，太远影响搅拌效果（如积聚于底部的固体可能得不到充分搅拌）但又不能贴在瓶底上。

② 机械搅拌安全事项。不能在超负荷状态下使用机械搅拌器，否则易导致电机发热而烧毁。使用时必须接上地线确保安全。适当的搅拌速度可以减小振动，延长仪器的使用寿命。操作时，若出现搅拌棒偏轴心、搅拌不稳的现象应及时关闭电源，调整相关部位。平时要保持仪器的清洁干燥，防潮防腐蚀。

（2）磁力搅拌　利用磁性物质同性相斥的特性，通过可旋转的磁铁片带动磁转子旋转而达到搅拌目的的一种装置。磁力搅拌器一般都由可调节磁铁转速的控制器和可控制温度的加热装置组成，适用于黏稠度不是很大的液体或者固液混合物。磁力搅拌比机械搅拌装置简单，易操作，且更加安全，缺点是不适用于大体积和黏稠体系。

① 磁力搅拌操作规范。使用之前应检查调速旋钮是否归零、电源是否接通以确保安全。选择大小适中的磁转子，加入试剂之前试运转，保证搅拌效果。打开搅拌开关，由低到高逐级调节调速旋钮达到所需转速。若发现磁转子出现不转动或跳动时，检查磁转子与反应器的相对位置是否正确。反应结束后及时收回磁转子，不要随反应废液或固体倒掉。保持适当转速，防止剧烈震动，尽量避免长时间高速运转。

② 磁力搅拌安全事项。使用前要认真检查仪器的配置连接是否正确，选择合适的磁转子。不要高速直接启动，以免引起磁转子因不同步而跳动。不搅拌时不应加热，不工作时应关掉电源。使用时最好连接上地线，以免发生事故。

**8. 真空系统操作的规范与安全**

真空操作是化学实验中常见的基本操作之一，如减压蒸馏、抽滤、真空干燥、旋转蒸馏等操作时经常使用真空装置。其种类很多，实验室常用的真空泵有水循环真空泵和油封机械真空泵两种。若需要的压力不是很低可用水泵，若需较低的压力，则需要用油泵。

① 操作规范。首次使用水泵时应加水至溢水管出水为止，并注意必须经常更换水箱中的水，保持水箱清洁，以延长仪器使用寿命。可将箱体进水孔用橡胶管连接在水龙头上，再

用橡胶管连接在溢水嘴上，使之连续循环进水，使有机溶剂不会长期留在箱内而腐蚀泵体。检查实验装置连接是否正确、密闭，将实验装置的抽气套管连接在泵的真空接头上，启动按钮（开关）即开始工作，双头抽气可单独或并联使用。减压系统必须保持密闭不漏气，所有的橡胶塞的大小和孔道要合适，橡胶管要用真空专用的橡胶管。玻璃仪器的磨口处应涂上凡士林，高真空应涂抹真空油脂。用水泵抽气时，应在水泵前装上安全瓶，以防水压下降，水流倒吸；停止抽气前，应先使系统连接大气，然后再关泵。使用油泵前，应检查油位是否在油标线位置，在蒸馏系统和油泵之间，必须装有缓冲和吸收装置。如果蒸馏挥发性较大的有机溶剂时，蒸馏前必须用水泵彻底抽去系统中有机溶剂的蒸气，否则将达不到所需的真空要求。如果由于水分或其他挥发性物质进入泵内而影响极限真空时，可开气镇阀将其排出，当泵油受到机械杂质或化学杂质污染时，应及时更换泵油。

② 安全事项。与泵油发生化学反应、对金属有腐蚀性或含有颗粒物质的气体以及含氧过高、爆炸性的气体不适合使用真空泵。油泵不能空转和倒转，否则会导致泵的损坏。酸性气体会腐蚀油泵，水蒸气会使泵油乳化，降低泵的效能甚至损坏真空泵。要按要求使用符合规定的真空泵油，泵油必须干燥清洁。泵油的加入量过多，运转时会从排气口向外喷溅，油量不足会造成密封不严而导致泵内气体渗漏。油泵停止运转时，应先将与系统之间的阀门关闭，同时打开放气阀使空气进入泵中，然后关掉泵的电源，避免回油现象发生。使用时，如果因系统损坏等特殊事故，泵的进气口突然连接大气应尽快停泵，并及时切断与系统连接的管道，防止喷油。

## 第六节　典型化学实验操作安全

### 一、氧化反应

（1）危险性分析　大多数氧化反应需要加热，特别是催化气相反应，一般都是在高温条件下进行，而氧化反应又是放热过程，产生的反应热如不及时移去，将会使反应温度迅速升高甚至发生爆炸。某些氧化反应，物料配比接近于爆炸下限，因此要严加控制。倘若物料配比失调、温度控制不当，极易引起爆炸起火。被氧化的物质很多是易燃易爆物质。有的物质具有较宽的爆炸极限，或者其蒸气与空气的混合物具有一定的爆炸极限，在实验操作时要格外认真小心。氧化剂也具有很大的火灾危险性。一些氧化剂如氯酸钾、高锰酸钾、铬酸酐等，如遇高温或受到撞击、摩擦以及与有机物和酸类接触，都有可能引起着火或爆炸；而有机过氧化物不仅具有很强的氧化性，而且大部分自身就是易燃物质，有的则对温度特别敏感，遇高温则容易发生爆炸。有些氧化反应的产物也具有火灾危险性。如环氧乙烷是可燃气体；硝酸不但是腐蚀性物质，而且也是强氧化剂。另外某些氧化过程中还可能生成危险性较大的过氧化物，如乙醛氧化生产乙酸的过程中有过乙酸生成，过乙酸是有机过氧化物，极不稳定，受高温、摩擦或撞击便会分解或燃烧。

（2）安全控制措施　氧化过程中加空气或氧气作氧化剂时，应严格控制反应物料的配比（可燃气体和空气的混合比例）在爆炸极限范围之外。空气进入反应器之前，应经过气体净化装置，消除空气中的灰尘、水蒸气、油污以及可使催化剂活性降低或中毒的杂质，以保证催化剂的活性，减少着火和爆炸的危险。在催化氧化过程中，对于放热反应，应控制适宜的温度、流量，防止超温、超压和混合气处于爆炸范围之内。使用硝酸、高锰酸钾等氧化剂时，要严格控制加料速度，防止多加、错加；固体氧化剂应粉碎后再使用，最好使其呈溶液状态使用，反应过程中要不间断地搅拌，严格控制反应温度，决不允许超过被氧化物质的自燃点。使用氧化剂氧化无机物时应控制产品烘干温度不超过其着火点，在烘干之前应用合适的溶剂洗涤产品，将氧化剂彻底除净，以防止未完全反应的氧化剂引起已烘干的物料起火。有些有机化合物的氧化，特别是在高温下的氧化，在设备及管道内可能产生焦状物，应及时清除，以防自燃。氧化反应使用的原料及产品，应按有关危险品的管理规定，采取相应的防火措施，如隔离存放、远离火源、避免高温和日晒、防止摩擦和撞击等。如是电介质的易燃液体或气体，应安装导除静电的接地装置。设置氮气、水蒸气灭火等装置，以便能及时扑灭火灾。

## 二、还原反应

（1）危险性分析　还原反应大多有氢气存在（氢气的爆炸极限为4%～75%），特别是催化加氢还原，大多在加热、加压条件下进行，如果操作失误或因设备缺陷有氢气泄漏，极易与空气形成爆炸性混合物，如遇着火源即会爆炸。还原反应中所使用的催化剂铝镍合金吸潮后在空气中有自燃危险，即使没有着火源存在，也能使氢气和空气的混合物引燃，发生着火爆炸。固体还原剂保险粉、硼氢化钾、氢化铝锂等都是遇湿易燃危险品，其中保险粉遇水发热，在潮湿空气中能分解析出硫，硫蒸气受热具有自燃的危险，且保险粉本身受热到190℃也有分解爆炸的危险；硼氢化钾（钠）在潮湿空气中能自燃，遇水或酸即分解放出大量氢气，同时放出大量热，可使氢气着火而引起爆炸事故；氢化锂铝是遇湿危险的还原剂，务必要妥善保管，防止受潮。还原反应的中间体，特别是硝基化合物还原反应的中间体，亦有一定的火灾危险。

（2）安全控制措施　操作过程中要严格控制反应湿度、压力和流量，使用的电气设备必须符合防爆要求，实验室通风要好，加压反应的设备应配备安全阀，反应中产生压力的设备要装设爆破片，安装氢气检测和报警装置。当使用铝镍合金等作为还原反应的催化剂时必须先用氮气置换出反应器内的全部空气，并经过测定证实含氧量达到标准后，才可通入氢气；反应结束后应先用氮气把反应器内的氢气置换干净，才可打开孔盖出料，以免外界空气与反应器内的氢气相遇，在铝镍合金自燃的情况下发生着火爆炸；铝镍合金应当储存于酒精中，回收时应用酒精及清水充分洗涤，真空过滤时不得抽得太干，以免氧化着火。保险粉在需要溶解使用时，要严格控制温度，应在搅拌的情况下，将保险粉分批加入水中，待溶解后再与有机物反应；当使用硼氢化钠（钾）作还原剂时，在调节酸、碱度时要特别注意，防止加酸过快、过多；当使用氢化铝锂作还原剂时，要在氮气保护下使用，平时浸没于煤油中储存。这些还原剂遇氧化剂会发生激烈反应，产生大量热，具有着火爆炸的危险，不得与氧化剂混存在一起。有些还原反应可能在反应过程中生成爆炸危险性很大的中间体，因此在反应操作中一定要严格控制各种反应参数和反应条件，否则会导致事故发生。开展新技术、新工艺的研究，尽可能采用还原效率高、危险性小的新型还原剂代替火灾危险性大的还原剂。

## 三、聚合反应

由小分子单体聚合成大分子聚合物的反应称为聚合反应。按照反应类型可分为加成聚合和缩合聚合两大类；按照聚合方式又可分为本体聚合、悬浮聚合、溶液聚合、乳液聚合、缩合聚合五种。

（1）危险性分析　由于聚合物的单体大多数是易燃、易爆物质，单体在压缩过程中或在高压系统中泄漏，易发生火灾爆炸，容易引起爆聚，反应器压力骤增进而引起爆炸。聚合反应中加入的引发剂都是化学活泼性很强的过氧化物，一旦配料比控制不当，容易引起爆聚，反应器压力骤增进而引起爆炸。聚合反应多在高压下进行，反应本身又是放热过程，如果反应条件控制不当，很容易发生事故。聚合反应热未能及时导出，如搅拌发生故障、停电、停水、反应釜内聚合物粘壁，造成局部过热或反应釜超温，易发生爆炸。

（2）安全控制措施　本体聚合度大，反应温度难控制，传热困难。如果反应产生的热量不能及时移去，当升高到一定温度时，就可能强烈放热，有发生爆聚的危险。一旦发生爆聚，则设备发生堵塞，体系压力骤增，极易发生爆炸。加入少量的溶剂或内润滑剂可以有效地降低体系的黏度。尽可能采用较低的引发剂浓度和较低的聚合温度，使聚合反应放热变得缓和。控制“自动加速效应”使反应热分阶段放出。强化传热、降低操作压力等措施可减少发生危险的可能性。溶液聚合度小，温度容易控制，传热较易，可避免局部过热。这种聚合方法的主要安全控制是避免易燃溶剂的挥发和静电火花的产生。悬浮聚合时应严格控制反应条件，保证设备的正常运转，避免出现溢料现象，导致未聚合的单体和引发剂遇火引发着火或爆炸事故。乳液聚合常用无机过氧化物作引发剂，反应时应严格控制其物料配比及反应温度，避免由于反应速率过快发生冲料。同时要对聚合过程中产生的可燃气体妥善处理，反应过程中应保证强烈而又良好的搅拌。缩合聚合是吸热反应，应严格控制反应温度，避免温度过高，导致系统的压力增加，引起爆裂，泄漏出易燃易爆单体。

## 四、催化反应

催化反应是在催化剂的作用下所进行的化学反应。

（1）危险性分析　在催化过程中若催化剂选择不正确或加入的量不适中，易形成局部激烈反应；另外由于催化大多需在一定温度下进行，若散热不良、温度控制不好等，很容易发生超温爆炸或着火事故。关于催化产物，在催化过程中有的产生氯化氢，氯化氢有腐蚀和中毒危险；有的产生硫化氢，则中毒危险更大，且硫化氢在空气中的爆炸极限较宽，生产过程中还有爆炸危险；有的产生氢气，着火爆炸的危险更大，尤其在高压下，氢的腐蚀作用可使金属高压容器脆化，从而造成破坏性事故。原料气中某种能与催化剂发生反应的杂质含量增加，可能成为爆炸危险物，这是非常危险的。例如，在乙炔催化氧化合成乙醛的反应中，由于催化剂体系中常含有大量的亚铜盐，若原料气中含乙炔过高，则乙炔就会与亚铜盐反应生成乙炔铜。乙炔铜为红色沉淀，是一种极敏感的爆炸物，自燃点在260～270℃，干燥状态下极易爆炸，在空气作用下易氧化成暗黑色，并易于起火。

（2）安全控制措施　催化剂长期放置不用，可能会导致催化剂活性降低甚至失活，或者干燥失水甚至自燃，暂时存放须妥善保存。使用高压釜进行催化氢化反应时，应对初次使用高压釜的操作人员进行培训，并按规定对设备逐项认真检查。实验室里进行催化氢化反应时，不能使用有明显破损、裂痕以及有大气泡的玻璃仪器。对于某些催化剂要迅速加入，以减少其自燃并引燃溶剂的可能性。反应后的催化剂仍有较高活性，加上有溶剂残留，也可能引起自燃，必须妥善处理，后处理时也应格外小心。

### 五、其他典型反应

（1）无水无氧反应　一些物质（如金属钠、钾、锂、金属有机化合物等）对水和氧敏感，遇水和氧会发生剧烈反应，甚至酿成着火爆炸等事故。在这些物质的储存、制备、反应及后处理过程中以及研究它们的性质或分析鉴定时，必须严格按照无水无氧操作的技术要求进行，所有的仪器必须洗净、烘干，即使是新的仪器也要经过严格洗涤后才能使用。洗涤干燥过的仪器，在使用前仍需要加热抽真空并用惰性气体进行置换，把吸附在器壁上的微量水和氧移走。所需的试剂和溶剂必须先经无水无氧处理方可使用。实验前对每一步实验的具体操作、所用的仪器，加料次序，后处理的方法等必须提前考虑好。否则，即使合成路线和反应条件都符合要求，也得不到预期的产物，还可能出现安全问题。实验装置中的橡皮塞、橡皮隔膜的表面吸附有氧、水或油污等杂质，必须经过洗涤和干燥处理，所用的惰性气体也必须经脱水、脱氧的再纯化处理。

（2）自由基反应　自由基反应尤其是以过氧化物作为引发剂的反应，由于其本身的特殊性质，在使用和操作过程中应格外小心。过氧化有机物如过氧乙酸、过氧化苯甲酰等在受到摩擦、撞击、阳光暴晒、加热时易发生爆炸，且很多都有毒性，某些过氧化物对眼睛、呼吸、消化、运动、神经系统均会有不同程度的伤害。在反应过程中若物料配比控制不当，滴加速度过快就可能造成温度失控引发燃烧爆炸事故，反应物料不纯也可能引起过氧化物分解爆炸。若出现冷却效果不好、冷却水中断或搅拌停止等异常情况，也会导致局部反应加剧，温度骤升，压力迅速增加，引发事故。干燥过氧化物也易分解爆炸。因此在反应过程中应严格控制物料配比、滴加速度和反应温度，同时要有良好的搅拌和冷却作保证。

自由基聚合反应在高分子化合物的制备中占有重要地位，可通过不同的聚合工艺实现。如本体聚合放热量大，反应热排除困难，不易保持稳定的反应温度，“自动加速效应”可使温度失控，引起爆聚。为确保反应的正常进行，通常采取以下措施：加入一定量的专用引发剂来降低反应温度；可能的情况下采用较低的反应温度降低放热速度；在反应体系黏度不太高时就分离聚合物；采用分段聚合的方法，控制转化率和自动加速效应，使反应热分成几个阶段均匀放出；改进和完善搅拌器和传热系统以利于聚合设备的传热；采用“冷凝态”进料及“超冷凝态”进料。

## 第七节　危险化学品的泄漏处理

危险化学品的泄漏，容易引起中毒或转化为火灾爆炸事故，因此泄漏处理要及时、得当，避免重大事故的发生，要成功地控制化学品的泄漏，必须事先进行计划，并且对化学品的化学性质和反应特性有充分的了解。泄漏事故控制一般分为泄漏源控制和泄漏物处置两部分。

进入泄漏现场进行处理时，应注意以下几项：进入现场的人员必须配备必要的个人防护器具；如果泄漏物是易燃易爆的，应严禁火种；扑灭任何明火及任何其他形式的热源和火源，以降低发生火灾爆炸的危险性；应急处理时严禁单独行动，要有监护人，必要时用水枪、水炮掩护；应从上风、上坡处接近现场，严禁盲目进入。

## 一、泄漏源的控制

容器发生泄漏后，应采取措施修补和堵塞裂口，制止化学品的进一步泄漏的措施包括关闭阀门、停止作业、启动事故应急放置池（罐）或改变工艺流程、物料走副线、局部停车、打循环、减负荷运行等，泄漏被控制后，要及时将现场泄漏物进行覆盖、收容、稀释、处理，使泄漏物得到安全可靠的处置，防止二次事故的发生。具体可采用以下方法。

① 稀释与覆盖。向有害物蒸气云喷射雾状水，加速气体向高空扩散。对于可燃物，也可以在现场施放大量水蒸气或氮气，破坏燃烧条件。对于液体泄漏，为降低物料向大气中的蒸发速度，可用泡沫或其他覆盖物品覆盖外泄的物料，在其表面形成覆盖层，抑制其蒸发。

② 收容（集）。对于大型泄漏，可选择用隔膜泵将泄漏出的物料抽入容器或槽车内，当泄漏量小时，可用沙子、吸附材料、中和材料等吸收中和。

③ 围堤堵截。修筑围堤是控制陆地上的液体泄漏物最常用的收容方法。常用的围堤有环形、直线形、V 形等，通常根据泄漏物流动情况修筑围堤拦截泄漏物，如果泄漏发生在平地上，则在泄漏点的周围修筑环形堤，如果泄漏发生在斜坡上，则在泄漏物流动的下方修筑 V 形堤。

④ 挖掘沟槽收容泄漏物。挖掘沟槽也是控制陆地上液体泄漏物的常用收容方法，通常根据泄漏物的流动情况挖掘沟槽收容泄漏物。如果泄漏物沿一个方向流动，则在其流动的下方挖掘沟槽。如果泄漏物是四散而流，则在泄漏点周围挖掘环形沟槽。

修围堤堵截和挖掘沟槽收容泄漏物的关键除了它们本身的特性外，就是确定围堤堵截和挖掘沟槽的地点。这个地点既要离泄漏点足够远，保证有足够的时间在泄漏物到达前修挖好，又要避免离泄漏点太远，使污染区域扩大，带来更大的损失。如果泄漏物是易燃物，操作时要特别小心，避免发生火灾。

⑤ 废弃。将收集的泄漏物运至废物处理场所处置。用消防水冲洗剩下的少量物料，冲洗水排入污水系统处理或收集后委托有条件的单位处理。

## 二、泄漏源的处理

在泄漏源得到控制后，需要对泄漏的危险化学品进行处理，具体包括以下几种常见的泄漏物处理方法。

（1）用固化法处理泄漏物　通过加入能与泄漏物发生化学反应的固化剂或稳定剂使泄漏物转化成稳定形式，以便于处理、运输和处置。有的泄漏物变成稳定形式后，由原来的有害变成了无害，可原地堆放不需进一步处理；有的泄漏物变成稳定形式后仍然有害，必须运至废物处理场所进一步处理或在专用废弃场所掩埋。常用的固化剂有水泥、凝胶、石灰。

① 水泥固化。通常使用普通硅酸盐水泥固化泄漏物。对于含高浓度重金属的场合，使用水泥固化非常有效。许多化合物会干扰固化过程，如锰、锡、铜和铅等的可溶性盐类会延长凝固时间，并大大降低其物理强度，特别是高浓度硫酸盐对水泥有不利的影响，有高浓度硫酸盐存在的场合一般使用低铝水泥。酸性泄漏物固化前应先中和，避免浪费更多的水泥。相对不溶的金属氢氧化物，固化前必须防止溶性金属从固体产物中析出。

② 凝胶固化。凝胶是由亲液溶胶和某些憎液溶胶通过胶凝作用而形成的冻状物，没有流动性。可以使泄漏物形成固体凝胶体。形成的凝胶体仍是有害物，需进一步处置。选择凝胶时，最重要的问题是凝胶必须与泄漏物相容。

③ 石灰固化。使用石灰作固化剂时，加入石灰的同时需加入适量的细粒硬凝性材料，如粉煤灰、研碎了的高炉炉渣或水泥窑灰等。

（2）用吸附法处理泄漏物　所有的陆地泄漏和某些有机物的水中泄漏都可用吸附法处理。吸附法处理泄漏物的关键是选择合适的吸附剂。常用的吸附剂有活性炭、天然有机吸附剂、天然无机吸附剂、合成吸附剂。

① 活性炭。活性炭是从水中除去不溶性漂浮物（有机物、某些无机物）最有效的吸附剂。活性炭有颗粒状和粉状两种形状。清除水中泄漏物用的是颗粒状活性炭。被吸附的泄漏物可以通过解吸再生回收使用，解吸后的活性炭可以重复使用。

② 天然有机吸附剂。天然有机吸附剂由天然产品如木纤维、玉米秆、稻草、木屑、树皮、花生皮等纤维素和橡胶组成，可以从水中除去油类和与油相似的有机物。

天然有机吸附剂的使用受环境条件如刮风、降雨、降雪、水流流速、波浪等的影响。在此条件下，不能使用粒状吸附剂。粒状吸附剂只能用来处理陆上泄漏和相对无干扰的水中不溶性漂浮物。

③ 天然无机吸附剂。天然无机吸附剂有矿物吸附剂（如珍珠岩）和黏土类吸附剂（如沸石）。矿物吸附剂可用来吸附各种类型的烃、酸及其衍生物、醇、醛、酮、酯和硝基化合物，黏土类吸附剂只适用于陆地泄漏物，对于水体泄漏物，只能清除酚。

④ 合成吸附剂。合成吸附剂能有效地清除陆地泄漏物和水体的不溶性漂浮物。对于有极性且在水中能溶解成能与水互溶的物质，不能使用合成吸附剂清除。常用的合成吸附剂有聚氨酯、聚丙烯和有大量网眼的树脂。

（3）泡沫覆盖　使用泡沫覆盖阻止泄漏物的挥发，降低泄漏物对大气的危害和泄漏物的燃烧性，泡沫覆盖必须和其他的收容措施如围堤、沟槽等配合使用。通常泡沫覆盖只适用于陆地泄漏物。

选用的泡沫必须与泄漏物相容。实际应用时，要根据泄漏物的特性选择合适的泡沫，常用的普通泡沫只适用于无极性和基本上是中性的物质；对于低沸点，与水发生反应，具有强腐蚀性、放射性或爆炸性的物质，只能使用专用泡沫；对于极性物质，只能使用属于硅酸盐类的抗醇泡沫；用纯柠檬果胶配制的果胶泡沫对许多有极性和无极性的化合物均有效。

对于所有类型的泡沫，使用时建议每隔 3～60min 再覆盖一次，以便有效地抑制泄漏物的挥发。在需要的情况下，这个过程可能一直持续到泄漏物处理完。

（4）中和泄漏物　中和，即酸和碱的相互反应。反应产物是水和盐，有时是二氧化碳气体。现场应用中和法要求最终 pH 值控制在 6～9，反应期间必须监测 pH 值变化。只有酸性有害物和碱性有害物才能用中和法处理。对于泄入水体的酸、碱或泄入水体后能生成酸、碱的物质，也可考虑用中和法处理。对于陆地泄漏物，如果反应能控制，常常用强酸、强碱中和，这样比较经济；对于水体泄漏物，建议使用弱酸、弱碱中和。

常用的弱酸有乙酸、磷酸二氢钠，有时可用气态二氧化碳，磷酸二氢钠几乎能用于所有的碱泄漏，当氨泄入水中时，可以用气态二氧化碳处理。

常用的强碱有碳酸氢钠水溶液、碳酸钠水溶液、氢氧化钠水溶液。这些物质也可用来中和泄漏的氯。有时也用石灰、固体碳酸钠、苏打灰中和酸性泄漏物。常用的弱碱有碳酸氢钠、碳酸钠和碳酸钙。碳酸氢钠是缓冲盐，即使过量，反应后的 pH 值只有 8.3。碳酸钠溶于水后，碱性和氢氧化钠一样强，若过量，pH 值可达 11.4。碳酸钙与酸的反应速率虽然比钠盐慢，但因其不向环境加入任何毒性元素，反应后的最终 pH 值总是低于 9.4 而被广泛采用。

对于水体泄漏物，如果中和过程中可能产生金属离子，必须用沉淀剂清除。中和反应常常是剧烈的，由于放热和生成气体产生沸腾和飞溅，所以应急人员必须穿防酸碱工作服，戴防烟雾呼吸器。可以通过降低反应温度和稀释反应物来控制飞溅。如果非常弱的酸和非常弱的碱泄入水体，pH 值能维持在 6～9，建议不使用中和法处理。

（5）低温冷却　低温冷却是将冷冻剂散布于整个泄漏物的表面上，减少有害泄漏物的挥发。在许多情况下，冷冻剂不仅能降低有害泄漏物的蒸气压，而且能通过冷冻将泄漏物固定住。

① 影响低温冷却效果的因素有：冷冻剂的挥发、泄漏物的物理特性及环境因素。

a. 冷冻剂的挥发将直接影响冷却效果。喷洒出的冷冻剂不可避免地要向可能的扩散区域分散，并且速度很快。冷冻剂整体挥发速率的高低与冷却效果成正比。

b. 泄漏物的物理特性，如当时温度下泄漏物的黏度、蒸气压及挥发率，对冷却效果的影响与其他影响因素相比很小，通常可以忽略不计。

c. 环境因素，如雨、风、洪水等将干扰、破坏形成的惰性气体膜，严重影响冷却效果。

② 常用的冷冻剂有二氧化碳、液氮和湿冰。选用何种冷冻剂取决于冷冻剂对泄漏物的冷却效果和环境因素。应用低温冷却时必须考虑冷冻剂对随后采取的处理措施的影响。

a. 二氧化碳。二氧化碳冷冻剂有液态和固态两种形式。液态二氧化碳通常装于钢瓶中或装于带冷冻系统的大槽罐中，冷冻系统用来将槽罐内蒸发的二氧化碳再液化。固态二氧化碳又称干冰，是块状固体，因为不能储存于密闭容器中，所以在运输中损耗很大。

液态二氧化碳应用时，先使用膨胀喷嘴将其转化为固态二氧化碳，再用雪片鼓风机将固态二氧化碳播撒至泄漏物表面。干冰应用时，先进行破碎，然后用雪片播撒器将破碎好的干冰播撒至泄漏物表面。播撒设备必须选用耐低温的特殊材质。

液态二氧化碳与液氮相比，因为二氧化碳槽罐装备了气体循环冷冻系统，所以是无损耗储存；二氧化碳罐是单层壁罐，液氮罐是中间带真空绝缘夹套的双层壁罐，这使得二氧化碳罐的制造成本低，在运输中抗外力性能更优；二氧化碳更易播撒；二氧化碳虽然无毒但是大量使用可使大气中缺氧，从而对人产生危害，随着二氧化碳浓度的增大，危害就逐步加大。二氧化碳溶于水后，水中 pH 值降低，会对水中生物产生危害。

b. 液氮。液氮温度比干冰低得多，几乎所有的易挥发性有害物（氢除外）在液氮温度下皆能被冷冻，且蒸气压降至无害水平，液氮也不像二氧化碳那样，对水中生存环境产生危害。

要将液氮有效地利用起来是很困难的。若用喷嘴喷射，则液氮一离开喷嘴就全部挥发为气态。若将液氮直接倾倒在泄漏物表面上，则局部形成冰面，冰面上的液氮立即沸腾挥发，冷冻力的损耗很大，因此，液氮的冷冻效果大大低于二氧化碳，尤其是固态二氧化碳。液氮在使用过程中产生的沸腾挥发，有导致爆炸的潜在危害。

c. 湿冰。在某些有害物的泄漏处理中，湿冰也可用作冷冻剂。湿冰的主要优点是成本低、易于制备、易播撒。主要缺点是湿冰不是挥发而是溶化成水，从而增加了需要处理的污染物的量。

## 习题

1. 简述实验室常用气体钢瓶的种类及其颜色，钢瓶存放的注意事项。
2. 简述易燃液体分类及其特点。
3. 当容器发生泄漏，可采取哪些措施使泄漏得到安全可靠处置？
4. 使用化学药品前，需要了解药品的哪些知识？
5. 简述实验室危险化学药品包括哪些种类。

# 第三章 实验室电气安全

## 第一节 触电事故及防护

### 一、人体触电方式

人体触电的方式常见的有单相触电、两相触电、跨步电压触电、高压电弧触电等。

**1. 单相触电**

人站在大地上，当人体接触到带电设备或一根带电导线时，电流通过人体经大地而构成回路，这种触电方式通常被称为单相触电，也称为单线触电。大部分触电事故都是单相触电事故。

**2. 两相触电**

如果人体的不同部位同时分别接触一个电源的两根不同电位的裸露导线，电线上的电流就会通过人体从一根电线到另一根电线形成回路，使人触电，这种触电方式通常被称为两相触电，也叫两线触电。两相触电比单相触电危险性大，但触电情形较少见。两相触电时，人体处于线电压的作用下，受到的电压可达220V或380V，流经人体的电流较大，轻微的会引起触电烧伤或导致残疾，严重的可导致死亡，且致死时间仅为1～2s。

**3. 跨步电压触电**

当带电体接地，或线路一相落地时，故障电流会流入地下，在接地点周围的土壤中产生电压降，人在接地点周围行走时，人的两脚间（一般相距以0.8m计算）出现电势差，即跨步电压，由此引起的触电事故称为跨步电压触电。高压故障接地处或有大电流流过的接地装置附近，都可能出现较高的跨步电压。跨步电压的大小与电位分布区域内的位置有关，越靠近接地体处，跨步电压越大，触电危险性也越大。

**4. 高压电弧触电**

对于1000V以上的高压电气设备，当人体过分接近它时，高压电能将空气击穿，使电流通过人体。此时还伴有高温电弧，能把人烧伤。

## 二、电流对人体的伤害作用

电流对人体的伤害分为电击和电伤两种。

**1. 电击**

电击是电流造成人死亡的主要原因，是指电流通过人体内部对器官和组织造成的伤害。如电流作用于人体中枢神经，使心脑和呼吸机能的正常工作受到破坏，人体发生抽搐和痉挛，失去知觉；电流也可能使人体呼吸功能紊乱，血液循环系统活动大大减弱而造成假死；电流引起人的心室颤动，使心脏不能再压送血液，导致血液循环中断和大脑缺氧，发生窒息死亡等。

**2. 电伤**

电伤是指电流的热效应、化学效应或机械效应对人体外部器官（如皮肤、角膜、结膜等）造成的伤害。如电弧灼伤、电烙印、皮肤金属化、电光眼等。电伤是人体触电事故中较为轻微的一种情况。

## 三、影响电流对人体危害程度的因素

**1. 电流大小**

电流通过人体，人体会有麻、痛等感觉，更严重者会引起颤抖、痉挛、心脏停止跳动直至死亡。通过人体的电流越大，人体的生理反应越明显，病理状态越严重，致命的时间就越短。根据人体对电流的反应，将触电电流分为感知电流、摆脱电流和致命电流。感知电流是人能感觉到的最小电流；摆脱电流是人触电后能自行摆脱带电体的最大电流；致命电流则是指在较短时间内危及生命的最小电流。在电流不超过数百毫安的情况下，电击致死的主要原因是电流引起心室颤动或窒息。因此，可以认为引起心室颤动的电流即是致命电流。

资料表明，对不同的人，这三种电流的阈值也不相同；成年男性平均感知电流约为1.1mA，成年女性约为0.7mA。成年男性的平均摆脱电流约为16mA，最小摆脱电流约为9mA；成年女性的平均摆脱电流约为10.5mA，最小摆脱电流约为6mA（最小摆脱电流是按0.5%的概率考虑的）。心室颤动电流与通过时间有关，小于一个心脏搏动周期时，500mA以上的电流才能引起心室颤动；但当持续时间大于一个心搏周期时，电流仅数十毫安（50mA以上），心脏就会停止跳动，导致死亡。

**2. 电流持续时间**

电流通过人体的时间越长，人体的电阻就会降低，电流就会增大，对人体产生的热伤害、化学伤害及生理伤害越严重。一般情况下，工频电流（国内为50Hz，美国为60Hz）15～20mA以下及直流电流50mA以下，对人体是安全的。但如果触电时间很长，即使工频电流小到8～10mA，也可能使人致命。同时，人的心脏每收缩扩张一次，中间有0.1s的间隙期。在这个间隙期内，人体对电流作用最敏感。触电时间越长，与这个间隙期重合的次数就越多，造成的危险也就越大。

### 3. 电流的种类和频率

电流可分为直流电、交流电。交流电可分为工频电和高频电。一般来说，频率在25～300Hz的电流对人体触电的伤害程度最为严重，其中40～60Hz的交流电对人体最为危险。低于或高于此频率段的电流对人体触电的伤害程度明显减轻。人体忍受直流电、高频电的能力比工频电强，工频电对人体的危害最大。高频电流不会对人体产生电刺激，而利用其集中的热效应还能治病，目前医疗上采用0.3～5Mz的高频电流对人体进行治疗。

### 4. 电流通过人体的途径

当电流通过人体的内部重要器官时，对人伤害后果就严重。例如通过头部，会破坏脑神经，使人死亡；通过脊髓，会破坏中枢神经，使人瘫痪；通过肺部会使人呼吸困难；通过心脏，会引起心脏颤动或停止跳动而导致死亡。其中以心脏伤害最为严重。根据事故统计发现：通过人体途径最危险的电流路径是从左手到胸部，其次是从手到脚，从手到手；危险最小的是从脚到脚，但可能导致二次事故的发生。

### 5. 人体阻抗

在一定电压作用下，流过人体的电流与人体电阻成反比。因此，人体电阻是影响人体触电后果的另一因素。人体电阻由表面电阻和体积电阻构成。体积电阻一般在500Ω左右。表面电阻即人体皮肤电阻，它是人体阻抗的重要部分，在限制低压触电事故的电流时起着非常重要的作用。人体皮肤电阻与皮肤状态有关，随条件不同在很大范围内变化。如皮肤在干燥、洁净、无破损的情况下，电阻可高达几十千欧姆；而潮湿的皮肤，其电阻可能在1000Ω以下。人体阻抗还与电流路径、接触电压、电流持续时间、电流频率、接触面等因素相关：接触面积增大、电压升高，人体的阻抗变小。有研究表明，在工频电压下，成人人体电阻的典型值为1000Ω。

### 6. 个人状况

电流对人体的伤害作用还与性别、年龄、身体及精神状态有很大的关系。一般说来，女性比男性对电流敏感；小孩比大人敏感。根据资料统计，肌肉发达的成年人比儿童摆脱电流的能力强，男性比女性摆脱电流的能力强。电击对患有心脏病、肺病、内分泌失调及精神病等患者最危险。他们的触电死亡率最高。另外，对触电有心理准备的，触电伤害轻。

## 四、实验室触电事故发生的原因

近年来，由于实验室电路设计的规范化，空气开关和漏电保护器的广泛应用和安装，实验室触电身亡的事故较为罕见，但违规、违章操作造成的触电事故不在少数，其主要原因如下。

① 电气线路设计不符合要求，设备不能有效接地接零。

② 电气设备安装时未按要求采取接地、接零措施，或接线松脱接触不良。

③ 电气设备绝缘损坏，导致外壳漏电。

④ 导线绝缘老化、破损，或屏护不符合要求，致使人员误触带电设备或线路。

⑤ 人体违规接触电器导电部分，如用手直接接触电炉金属外壳等。

⑥ 用湿的手或手握湿的物体接触电插头等。

⑦ 赤手拉拽绝缘老化或破损的导线。

⑧ 在缺乏正确防护用品或没有绝缘工具情况下，盲目维修、安装电气设备。

⑨ 随意改变电气线路或乱接临时线路，将单相或三相插头的接地端误接到相线上，使设备外壳带电。

⑩ 用非绝缘胶布包裹导线接头。

⑪ 使用手持电动工具而未配备漏电保护器，未使用绝缘手套。

⑫ 休息不好，精神松懈，导致误接触带电导体。

## 五、触电防护技术措施

为了有效防止触电事故，可采用绝缘、屏护、安全距离、保护接地或接零、漏电保护等技术措施。

**1. 保证电气设备的绝缘性能**

绝缘是用绝缘物将带电导体封闭起来，使之不能对人身安全产生威胁。足够的绝缘电阻能把电气设备的泄漏电流限制在很小的范围内，从而防止漏电引起的事故。一般使用的绝缘物有瓷、云母、橡胶、胶木、塑料、布、纸、矿物油等。绝缘电阻是衡量电气设备绝缘性能的最基本的指标。电工绝缘材料的体积电阻率一般在 $10^7\Omega/m^3$ 以上。不同电压等级的电气设备，有不同的绝缘电阻要求，并要定期进行测定。

**2. 采用屏护**

屏护就是用遮栏、护罩护盖、箱盒等把带电体同外界隔绝开来，以减少人员直接触电的可能性。屏护装置所用材料应该有足够的机械强度和良好的耐火性能，护栏高度不应低于1.7m，下部边缘离地面不应超过0.1m。金属屏护装置应采取接零或接地保护措施。护栏具有永久性特征，必须使用钥匙或工具才能移开。屏护装置上应悬挂“高压危险”的警告牌，并配置适当的信号装置和联锁装置。

**3. 保证安全距离**

电气安全距离是指避免人体、物体等接近带电体而发生危险的距离，安全距离的大小由电压的高低、设备的类型及安装方式等因素决定。常用电器开关的安装高度为1.3～1.5m；室内吊灯灯具高度应大于2.5m，受条件限制时可减为2.2m；户外照明灯具高度不应小于3m，墙上灯具高度允许减为2.5m。为了防止人体接近带电体，带电体安装时必须留有足够的检修间距。在低压操作中，人体及其所带工具与带电体的距离不应小于0.1m；在高压无遮拦操作中，人体及其所带工具与带电体之间的最小距离视工作电压不应小于0.7～1.0m。

**4. 合理选用电气装置**

从安全要求出发，必须合理选用电气装置，才能减少触电危害和火灾爆炸事故。电气设备主要根据周围环境来选择，例如，在干燥少尘的环境中，可采用开启式和封闭式电气设备；在潮湿和多尘的环境中，应采用封闭式电气设备；在有腐蚀性气体的环境中，必须采取密封式电气设备；在有易燃易爆危险的环境中，必须采用防爆式电气设备。

**5. 装设漏电保护装置**

装设漏电保护装置的主要作用是防止由于漏电引起人身触电，其次是防止由于漏电引起的设备火灾以及监视、切除电源一相接地故障，消除电气装置内的危险接触电压。有的漏电保护器还能够切除三相电机缺相运行的故障。

**6. 保护接地**

保护接地是防止人身触电和保护电气设备正常运行的一项重要技术措施，分为接地保护和接零保护两种。

（1）接地保护　对由于绝缘损坏或其他原因可能使正常不带电的金属部分呈现危险电压，如变压器、电机、照明器具的外壳和底座，配电装置的金属构架，配线钢管或电缆的金属外皮等，除另有规定外，均应接地。

（2）接零保护　接零是把设备外壳与电网保护零线紧密连接起来。当设备带电部分碰连其外壳时，即形成相线对零线的单相回路，短路电流将使线路上的过流速断保护装置迅速启动，断开故障部分的电源，消除触电危险。接零保护适用于低压中性点直接接地的380V或220V的三相四线制电网。

**7. 采用安全电压**

安全电压是为防止触电事故而采用的由特定电源供电的电压系列。这个电压系列的上限值，在任何情况下，两导体或任一导体与地之间均不得超过交流（频率为50～500Hz）有效值50V。

我国的国家标准规定，安全电压额定值的等级为42V、36V、24V、12V、6V。凡手提照明灯、危险环境和特别危险环境的局部照明灯、高度不足2.5m的一般照明灯、危险环境和特别危险环境中使用的携带式电动工具，如果没有特殊安全结构或安全措施，应采取36V安全电压。凡工作地点狭窄、行动不便以及周围有大面积接地导体的环境（如金属容器内、隧道内），使用手提照明灯，应采用12V电压。

## 六、电磁场危害及防范

**1. 电磁场危害**

人体在电磁场作用下，能吸收一定的辐射能量，使人体内一些器官受到不同程度的伤害。在一定强度的高频电磁场作用下，人会产生头晕、头痛、乏力、记忆力衰退、睡眠不好等症状，影响工作和生活。有时会出现多汗、食欲减退、心悸、脱发、视力减退以及心血管系统方面的异常。在超短波和微波电磁场的作用下，除神经衰弱症状会加重外，自主神经系统也会失调，出现如心动过缓或过速，血压升高或降低等异常反应。电磁场对人体的影响往往是功能性改变，具有可恢复性，所产生的症状一般在脱离接触后数周内就可消失。

一般归纳起来，电磁场对人体的影响程度与以下因素密切相关：

① 电磁场强度越高，对人体的影响越严重。

② 电磁场频率越高，对人体的影响越严重。

③ 在其他参数相同的情况下，脉冲波比其他连续波对人体的影响更严重。

④ 受电磁波照射的时间越长，对人体的影响越严重。

⑤ 电磁波照射人体的面积越大，人体吸收的能量越多，影响越严重。

⑥ 温度太高和湿度太大的环境下，不利于人体的散热，会使电磁场影响加重。

⑦ 电磁场对人体的影响程度，女性比男性相对严重些。

高频、微波电磁场除对人体有危害外，还会产生高频干扰，影响通信、测量、计算等电子设备正常工作，诱发事故。有时还会因电磁场的感应产生火花放电，造成火灾或爆炸等严重事故。

**2. 电磁场危害防范**

预防或减少电磁辐射的伤害，其根本出发点是消除或减弱人体所在位置的电磁强度，其主要措施包括屏蔽和吸收。屏蔽是根据电磁波的趋肤效应将电磁能量限制在规定的空间，阻止向被保护区域扩散的技术。通常采用板状、片状或网状的金属组成的外壳来进行屏蔽。此外，还可利用反射、吸收等减少辐射源的泄漏来加强防护。一般而言，只要离开辐射源一定的距离，就会明显地减小辐射。吸收是指利用某些特定材料的谐振特性，材料和自由空间的阻抗匹配将电磁辐射能量吸收掉以降低其强度，达到吸收辐射能量的目的，多用在微波设备的调试上。

**3. 实验人员用电安全**

① 实验室内电气设备的安装和使用管理，必须符合安全用电要求，大功率实验设备用电必须使用专线，严禁与照明线共用，谨防因超负荷用电着火。

② 实验时，应先检查线路连接是否正确，确认无误后才能接通电源。实验结束后，应按操作流程切断电源。修理或安装电气设备时，应先切断电源。不能用测电笔去测试高压电。

③ 实验室内的用电线路和配电盘、板、箱、柜等装置及线路系统中的各种开关、插座、插头等应经常保持完好可用状态，空气开关功率必须与线路允许的容量相匹配。室内照明器具都要经常保持稳固可用状态。电线裸露部分应有绝缘装置。

④ 实验室内仪器设备凡是本身要求安全接地的，必须接地；要定期检查线路。

⑤ 手上有水或潮湿的，禁止接触电器用品或电器设备。

⑥ 实验室内的工作人员必须掌握本室仪器、设备的性能和操作方法，严格按照规程操作。

# 第二节　电气火灾及其防护

## 一、电气火灾与爆炸原因

除了设备缺陷、安装不当等方面的原因外，电气设备在运行中产生的热量、电火花或电弧等是导致电气火灾和爆炸的直接原因。

**1. 电气设备过热**

电气设备过热主要是电流的热效应造成的。电流通过导体时，由于导体存在电阻，电流通过时就要消耗一定的电能，转化为导体的内能，并以热辐射的形式散发，加热周围的其他材料。当温度超过电气设备及其周围材料的允许温度，达到起燃温度时就可能引发火灾。引起电气设备过热主要有短路、过载、接触不良、铁芯过热及散热不良等原因。

**2. 电弧和电火花**

电弧和电火花是一种常见的现象。电气设备正常工作时或正常操作时也会发生电弧和电火花。如：直流电机运行时电刷会产生电火花，开关断开电路时会产生很强的电弧，拔掉插头或接触器断开电路时都会产生电火花；电路发生短路或接地事故时产生的电弧更大；绝缘不良电气等都会有电火花、电弧产生。电火花、电弧的温度很高，特别是电弧，温度可高达6000℃。这么高的温度不仅能引起可燃物燃烧，还能使金属熔化、飞溅，构成危险的火源。如果周围空间有爆炸性混合物，当遇到电火花和电弧时就可能引起空间爆炸。因此，在有爆炸危险的场所，电火花和电弧更是十分危险的因素。

**3. 电气设备本身存在的爆炸可能性**

一些电气设备本身也会发生爆炸。例如变压器的功率管或电容器在电路异常时爆炸；充油设备如油断路器、电力电容器、电压互感器等的绝缘油在电弧作用下分解和汽化，喷出大量的油雾和可燃性气体，遇到电火花、电弧或环境温度达到危险温度时也可能发生火灾和爆炸事故；氢冷发电机等设备如果发生氢气泄漏，形成爆炸性混合物，当遇到电火花、电弧或环境温度达到危险温度时也会引起爆炸和火灾事故。

## 二、实验室电气防火防爆措施

根据电气火灾和爆炸形成的原因，应该从加强电气设备的维护和管理及排除电气设备周围易燃易爆等危险隐患两方面来防止电气火灾和爆炸事故。

**1. 加强电气设备的维护和管理**

① 正确选用电气设备。具有爆炸危险的场所应按国家标准《爆炸性环境　第16部分：电气装置的检查与维护》(GB/T 3836.16—2022) 规范选择防爆电气设备，防爆电气设备的公用标志为“Ex”，防爆电气设备的各种类型和相应标志列于表3-1。

**表3-1　防爆电气设备的类型和标志**

| 类型 | 防爆原理 | 标志 |
| --- | --- | --- |
| 隔爆型 | 具有一个足够牢固的外壳，不仅能防止爆炸火焰的传出，而且壳体可承受一定的过压 | d |
| 增安型 | 采用系列安全措施，使设备在最大限度内不致产生电火花、电弧或危险温度；或者采用有效的保护元件使其产生的火花、电弧或温度不能引燃爆炸性混合物，以达到防爆的目的 | e |
| 无火花型 | 这是一种在正常运行时不产生火花和危险高温，也不能产生引爆故障的电气设备 | n |
| 正压型 | 保证内部保护气体的压力高于周围，以免爆炸性混合物进入外壳，或足量的保护气体通过外壳使内部爆炸性混合物的浓度降至爆炸下限以下 | P |
| 充砂型 | 充砂型是在外壳内充填砂粒或其他规定特性的粉末材料，使之在规定的使用条件下，壳内产生的电弧或高温均不能点燃周围爆炸性气体 | q |
| 浇封型 | 将可能产生引起爆炸性混合物爆炸的火花、电弧或危险温度的电气部件浇封在浇封剂中，使其不能点燃周围爆炸性混合物 | m |
| 本质安全型 | 在正常运行或在标准实验条件下所产生的火花或放热效应均不能点燃爆炸性混合物 | i |

续表

| 类型 | 防爆原理 | 标志 |
| --- | --- | --- |
| 防爆充油型 | 全部或部分部件浸在油中，使设备不能点燃油面以上的或外壳以外的爆炸性混合物 | 0 |
| 防尘防爆型 | 外壳能阻止粉尘进入，或虽不能完全阻止但能控制粉尘进入量，不妨碍电机安全运行，且内部粉尘堆积不易产生点燃危险的电气设备 | DIP A<br>DIP B |
| 特殊型 | 结构上不属于上述各类型而采取其他防爆形式的设备 | s |

② 合理选择安装位置，保持必要的安全间距。

③ 加强电气设备的维护、保养、检修，以保持正常运行，包括保持电气设备的电压、电流、温升等参数不超过允许值，保持电气设备足够的绝缘能力，保持电气连接良好等。

④ 保证设备通风良好，防止设备过热。

⑤ 必须按规定接地。爆炸危险场所的接地，较一般场所要求高。为防止打雷闪电和漏电引起的火花，所有金属外壳、设备都要有可靠的接地。

⑥ 杜绝设备超负荷运行和“故障”运行。导电线路和用电设备超负荷运行，易导致负荷过载、导线发热、保护措施或控制失灵、电火花点燃等危险因素，从而导致火灾、爆炸事故的发生。

⑦ 采用耐火设施，提高实验室装置、器械、家具的耐火性能，室内必须配备灭火装置。

⑧ 在有爆炸危险的场所，必须保证通风良好以降低爆炸性混合物的浓度。

**2. 排除燃爆危险隐患**

在高等学校理工科实验室中，广泛存在着易燃易爆的物质。当这些易燃易爆物质在空气中的含量超过其危险浓度，遇到电气设备运行中产生的火花、电弧等高温引燃源，就会发生电气火灾和爆炸事故。因此排除易燃易爆危险隐患是防止电气火灾和爆炸事故的另一重要方面。具体措施有：保证高危设备与易燃易爆物质的安全间隔；保持良好通风，将易燃易爆的气体、粉尘浓度降低到不致引起火灾和爆炸的安全限度内；加强密封，减少和防止易燃易爆物质的泄漏；经常巡视，检测易燃易爆物质的浓度，检查设备、贮存容器、管道接头和阀门的密封性等。

## 三、电气照明的防火防爆

**1. 常用照明灯具类型及其火灾危险性**

电气照明灯具在工作时，玻璃灯泡灯管、灯座等表面温度都较高，若灯具选用不当或发生故障，会产生电火花和电弧。接点接触不良，局部会产生高温。导线和灯具的过载和过压会引起导线发热，使绝缘破坏、短路和灯具爆炸，继而导致可燃气体和可燃蒸气、落尘的燃烧和爆炸。实验室中常见照明灯具有白炽灯、荧光灯、高压汞灯和卤钨灯。白炽灯是根据热辐射原理制成的，功率越大，热辐射能量越大，其表面温度越高，如200W的白炽灯其表面温度可达300℃。灯泡距离可燃物较近，很容易引燃可燃物而发生火灾。荧光灯和高压汞灯都是气体放电光源，本身灯管温度不高，但其镇流器由铁心线圈组成，是发热元件。若镇流器散热条件不好，电源电压过高，或与灯管不匹配以及其他附件故障时（如启辉器故障），其内部温升会破坏线圈绝缘，形成匝间短路，产生高温和电火花。卤钨灯是碘钨灯和溴钨灯的统称，其工作时维持灯管点燃的最低温度为250℃。卤钨灯不仅能在短时间内烤燃接触灯管较近的可燃物，其高温辐射还能将距离灯管一定距离的可燃物烤燃，所以它的火灾危险性比别的照明灯具更大。

**2. 照明灯具的防火措施**

① 严格按照环境场所的火灾危险性选用照明灯具，而且照明装置应与可燃物、可燃结构之间保持一定距离，严禁用纸、布或其他可燃物遮挡灯具。

② 在正对灯泡的下方，应尽可能不存放可燃物品，灯泡距地面高度一般不应低于2m。如必须低于此高度时，应采取必要的防护措施。

③ 卤钨灯管附近的导线应采用耐热绝缘护套（如玻璃丝、石棉、瓷珠等护套导线），而不应采用具有延燃性绝缘导线，以免灯管高温破坏绝缘引起短路。

④ 镇流器与灯管的电压和容量相匹配。镇流器安装时应注意通风散热，不准将镇流器直接固定在可燃物上，应用不燃的隔热材料进行隔离。

⑤ 吊顶内安装的灯具功率不宜过大，并应以白炽灯或荧光灯为主，而且灯具上方应保持一定的空间，以便散热。另外，安装灯具及其发热附件周围应用不燃材料（石棉板或石棉布）做好防火隔热处理，否则可燃材料上应刷防火涂料。

⑥ 在室外必须选用防水型灯具，应有防溅设施，防止水滴藏到高温的灯泡表面，使灯泡炸裂。灯泡破碎后，应及时更换。

⑦ 各类照明供电设施附近必须符合电流、电压等级要求。在爆炸危险场所使用的灯具和零件，应符合《爆炸危险环境电力装置设计规范》（GB 50058—2014）规定的要求。

除灯具本身，照明装置其他部分也存在一定的火灾危险性，因此还要注意照明线路、灯座、灯具开关、挂线盒等设备的防火。

## 四、实验室常用电气设备的防火防爆

**1. 电气插头插座、接线板与导线**

电气插头插座、接线板与导线常见的使用错误有：

① 易燃物品压住插座或一些粉尘落入插座孔，造成短路。

② 用导线的裸线头代替插头直接插入插座，往往造成短路或产生强烈的火花而引发火灾。

③ 乱拉各种线路，导线容易受到挤压损伤而造成短路，进而引起触电或火灾事故。

④ 使用劣质的电气插头插座、接线板和导线。

⑤ 接线板与接线板之间进行串接，导致严重过负荷。

⑥ 插头插座与用电设备功率不匹配。

需要注意事项：

① 实验室电容量、插头插座与用电设备功率需匹配，不得私自改装。

② 电源插座固定，无松动脱落现象。

③ 实验室严禁私自乱拉乱接电线电缆，不使用老化的电线电缆。

④ 实验室内应配备空气开关和漏电保护器，且满足负荷和分断要求。实验室不存在电线接头松动、绝缘破损现象，无裸露连接线。

⑤ 配电箱或配电柜附近不被其他物品遮挡，配电箱、开关、插座等周围不得堆积易燃易爆危化品。

⑥ 禁止多个接线板串接供电，插座、插头、接线板必须是符合国家质量认证的合格产品；插座、插头、接线板不存在烧焦变形、破损现象。

⑦ 电源插座一般不得安装在水槽边。若确有需要，应增设防护挡板或防护罩。易产生积水的实验室，不安装地面插座。地面上的线缆应采取盖板或护套措施。

⑧ 大功率仪器（包括空调等）、高温加热仪器应使用专用插座（不可使用接线板），用电负荷应满足要求。

**2. 电热设备**

电热设备是将电能转换成热能的一种用电设备，常用的电热设备有电炉、烘箱、恒温箱、干燥箱、管式炉、电烙铁等。这些设备大都功率较大、工作温度较高，如果安装位置不当或其周围堆放有可燃物，热辐射极易引燃可燃物发生火灾；另外加热时间过长或未按操作规程运行电热设备，有可能导致电流过载、短路、绝缘层损坏等引起火灾事故。

电热设备的防火措施如下：

① 对于电热设备的安装使用，必须经动力部门检查批准。

② 安装电热设备的规格、型号应符合生产现场防火等级。

③ 在有可燃气体、蒸气和粉尘的房屋，不宜装设电热设备。

④ 电热设备不准超过线路允许负荷，必要时应设专用回路。

⑤ 电热设备附近不得堆放可燃物，使用时要有人管理，使用后、下班时或停电后必须切断电源。

⑥ 工厂企业、机关、学校等单位应严格控制非生产、非工作需要而使用生活电炉，禁止个人违反制度私用电炉。

**3. 电动机**

电动机是把电能转换成机械能的一种设备，机床、泵、皮带机、风机等机械设备都需要电动机带动。电动机过负荷、短路故障、缺相运行、电源电压太高或太低等因素都有可能导致电动机在运行中起火。电动机的防火措施如下：

① 根据电动机的工作环境，对电动机进行防潮、防腐、防尘、防爆处理，安装时要符合防火要求。

② 电动机周围不得堆放杂物，电动机及其启动装置与可燃物之间应保持适当距离，以免引起火灾。

③ 检修后以及停电超过 7 天的电动机，启动前应测量其绝缘电阻是否合格，以防投入运行后，因绝缘受潮发生相间短路或对地击穿而烧坏电动机。

④ 电动机启动应严格执行规定的启动次数和启动间隔时间，尽量少启动，避免频繁启动，以免使定子绕组过热起火。

⑤ 电动机运行时，应监视电动机的电流、电压不超过允许范围，监视电动机的温度、声音、振动等正常，无焦臭味，电动机冷却系统应正常。防止上述因素不正常引起电动机运行起火。

⑥ 发现电动机缺相运行，应立即切断电源，防止电动机缺相运行过载发热起火。

⑦ 电动机一旦起火，应立即切断电源，用电气设备专用灭火器进行灭火，如二氧化碳、四氯化碳、“1211”灭火器或蒸汽灭火。一般不用干粉灭火器灭火。若使用干粉灭火器灭火时，要注意不使粉尘落入轴承内，必要时可用消防水喷射成雾状灭火，禁止将大股水注入电动机内。

**4. 电冰箱**

近年来实验室电冰箱使用不当引起的爆炸及火灾事故不在少数，线路绝缘层老化、损坏，使用家用冰箱存放化学试剂等是引起这些事故的主要原因。

为防止电冰箱引起火灾事故，使用时必须注意以下几点：

① 合理选用电源线的截面，并按有关规定正确安装，以防在使用中造成导线绝缘损坏引起短路。

② 电源线或各部电路元件连接时，要接触紧密牢固，以防造成接触电阻过大。

③ 按照有关规定选择合适的保险丝，以免在使用中引起爆断，产生火花或电弧。

④ 冰箱内严禁存放易燃、易挥发的化学试剂及药品，以免挥发后与空气形成混合气体，遇火花爆炸起火。

⑤ 电冰箱背面机械部分温度较高，所以电源线不要贴近该处，以防烧坏电源线，造成漏电或短路。

⑥ 电冰箱背后严禁用水喷洒，防止破坏电气元件绝缘。

⑦ 电源的插销要完整好用。损坏后要及时更换，防止在使用中造成短路或打出火花。

**5. 空调**

近几年来越来越多的实验室中安装有空调。空调作为较大功率的电气设备，若在安装、使用上忽视防火安全，极易导致事故。

空调在安装、使用中应注意如下几点：

① 安装空调器时，不要安装在可燃物上，与窗帘等可燃物要保持一定距离。也不要放置在可燃的地板上或地毯上。电源线应有良好的绝缘，最好用金属套予以保护。安装的高度、方向、位置必须有利于空气循环和散热。

② 空调开机前，应查看有无螺栓松动、风扇移位及其他异物，及时排除，防止意外。使用空调器时，应严格按照空调器使用要求操作。

③ 空调器必须使用专门的电源插座和线路，不能与照明或其他家用电器合用。突然停电时，应将电源插头拔下。

空调应定时保养，定时清洗冷凝器、蒸发器、过滤网等，防止散热器堵塞，避免火灾隐患。有条件的家庭可配备小型灭火器，如二氧化碳灭火器、清水灭火器等，以便及时扑灭火灾。

**6. 变（调）压器**

不少化学实验室都在使用各种类型电器变压器，但有些方面使用不规范，存在安全隐患。使用中应注意以下问题：

① 变压器应远离水源，例如最好不要放在通风柜内水龙头边上，以免溅上水引起短路。

② 变压器的功率要和电器的功率一致或者略大一些。

③ 变压器电源进线上最好装上开关并接好指示灯，以提醒在电器使用完毕后及时切断

电源。

④ 不要在变压器周围堆放可燃物。

⑤ 经常检查变压器在使用过程中的状况，如发现有异味或较大噪声，应及时处理。

为了更好地解决实验室常用设备的安全问题，建议最好购买带有防爆功能的电烘箱、电冰箱、空调器、变压器等电器设备。这类电器设备的控制电路、各种元器件以及内外部结构，都经过科学防爆设计，特别适合实验室使用。例如，化学防爆电冰箱，具有数字化LED温度设定与显示、外置式自保护控制线路、工作传感器和安全传感器，确保设备不会短路和断电；具有压缩机过载保护功能，在有故障的情况下，设备将自动断电，同时声光报警；内壁的防静电涂层确保不会产生静电，储存腔内没有任何线路，不会产生电火花；夹层内特制缓冲层，保证紧急情况下的安全等。实验室的易燃、易爆和易挥发化学品最好存放在化学防爆电冰箱里。

## 五、电气火灾的扑救要点

电气设备发生火灾时，为了防止触电事故，一般都在切断电源后才进行扑救。具体方法如下。

**1. 及时切断电源**

电气设备起火后，不要慌张，首先要设法切断电源。切断电源时，最好用绝缘的工具操作，并注意安全距离。

电容器和电缆在切断电源后，仍可能有残余电压，为了安全起见，不能直接接触或搬动电缆和电容器，以防发生触电事故。

**2. 不能直接用水冲浇电气设备**

电气设备着火后，不能直接用水冲浇。因为水有导电性，进入带电设备后易引发触电，会降低设备绝缘性能，甚至引起设备爆炸，危及人身安全。

**3. 使用安全的灭火器具**

电气设备灭火，应选择不导电的灭火剂，如二氧化碳、1211、1301、干粉等进行灭火。绝对不能用酸碱或泡沫灭火器，因其灭火药液有导电性，手持灭火器的人员会触电。且这种药液会强烈腐蚀电气设备，事后不易清除。

变压器、油断路器等充油设备发生火灾后，可把水喷成雾状灭火。因水雾面积大，水珠压强小，易吸热汽化，迅速降低火焰温度。

**4. 带电灭火的注意事项**

如果不能迅速断电，必须在确保安全的前提下进行带电灭火。应使用不导电的灭火剂，不能直接用导电的灭火剂，否则会造成触电事故。使用小型灭火器灭火时由于其射程较近，要注意保持一定的安全距离，对10kV及以下的设备，该距离不应小于40cm。在灭火人员穿戴绝缘手套和绝缘靴、水枪喷嘴安装接地线情况下，可以采用喷雾水灭火。如遇带电导线落于地面，则要防止跨步电压触电，扑救人员需要进入灭火时，必须穿上绝缘鞋。

# 第三节 静电及其防护

静电是处于静止状态的电荷，或者说是不流动的电荷（流动的电荷即电流）。当电荷聚集在某个物体的某些区域或其表面上时就形成了静电，当带静电物体接触零电位物体（接地物体）或与其有电位差的物体时，就会发生电荷转移，也就是我们常见的静电放电（ESD）现象。静电的电量不高，能量不大，不会直接使人致命。但是，静电电压可高达数万乃至数十万伏。例如，人在地毯或沙发上立起时，人体电压可超过1万伏；而橡胶和塑料薄膜行业的静电则可高达10万伏。高的电压使静电放电时能够干扰电子设备的正常运行或对其造成损害，而且很容易产生放电火花引起火灾和爆炸事故。

## 一、静电的特性与危害

**1. 静电的产生**

任何两个不同材质的物体接触后再分离，即可产生静电，也就是摩擦生电现象。人在地板上走动、从包装箱上拿出泡沫、旋转转椅、推拉抽屉、拿取纸笔、移动鼠标等动作都会产生静电，使物体和人体带上静电荷。材料的绝缘性越好，越容易产生静电；湿度越低，越容易产生静电。另一种产生静电的方式是感应起电，即当带电物体接近不带电物体时会在不带电的导体的两端分别感应出负电和正电。

**2. 静电及其放电的特性**

① 静电的电压较高，至少都有几百伏，典型值在几千伏，最高可达数十万伏。

② 静电放电持续时间短，多数只有几百纳秒。

③ 静电放电时释放的能量较低，典型值在几十到几百微焦耳。

④ 静电放电电流的上升时间很短，如常见的人体放电，其电流上升时间短于10ns。

⑤ 静电放电脉冲所导致的辐射波长从几厘米到几百米，频谱范围非常宽，能量上限频率可达5GHz，容易对电流路径上的天线产生激励，形成场的辐射发射。

**3. 静电的危害**

静电危害发生的主要原因是静电放电，此外静电引力也会对工作、实验造成危害。在发生静电火花放电时，静电能量瞬时集中释放，形成瞬时大电流，在存有易燃易爆品或粉尘、油雾的场所极易引起爆炸和火灾；静电放电过程产生强烈的电磁辐射，可对一些敏感的电子器件和设备造成干扰和损坏；另外，高压静电放电造成电击，危及人身安全；静电引力会使元件吸附灰尘，造成污染；使胶卷、薄膜、纸张收卷不齐，影响精密实验过程的测量结果等。

## 二、静电的防护措施

静电防护原则主要围绕抑制静电的产生、加速静电泄漏、进行静电中和三方面进行，具体措施如下。

**1. 使材料带电序列相互接近**

抑制静电产生需使相互接触的物体在带电序列中所处的位置尽量接近。对于各种材质，其摩擦带电序列依次由正电荷到负电荷为：（+）玻璃、有机玻璃、尼龙、羊毛、丝绸、硝酸纤维素塑料、棉织品、纸、金属、黑橡胶、涤纶、维纶、聚苯乙烯、聚丙烯、聚乙烯、聚氯乙烯、聚四氟乙烯（-）。材料带电序列越远离，则越容易产生静电。

**2. 控制物体接触方式**

要抑制静电的产生，需要缩小物体间的接触面积和压力，降低温度，减少接触次数和分离速度，避免接触状态急剧变化。如：化学实验中将苯倒入容器中，需要缓慢倒入，且倒毕应将液体静置一定时间，待静电消散后再进行其他操作。

**3. 接地**

接地是加速静电泄漏的最简单常用的办法，即将金属导体与大地（接地装置）进行电气上的连接，以便将电荷泄漏到大地。此法适合于消除导体上的静电，而不宜用来消除绝缘体上的静电，因为绝缘体的接地容易发生火花放电，引起易燃易爆液体、气体的点燃或造成对电子设施的干扰。

**4. 屏蔽**

用接地的金属线或金属网等将带电的物体表面进行包覆，从而将静电危害限制到不致发生的程度，屏蔽措施还可防止电子设施受到静电的干扰。如可采用防静电袋、导电箱盒等包覆物体。

**5. 增湿**

可采用喷雾、洒水等方法增加室内湿度，随着湿度的增加绝缘体表面上结成薄薄的水膜，能使其表面电阻大为降低，可加速静电的泄漏。从消除静电危害角度考虑，一般保持相对湿度在70%以上较为合适。

**6. 中和**

这种方法是采用静电中和器或其他方式产生与原有静电极性相反的电荷，使已产生的静电得到中和而消除，避免静电积累。常用的静电中和器有离子风机、离子风枪［图 3-1(a) 和 (b)］。

(a) 离子风机

(b) 离子风枪

(c) 防静电导电鞋

图 3-1　防静电装置

**7. 使用抗静电材料**

在特殊的实验室可采用抗静电材料进行装修，如使用防静电地板、导电地板、防静电桌垫、防静电椅、导电椅等。

**8. 佩戴个人防护用品**

穿着防静电无尘衣帽和导电鞋［图 3-1(c)］，佩戴静电手套、指套、腕带等消除或泄漏所带的静电。

## 第四节 雷电及其防护

雷电是大气层中一部分带电云层与另一部分带异种电荷的云层或与大地之间的迅猛的放电过程，自然界每年都有几百万次闪电。对人们生活产生影响的主要是近地的云团对地的放电。全世界每年有 400 多人惨遭雷击，而每年因雷击造成的财产损失则不计其数。

### 一、雷电的危害

雷电对人体的伤害是很大的，当人遭受雷电击时，电流迅速通过人体，严重的可使心跳和呼吸停止，脑组织缺氧而死亡。另外，雷击时产生的火花，也会造成不同程度的皮肤烧伤，或造成耳鼓膜、内脏破裂等。当人类社会进入电子信息时代后，雷灾从电力、建筑这两个传统领域扩展到几乎所有行业，其根本原因是雷灾对微电子器件设备的危害，而对微电子设备的应用已经渗透到生产、生活的各个方面。同时雷灾造成的经济损失和危害程度也大大增加。

**1. 雷击形式**

(1) 直击雷　带电的云层与大地上某一点之间发生迅猛的放电现象。当雷电直接击在建筑物上，强大的雷电流使建（构）筑物水分受热汽化膨胀，从而产生很大的机械力，导致建筑物燃烧或爆炸。另外，当雷电击中接闪器，电流沿引下线向大地泄放时，对地电位升高，有可能向临近的物体跳击，称为雷电“反击”，从而造成火灾或人身伤亡。

(2) 感应雷　当直击雷发生以后，云层带电迅速消失，地面某些范围由于散流电阻大，出现局部高电压，或在直击雷放电过程中，强大的脉冲电流对周围的导线或金属物产生电磁感应发生高电压而发生闪击现象的二次雷。因此感应雷破坏也称为二次破坏。感应雷电流变化梯度很大，会产生强大的交变磁场，使得周围的金属构件产生感应电流，这种电流可能向周围物体放电，如附近有可燃物就会引发火灾和爆炸，而感应到正在联机的导线上就会对设备产生强烈的破坏性。

(3) 球雷　雷电放电时形成的处于特殊状态下的一团带电气体，表现为发橙光、白光、红光或其他颜色光的火球。

(4) 雷电波侵入　雷电接近架空管线时，高压冲击波会沿架空管线侵入室内，造成高电流引入，这样可能引起设备损坏或人身伤亡事故。如果附近有可燃物，则容易酿成火灾。

**2. 雷电危害效应**

(1) 电性质破坏　雷电放电产生高达数十万伏的冲击电压，对电气设备、仪表设备、通信设备等的绝缘造成破坏，导致设备损坏，引发火灾、爆炸事故和人员伤亡，产生的接触电压和跨步电压使人触电。

（2）热性质破坏　当上百千安的强大电流通过导体时，在极短时间内转换成大量热量，可熔化导线、管线等金属物质，引发火灾。

（3）机械性质破坏　由于雷电的热效应，使木材、水泥等材料中间缝隙的水分、空气及其他物质剧烈膨胀，产生强大的机械压力，使被击中物体严重破坏甚至造成爆炸。

## 二、雷电的防护措施

雷电是自然现象，其发生是不能避免的。但是，可以设法避雷，使雷电天气对人不造成灾害。

**1. 人身防雷措施**

对于处于室外的人，为防雷击，应当遵从四条原则：

① 人体应尽量降低自己的体位，以免作为凸出尖端而被闪电直接击中。

② 要尽量缩小人体与地面的接触面积，以防止因“跨步电压”造成伤害。

③ 不可到孤立大树下和无避雷装置的高大建筑体附近，不可手持金属物质高举过头顶（如打伞）。

④ 不要进入水中，因水体导电好，易遭雷击。

总之，应当到较低处，双脚合拢站立或蹲下，以减少遭遇雷的机会。身处室内时，远离可能遭雷击的物体是人身防雷的基本原则。打雷时，应关闭门窗，尽量远离门窗，坐在房间正中央最为安全。雷雨天为防止雷电波沿线路进入建筑物后对人身造成伤亡，应避免站在灯下，人距灯头、开关、插座及电气设备的距离应保持在2m以上，不得操作电器和使用通信工具，不宜接近建筑物的裸露金属物，如水管、暖气管、煤气管、自来水管等。据统计，因雷击放电而造成人体伤亡的距离均在1.5m以内，放电距离超过2m者，雷击事故几乎为零。有条件者，门窗可装金属网罩，以防球形雷电进入室内。在室内不宜穿潮湿的衣服和鞋帽，绝对不能使用太阳能、天然气或电淋浴器，雷电流可以通过水流传导而致人死亡。

**2. 建筑、设备防雷措施**

（1）接闪　接闪就是让在一定程度范围内出现的闪电放电不能任意地选择放电通道，而只能按照人们事先设计的防雷系统的规定通道，将雷电能量泄放到大地中去。人们常说的避雷针、避雷带、避雷线或避雷网都是接闪装置。

（2）接地　接地就是让已经流入防雷系统的闪电电流顺利流入大地，而不能让雷电能量集中在防雷系统的某处对被保护物体产生破坏作用，良好接地才能有效地泄放雷电能量，降低引下线上的电压，避免发生雷电反击。防雷接地是防雷系统中最基础的环节，也是防雷安装验收规范中最基本的安全要求。接地不好，所有防雷措施的防雷效果都不能发挥出来。

（3）均压　均压是为了彻底消除雷电引起的毁坏性的电位差，将电源线、信号线、金属管道等都通过过压保护器进行等电位连接。这样在闪电电流通过时，室内的所有设施立即形成一个“等电位岛”，保证导电部件之间不产生有害的电位差，不发生旁侧闪络放电。完善的等电位连接还可以防止闪电电流入地造成的地电位升高所产生的反击。

（4）屏蔽　屏蔽就是利用金属网、箔、壳或管子等导体把需要保护的对象包围起来，使雷电电磁脉冲波入侵的通道全部截断。所有的屏蔽套、壳等均需要接地。屏蔽是防止雷电电磁脉冲辐射对电子设备影响的最有效方法。

（5）分流（保护） 所谓分流就是在一切从室外来的导体（包括电力电源线、数据线、电话线或天馈线等信号线）与防雷接地装置或接地线之间并联一种适当的避雷器（SPD），当直击雷或雷击效应在线路上产生的过电压波沿这些导线进入室内或设备时，避雷器的电阻突然降到低值，近于短路状态，雷电电流就由此处分流入地了。分流是现代防雷技术迅猛发展的重点，是保护各种电子设备或电气系统的关键措施。

（6）躲避 当雷电发生时，关闭设备，拔掉电源插头，拔下网线，防止感应雷和雷电侵入波窜入室内电气设备。

## 习题

1. 触电是实验室常见事故之一，会造成实验人员人身伤害甚至死亡，因此防触电是实验安全基本要求。请简述实验室防触电的主要措施。

2. 简述实验室安全用电注意事项。

3. 电气火灾是实验室主要危险源，请简述电气火灾产生原因及防范措施。

4. 静电或对设备及人员构成重大危险，请简述静电特性及防范措施。

# 第四章
# 仪器设备安全使用

## 第一节 玻璃仪器的安全使用

### 一、玻璃仪器安全使用通则

玻璃仪器在实验过程中经常使用，由玻璃器具造成的事故很多，大多数为割伤和烫伤。为了防止这类事故的发生，必须充分了解玻璃的性质。

玻璃仪器按玻璃的性质不同可以简单地分为软质玻璃仪器和硬质玻璃仪器两类。软质玻璃承受温差的性能、硬度和耐腐蚀性都比较差，但透明度比较好，一般用来制造不需要加热的仪器。硬质玻璃是一种硼硅酸盐玻璃，其有良好的耐受温差变化的性能，用它制造的仪器可以直接加热。硬质玻璃的硬度较高，质脆，抗压力强但抗拉力弱，导热性差，稍有损伤或局部施加温差都易断裂或破碎，其裂纹呈贝壳状，像锋利的刀具一样危险。所以在使用玻璃仪器时容易出现意外破损，需采取适当的安全防范措施，将危险性降至最低。

① 剪切或加工玻璃管及玻璃棒时，必须戴防割伤手套。

② 玻璃管及玻璃棒的断面要用锉刀锉平或用喷灯熔融，使其断面圆滑，不易造成割伤，而后再使用。

③ 连接橡胶管和玻璃管，或将温度计插入橡胶塞时，先用水、甘油或润滑脂等润滑一下，边旋转边插入，如果感觉过紧可用锉刀等工具扩孔后再插。

④ 玻璃器具在使用前要仔细检查，避免使用有裂痕的仪器。特别用于减压、加压或加热操作的场合，更要认真进行检查。

⑤ 在组装烧瓶等实验装置时，不要过于用力，也要防止夹具拧得过紧使玻璃容器破损。

⑥ 加热和冷却时，要避免骤热、骤冷或局部加热。加热和冷却后的玻璃仪器不能用手直接触摸，以免烫伤和冻伤。

⑦ 不能在量筒内配制溶液，以免配制溶液产生的溶解热使容器破损。

⑧ 不能使用壁薄和平底的玻璃容器进行加压或抽真空实验。

⑨ 壁薄的玻璃容器在往台面上放置时要轻拿轻放，进行搅拌操作时避免局部过力。拿放较重的玻璃仪器时，要用双手。

⑩ 一般情况下，不允许给密闭的玻璃容器加热。

⑪ 打开封闭管或紧密塞着的容器时，因其有内压，可能会发生喷液或爆炸事故，应小心慢慢打开。

⑫ 洗涤烧杯、烧瓶时，不要局部勉强用力或冲击。

⑬ 玻璃碎片要及时清理并丢弃在指定的垃圾桶内。

## 二、常用玻璃装置安全操作规程

### 1. 试管

（1）用途

① 在常温或加热时，用作少量物质的反应容器；

② 盛放少量固体或液体，用于收集少量气体。

（2）注意事项

① 应用拇指、食指、中指三指握持试管上沿处，振荡时要腕动臂不动；

② 作反应容器时液体不超过试管容积的 1/2，加热时不超过 1/3；

③ 加热前试管外面要擦干，加热时要用试管夹夹住；

④ 加热液体时，管口不要对着人，并将试管倾斜于桌面呈 45°；

⑤ 加热固体时，管底应略高于管口。

### 2. 锥形瓶

（1）用途

① 加热液体；

② 作气体发生反应的反应器；

③ 在滴定和蒸馏实验中作液体接收器。

（2）注意事项

① 盛液不能过多；

② 滴定时，手动振荡或搅拌；

③ 加热时，需垫石棉网。

### 3. 试剂瓶

（1）用途

① 广口瓶用于存放固体药品，也可用来装配气体发生器；

② 细口瓶用于存放液体试剂。

（2）注意事项

① 不能加热，不能在瓶内配制溶液，磨口塞保持原配；

② 酸性药品、具有氧化性的药品、有机溶剂要用玻璃塞，碱性剂要用橡胶塞；

③ 对见光易变质的药品要用棕色瓶。

### 4. 滴瓶

（1）用途　滴瓶是实验时盛装需按滴数加入的液体的容器，与胶头滴管配套使用。

（2）注意事项

① 使用时胶头在上，管口在下；

② 滴管管口不能深入受滴容器；

③ 滴管用过后应立即洗涤干净并插在洁净的试剂瓶内，未经洗涤的滴管严禁吸取其他试剂；

④ 滴瓶上的滴管必须与滴瓶配套使用。

**5. 量筒**

（1）操作规程

① 量筒是用于度量液体体积的量器；

② 量筒倾斜握在手中，另一只手将待测液体倒入量筒内，视线与凹液面最低处相平齐。

（2）注意事项

① 量筒不能加热，不能用作反应容器；

② 不能在其中溶解物质，不能用于稀释和混合液体。

**6. 烧杯**

（1）用途

① 常温或加热条件下作大量物质的反应容器；

② 配制溶液使用。

（2）注意事项

① 反应体积不得超过烧杯容量的三分之二；

② 加热前将烧杯外壁擦干，烧杯底垫石棉网。

**7. 酒精灯**

酒精灯是实验室常用的加热源，其操作规程如下：

① 加入的乙醇以灯的容积的 1/2～2/3 为宜，使用时用漏斗添加乙醇；

② 用火柴点燃，绝对不能用燃着的酒精灯去点燃另一酒精灯；

③ 熄灭时要用酒精灯灯盖盖灭，不可以用嘴吹灭。

**8. 三角漏斗**

三角漏斗用来过滤液体或向容器内倾倒液体，过滤操作规程如下：

①“一贴”：用水润湿后的滤纸紧贴漏斗壁。

②“二低”：a. 滤纸边缘稍低于漏斗边缘；
b. 滤液液面稍低于滤纸边缘。

③“三靠”：a. 玻璃棒紧靠三层滤纸边；
b. 烧杯紧靠玻璃棒；
c. 漏斗末端紧靠烧杯内壁。

**9. 玻璃棒**

其用途如下。

① 溶解：用玻璃棒搅拌，加速物质的溶解速度。

② 过滤：使过滤液体沿玻璃棒流进漏斗中。

③ 蒸发：用玻璃棒不断搅拌液体，防止局部温度过高，造成液滴飞溅。

④ 测定溶液 pH 值：用玻璃棒蘸取待测溶液，将其沾在 pH 试纸上，显色后与标准比色卡对照。

**10. 布氏漏斗**

布氏漏斗是一种用于减压过滤的瓷质仪器，其操作规程如下：

① 漏斗底部平放一张比漏斗内径略小的圆形滤纸，并用蒸馏水润湿；

② 漏斗颈的斜口要面向抽滤瓶的抽滤嘴；

③ 抽滤过程中，若漏斗内沉淀物产生裂纹，要用玻璃棒压紧消除；

④ 滤液不能超过抽气嘴，抽滤结束时，切勿先关真空泵，应先撤掉真空管，以免发生倒吸。

**11. 分液漏斗**

（1）用途

用于互不相溶的液-液分离。

（2）注意事项

① 不能加热，磨口旋塞必须是原配；

② 使用前必须查漏；

③ 塞上涂一薄层凡士林，旋塞处不能漏液；

④ 分液时，下层液体从漏斗管流出，上层液体从上倒出。

**12. 酸、碱式滴定管**

滴定管一般分为两种，酸式滴定管和碱式滴定管。酸式滴定管又称具塞滴定管，它的下端有玻璃旋塞开关，用来装酸性溶液、氧化性溶液及盐类溶液，不能装碱性溶液如 NaOH 溶液等。

碱式滴定管又称无塞滴定管，它的下端有一根橡胶管，中间有一个玻璃珠，用来控制溶液的流速，它用来装碱性溶液与无氧化性溶液，凡可与橡胶管起反应的溶液均不可装入碱式滴定管中，如 $KMnO_4$ 溶液、碘液等。

（1）操作规程

① 检查试漏。先检查旋塞转动是否灵活，是否漏水。

先关闭旋塞，将滴定管充满水，用滤纸在旋塞周围和管尖处检查；然后将旋塞旋转 180°，直立 2min，再用滤纸检查。如漏水，酸式滴定管涂凡士林。碱式滴定管使用前应先检查橡胶管是否老化，检查玻璃珠是否大小适当，若有问题，应及时更换。

② 滴定管的洗涤。滴定管使用前必须先洗涤，洗涤时以不损伤内壁为原则。酸式滴定管洗涤前，关闭旋塞，倒入约 10mL 洗液，打开旋塞，放出少量洗液洗涤管尖，然后边转动边向管口倾斜，使洗液布满全管。最后从管口放出（也可用铬酸洗液浸洗）。然后用自来水冲净再用蒸馏水洗三次，每次 10～15mL。

碱式滴定管的洗涤方法与酸式滴定管不同，碱式滴定管可以将管尖胶管与玻璃珠取下放入洗液浸洗。管体倒立入洗液中，用洗耳球将洗液吸上洗涤。

③ 润洗。滴定管在使用前还必须用操作溶液润洗三次，每次 5～10mL，润洗液倒入废液缸中。

④ 装液排气泡。酸式滴定管洗涤后再将滴定液注入至零线以上，检查活塞周围是否有气泡。若有，开大活塞使溶液冲出，排出气泡。滴定液装入必须直接注入，不能使用漏斗或

其他器皿辅助。

碱式滴定管排气泡的方法：将碱式滴定管管体竖直，左手拇指捏住玻璃珠，使橡胶管弯曲，管尖斜向上约45°，挤压玻璃珠处胶管，使溶液冲出，以排除气泡。

⑤ 读数。放出溶液后（装满或滴定完后）需等待1～2min方可读数，读数时，将滴定管从滴定管架上取下，左手捏住上部无液处，保持滴定管垂直。视线与弯月面最低点刻度水平线相切。视线若在弯月面上方，读数就会偏高；若在弯月面下方，读数就会偏低。若为有色溶液，其弯月面不够清晰，则读取液面最高点。

（2）使用方法

① 滴定操作。

酸式滴定管操作方法：滴定时，应将滴定管垂直地夹在滴定管夹上，滴定台应呈白色。滴定管离锥形瓶口约1cm，用左手控制旋塞，拇指在前，食指中指在后，无名指和小指弯曲在滴定管和旋塞下方之间的直角中。转动旋塞时，手指弯曲、手掌要空，右手三指拿住瓶颈。瓶底离台2～3cm，滴定管下端深入瓶口约1cm，微动右手腕关节摇动锥形瓶，边滴边摇使滴下的溶液混合均匀。摇动锥形瓶的规范方式为：右手执锥形瓶颈部，手腕用力使瓶底沿顺时针方向画圆，要求使溶液在锥形瓶内均匀旋转，形成漩涡，溶液不能有跳动；管口与锥形瓶应无接触。

碱式滴定管操作方法：滴定时，以左手握住滴定管，拇指在前，食指在后，用其他指头辅助固定管尖，用拇指和食指捏住玻璃珠所在部位，向前挤压胶管，使玻璃珠偏向手心，溶液就可以从空隙中流出。

② 滴定速度。液体流速由快到慢，起初可以“连滴成线”，之后逐滴滴下，快到终点时则要半滴半滴地加入。半滴的加入方法是：小心放下半滴滴定液悬于管口，用锥形瓶内壁靠下，然后用洗瓶冲下。

③ 终点操作。当锥形瓶内指示剂指示终点时，立刻关闭活塞停止滴定。取下滴定管，右手执管上部无液部分，使管垂直，目光与液面平齐，读出读数，读数时应估读一位，滴定结束，滴定管内剩余溶液应倒入废液缸中，洗净滴定管，收好备用。

（3）注意事项

① 滴定时，左手不允许离开活塞，放任溶液自己流下。

② 滴定时目光应集中在锥形瓶内的颜色变化上，不要去注视刻度变化，而忽略反应的进行。

③ 一般每个样品要平行滴定三次，每次均从零线开始，每次均应及时记录在实验记录表格上，不允许记录到其他地方。

④ 使用碱式滴定管的注意事项有：

a. 用力方向要平，以避免玻璃珠上下移动；

b. 不要捏到玻璃珠下侧部分，否则有可能使空气进入管尖形成气泡；

c. 挤压胶管过程中不可过分用力，以避免溶液流出过快。

⑤ 滴定也可在烧杯中进行，方法同上，但要用玻璃棒或电磁搅拌器搅拌。

**13. 移液管**

（1）操作规程

① 检查移液管的容量、端口、刻度线位置；

② 用纯净水和待测溶液各清洗移液管3次后使用；

③ 吸取溶液至刻度线以上约 5mm，立即用右手的食指按住管口；

④ 略微放松食指（有时可微微转动吸管）使管内溶液慢慢从下口流出，直至溶液的弯月面底部与标线相切为止，然后立即用食指压紧管口；

⑤ 将移液管小心地移入承接溶液的容器内，将移液管直立，承接容器倾斜 30°～45°，移液管尖端紧靠容器内壁，放开食指，让溶液沿内壁自然流下，溶液下降至管尖时，再保持放液姿态停留 15s 后，再将移液管移去。

（2）注意事项

① 若移液管管身标有“吹”字的，在溶液自然流下，流至尖端不流时，随即用洗耳球将残留溶液吹出；

② 吸出的溶液不能流回原瓶，以防稀释溶液；

③ 在移动移液管时，应将移液管保持垂直，不能倾斜。

**14. 容量瓶**

（1）操作规程

① 使用前检查容量瓶。检查容量瓶和瓶塞的完好性，尤其是磨口处是否有破损。

② 要将瓶塞与瓶体用线连好。

③ 要检查标线是否离瓶口太近。

④ 试漏，在瓶中放水到标线附近，塞紧瓶塞，使其倒立 2min，用干滤纸片沿瓶口缝处检查，看有无水珠渗出。如果不漏，再把塞子旋转 180°，塞紧，倒置，试验这个方向有无渗漏。

以 0.1mol/L $Na_2CO_3$ 溶液 500mL 为例说明溶液的配制过程：

a. 计算：$Na_2CO_3$ 物质的量为 0.1mol/L×0.5L＝0.05mol，$Na_2CO_3$ 摩尔质量为 106g/mol，则 $Na_2CO_3$ 质量为 0.05mol×106g/mol＝5.3g。

b. 称量：用分析天平称量 5.300g，注意分析天平的使用。

c. 溶解：在烧杯中用 100mL 蒸馏水使之完全溶解，并用玻璃棒搅拌。

d. 转移、洗涤：把溶解好的溶液移入 500mL 容量瓶，由于容量瓶瓶口较细，为避免溶液洒出，同时不要让溶液在刻度线上面沿瓶壁流下，用玻璃棒引流。为保证溶质尽可能全部转移到容量瓶中，应该用蒸馏水洗涤烧杯和玻璃棒三次，并将每次洗涤后的溶液都注入容量瓶中。轻轻振荡容量瓶，使溶液充分混合。

e. 定容：加水到接近刻度线 1～2cm 时，改用胶头滴管加蒸馏水到刻度线。定容时要注意溶液凹液面的最低处和刻度线相切，眼睛视线与刻度线呈水平，不能俯视或仰视，否则都会造成误差。

f. 摇匀：定容后的溶液浓度不均匀，要把容量瓶瓶塞塞紧，用食指顶住瓶塞，用另一只手的手指托住瓶底，把容量瓶倒转和摇动多次，使溶液混合均匀。

g. 贴标签：把配制好的溶液倒入试剂瓶中，盖上瓶塞，贴上标签。

（2）注意事项

① 使用前切记查漏；

② 禁止用容量瓶进行溶解操作；

③ 不可装冷或热的液体，可装常温液体（20℃左右）；

④ 使用玻璃棒进行引流，切勿直接向容量瓶中倾倒液体；

⑤ 溶解用的烧杯和搅拌用的玻璃棒都要在转移后洗涤两三次；

⑥ 加水接近刻度线时改用胶头滴管进行定容。

**15. 抽滤瓶**

（1）抽滤操作规程

① 在组装仪器的时候，一定要先检查一下漏斗和抽滤瓶的中间的气密性，不要出现漏气情况；

② 修剪滤纸让滤纸能把漏斗所有的孔洞都盖住，开启一下抽气阀门观察滤纸和漏斗是不是紧密贴合；

③ 检查一下抽气泵的开关，往里面倒入混合物，进行抽滤，滤液直接通过漏斗的缝隙流下来。

（2）注意事项

① 漏斗下方斜口要正对着吸滤瓶的管口，抽干后拔掉橡胶管，把沉淀物倒干净；

② 要保证滤纸和漏斗充分贴合；

③ 一定要保证仪器的气密性。

**16. 冷凝管**

（1）操作规程　冷凝管的内管两端有驳口，可连接实验装置的其他设备，让较热的气体流经内管而冷凝。外管则通常在两旁有一上一下的开口，接驳运载冷却物质（如水）的塑胶管。使用时，外管的下开口通常接水龙头，使水在冷凝管中由下向上流动，以达到较大的冷却功效，主要用于装配冷凝装置或有机物制备中的回流装置。

（2）注意事项

① 冷却水低端进高端出，水与蒸气逆流，使冷凝管末端温度最低，使蒸气充分冷凝；

② 直接用空气冷凝管作冷凝的也比较常见，如实验室制硝基苯、制溴苯、制酚醛树脂等实验。

**17. 烧瓶**

（1）操作规程

① 应放在电热套上加热，使其受热均匀，加热时，烧瓶外壁应无水滴；

② 平底烧瓶不能长时间加热；

③ 不加热时，若用平底烧瓶作反应容器，无需用铁架台固定。

（2）注意事项

① 注入的液体不超过其容积的 2/3，不少于其体积的 1/3；

② 加热时使用电热套，使均匀受热；

③ 蒸馏或分馏要与胶塞、导管、冷凝器等配套使用。

**18. 称量瓶**

（1）操作规程

① 称量样品：取称量瓶，称定质量后，打开磨口盖，加入所需称量样品，盖上磨口盖，称量总质量，总质量减去称量瓶质量即得样品质量。

② 干燥时失重、水分测定：取恒重后的称量瓶，打开磨口盖，加入规定量的样品，放至恒温干燥箱中，按规定干燥至恒重或连续两次称量之差小于 5mg，取出并将磨口盖盖上，

放置于干燥器中，放冷至室温、称定质量。由干燥前后称量结果计算即得水分含量。

③ 使用完毕后，清洗干净，干燥备用。

（2）注意事项

① 称量瓶使用前应洗净烘干，不用时应洗净，在磨口处垫一小纸，以方便打开盖子。

② 称量瓶的盖子是磨口配套的，不得丢失、弄乱。

③ 干燥时温度不能太高，否则易造成破裂。

④ 使用和清洗时应小心轻放。

**19. 表面皿**

（1）操作规程

① 如作气室鉴定时，将两片表面皿，利用磨成的平面合成气室，用一张试剂浸湿的试纸，贴附在上面的一片表面皿上，被鉴定的化合物放在下面的一片表面皿上，必要时加温，观察反应中生成的气体，从试剂的颜色改变来鉴定气体；

② 如观察白色沉淀或混浊物时，可在表面皿底壁放一张黑纸，则白色生成物便可清晰可见；

③ 如作各种仪器盖子，只要利用它的弧形放在仪器口上，放稳即可，但要注意按仪器的口径选择表面皿；

④ 如作烧杯盖子，按烧杯容量选用不同直径的表面皿。

（2）注意事项

① 先将表面皿洗净、烘干才能使用；

② 表面皿的用途很广，但无论结合何种仪器使用，均要按照各种仪器的使用方法使用。

**20. 量杯**

（1）操作规程

① 量取液体时应在室温下进行；

② 读数时，视线应与凹液面最低点水平相切；

③ 不能选择比量取体积过大的量杯，否则会造成误差过大；如量取 15mL 的液体，应选用容量为 20mL 的量杯，不能选用容量为 50mL 或 100mL 的量杯。

（2）注意事项

① 不能加热，也不能盛装热溶液，以免炸裂；

② 不能用量杯配制溶液或进行化学反应。

## 三、几种特殊玻璃仪器的使用注意事项

### 1. 玻璃反应釜

玻璃反应釜（图 4-1）抗酸腐蚀性能优良，一般用作反应器或储罐，绝大部分在有机酸介质条件下使用，其安全使用事项如下。

① 在玻璃反应釜中进行不同介质的反应，应首先查清介质对主体材料有无腐蚀。

② 装入的反应介质液面应不超过釜体三分之二。

③ 安装时将爆破泄放口通过管路连接到室外。

④ 每次开机时，要求任何按钮都应在初始状态。在每次工作完毕后将旋钮旋回最小位

置，防止下次开机时电流太大对控制仪造成大的损坏。

⑤ 运转时如隔离套内部有异常声响，应停机放压，检查搅拌系统有无异常情况。定期检查搅拌轴的摆动量，如摆动量太大，应及时更换轴承或滑动轴套。

⑥ 夹套导热油加热，在加导热油时注意勿将水或其他液体掺入当中，应不定期地检查导热油的油位。

⑦ 定期对各种仪表及爆破泄放装置进行检测，以保证其准确可靠地工作，设备的工作环境应符合安全技术规范要求。

⑧ 工作时或结束时，严禁带压拆卸。严禁在超压、超温的情况下工作。在工作的状态下打开观察窗观察釜内介质的反应变化情况，应短时间快速观察，观察完毕后迅速将观察窗关闭。

⑨ 反应釜长期停用时，釜内外要清洗擦净，不得有水及其他物料，并存放在清洁干燥无腐蚀的地方。

**2. 旋转蒸发仪**

旋转蒸发仪见图 4-2。其安全使用事项如下。

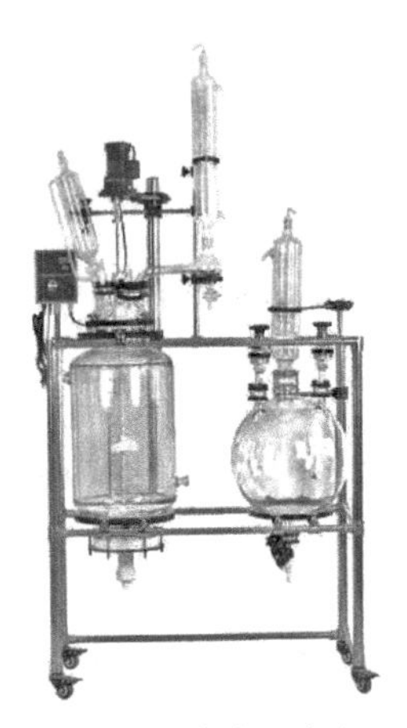

图 4-1　玻璃反应釜

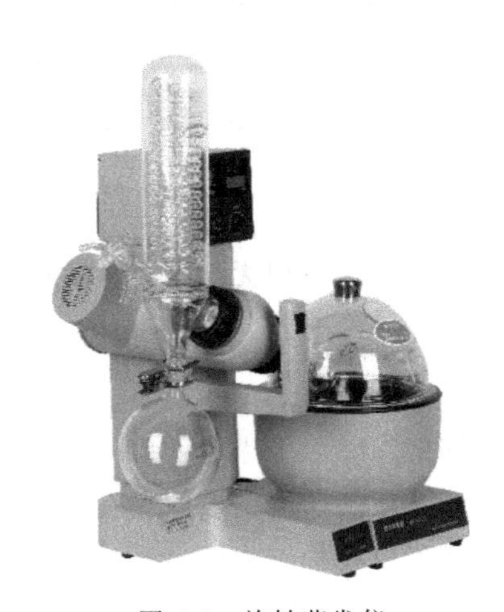

图 4-2　旋转蒸发仪

① 各接口、密封面、密封圈以及接头安装前，都需要涂一层真空脂。

② 加热槽通电前必须加水，不允许无水干烧。

③ 蒸馏瓶内溶液不宜超过容量的 50%。贵重溶液应先做模拟试验，确认本仪器适用后再转入正常使用。

④ 如果真空度太低，应注意检查各接头、真空管和玻璃瓶的气密性。

⑤ 使用时要先抽至低真空（约至 0.03MPa）再开旋转，以防蒸馏烧瓶滑落；停止时，先停旋转，手扶蒸馏烧瓶，通大气，待真空度降到 0.004MPa 左右再停真空泵，以防蒸馏瓶脱落及溶液倒吸。

⑥ 根据溶剂设定水浴温度，如溶剂沸点 80℃，则水浴可设定为 50～55℃，不确定时一定要有人在场，以便在发生暴沸时进行减压。

⑦ 蒸馏完毕，先停止旋转，通大气，不能直接关闭真空泵，要打开加料管旋塞，解除内部压力，同时托住蒸馏瓶。然后关真空泵，最后取下蒸馏烧瓶。

⑧ 旋蒸对空气敏感的物质时，需要在排气口接上氮气球，先通一阵氮气，排出旋蒸仪内空气，再接上样品瓶旋蒸。蒸馏完毕，放氮气升压，再关泵，然后取下样品瓶封好。

⑨ 如果样品黏度比较大，应放慢旋转速度，最好手动缓慢旋转，以能形成新的液面，利于溶剂蒸出。

**3. 石英纯水蒸馏器**

石英纯水蒸馏器见图 4-3。其安全使用事项如下。

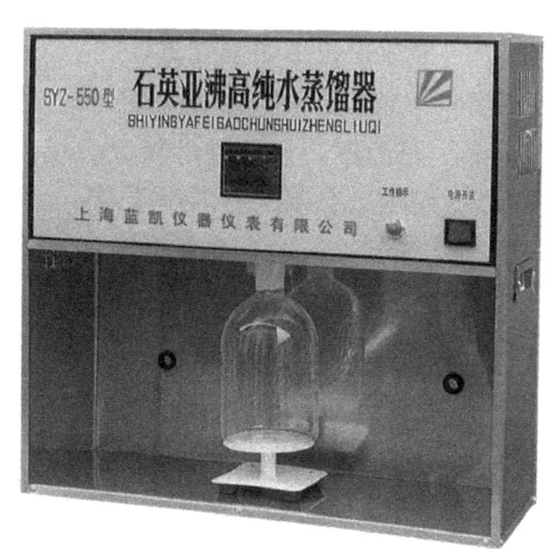


图 4-3　石英纯水蒸馏器

① 使用前观察水位器、两个干簧水位器和三个冷凝管的气孔是否畅通。

② 干簧电线（蓝线）、温度控制器（红线）为仪器保护装置，不能随意挪动。

③ 必须注意烧瓶内水位的控制。横式烧瓶中的水位应在二分之一左右，水位应浸没石英加热管；在任何情况下，烧瓶内水不允许放净。

④ 使用过程中多观察仪器状态，出现异常情况，如噪声过大、横式烧瓶水位接近石英加热管、仪器长时间（10min 以上）不产纯水等，应及时关机。

⑤ 仪器工作时，不要触摸玻璃部分，以免烫伤。

## 第二节　高温设备的安全使用

在化学实验中，使用高温或低温装置的情况很多，并且还常常与高压、低压等严酷的操作条件组合。在这样的条件下进行实验，如果操作错误，除发生烧伤、冻伤等事故外，还会引起火灾或爆炸之类的危险。因此，操作时必须十分谨慎。

使用高温装置的一般事项包括如下几点。

① 注意防护高温对人体的辐射。

② 熟悉高温装置的使用方法，并细心地进行操作。

③ 使用高温装置的实验，要求在防火建筑内或配备有防火设施的室内进行，并保持室内通风良好。

④ 按照实验性质，配备最合适的灭火设备，如粉末、泡沫或二氧化碳灭火器等。

⑤ 不得已必须将高温炉之类高温装置置于耐热性差的实验台上进行实验时，装置与台面之间要保留 1cm 以上的间隙，以防台面着火。

⑥ 按照操作温度的不同，选用合适的容器材料和耐火材料。但是，选定时亦要考虑到所要求的操作气氛及接触的物质之性质。

⑦ 高温实验禁止接触水。如果在高温物体中一旦混入水，水即急剧汽化，发生所谓水蒸气爆炸。高温物质落入水中时，也同样产生大量爆炸性的水蒸气而四处飞溅。

使用高温装置时的人体安全防护知识包括如下几点：

① 常要预计到衣服有被烧着的可能。因而，要选用能简便脱除的服装。

② 要使用干燥的手套。如果手套潮湿，导热性即增大。同时，手套中的水分汽化变成水蒸气会有烫伤手的危险，故最好用难于吸水的材料做手套。

③ 需要长时间注视赤热物质或高温火焰时，要戴防护眼镜。使用视野清晰的绿色防护眼镜比用深色的好。

④ 对发出很强紫外线的等离子流焰及乙炔焰的热源，除使用防护面具保护眼睛外，还要注意保护皮肤。

⑤ 处理熔融金属或熔融盐等高温流体时，还要穿上皮靴之类的防护鞋。

## 一、箱式高温炉

箱式高温炉（图 4-4）是实验室常用的加热设备。使用时要注意如下方面：

① 高温炉要放在牢固的水泥台上，周围不应放有易燃易爆物品，更不允许在炉内灼烧有爆炸危险的物体。

② 高温炉要接有良好的地线，其电阻应小于 5Ω。

③ 使用时切勿超过箱式高温炉的最高温度。

④ 装取试样时一定要切断电源，以防触电。

⑤ 装取试样时炉门开启时间应尽量短，以延长电炉使用寿命。

⑥ 不得将沾有水和油的试样放入炉腔，不得用沾有水和油的夹子装取试样。

⑦ 一般根据升温曲线设定升温步骤。手动升温时，注意观察电流值，不可过大。

图 4-4　箱式高温炉

⑧ 对以硅碳棒、硅碳管为发热元件的高温炉，与发热元件连接的导线接头接触要良好，发现接头处出现“电焊花”或有嘶嘶声时，要立即停炉检修。

⑨ 不得随便触摸电炉及炉内的试样。

## 二、马弗炉

马弗炉（图 4-5）是一种通用的加热设备，常用于实验室和工业生产中。使用时应注意如下方面：

① 马弗炉应放于坚固、平稳、不导电的平台上。通电前，先检查马弗炉电气性能是否完好，接地线是否良好，并注意是否有断电或漏电现象。

② 使用温度不得超过马弗炉最高使用温度上限。

③ 灼烧沉淀时，按沉淀性质所要求的温度进行，不得随便超过。

④ 保持炉膛清洁，及时清除炉内氧化物之类的杂物；熔融碱性物质时，应防止熔融物外溢，以免污染炉膛；炉膛内应垫一层石棉板，以减少坩埚的磨损及防止炉膛污染。

⑤ 热电偶不要在高温状态或使用过程中拔出或插入，以防外套管炸裂。

⑥ 不得长时间连续使用。

⑦ 要保持炉外清洁、干燥；炉子周围不要放置易燃易爆及腐蚀性物品。

⑧ 禁止向炉膛内灌注各种液体及易溶解的金属。

⑨ 不用时应开门散热，并切断电源。

⑩ 马弗炉内热电偶的指示温度，应作定期校正。

图 4-5 马弗炉

## 三、加热浴

### 1. 水浴

当加热的温度不超过 100℃时，使用水浴（图 4-6）加热较为方便。但是必须指出：当用到金属钾、钠的操作以及无水操作时，决不能在水浴上进行，否则会引起火灾。

使用水浴时勿使容器触及水浴器壁和底部，防止局部受热。

由于水浴的不断蒸发，适当时要添加热水，使水浴中的水面经常保持稍高于容器内的液面。

图 4-6　水浴锅

**2. 油浴**

当加热温度在 100～200℃时，宜使用油浴（图 4-7），优点是反应物受热均匀，反应物的温度一般低于油浴温度 20℃左右。常用油浴的使用注意事项有如下几点：

图 4-7　油浴锅

① 甘油，可以加热到 140～150℃，温度过高时则会炭化。

② 植物油如菜油、花生油等，可以加热到 220℃，常加入 1%的对苯二酚等抗氧化剂，便于久用。若温度过高会分解，达到闪点时可能燃烧起来，所以使用时要小心。

③ 石蜡油，可以加热到 200℃左右，温度稍高并不分解，但较易燃烧。

④ 硅油，在 250℃时仍较稳定，透明度好，安全，是目前实验室中较为常用的油浴之一，但其价格较贵。

使用油浴加热时要特别小心，防止着火，当油浴受热冒烟时，应立即停止加热，油浴中应挂温度计观察油浴的温度和有无过热现象，同时便于调节控制温度，温度不能过高，否则受热后有溢出的危险。

使用油浴时要竭力防止产生可能引起油浴燃烧的因素。

加热完毕取出反应容器时，仍用铁夹夹住反应器离开油浴液面悬置片刻，待容器壁上附着的油滴完后，再用纸片或干布擦干器壁。

**3. 砂浴**

一般用铁盆装干燥的细海砂（或河砂），把反应器埋在砂中，特别适用于加热温度在 220℃以上者，见图 4-8。

图 4-8　砂浴锅

但砂浴传热慢，升温较慢，且不易控制。因此，砂层要薄一些，砂浴中应插入温度计，温度计水银球要靠近反应器。

**4. 电热套**

电热套是用玻璃纤维包裹着电热丝织成帽状的加热器（见图 4-9），由于不是使用明火，因此不易着火，并且热效应高，加热温度用调压变压器控制，最高温度可达 400℃左右，是有机实验室中常用的一种简便、安全的加热装置。需要强调的是，如果易燃液体（如酒精、乙醚等）洒在电热套上，有引起火灾的危险。

图 4-9　电热套

图 4-10　烘箱

## 四、烘箱

烘箱（图 4-10）使用需要注意以下事项：

① 烘箱应安放在室内干燥和水平处，防止振动和腐蚀。

② 要注意安全用电，根据烘箱耗电功率安装足够容量的电源闸刀，适宜的电源导线，并应有良好的接地线。

③ 禁止烘易燃、易爆、易挥发及有腐蚀性的物品，或者用酒精、丙酮淋洗过的玻璃仪器。

④ 在加热和恒温的过程中必须将鼓风烘箱的风机开启，否则会影响工作室温度的均匀性并且会损坏加热元件。

⑤ 烘箱在使用时，温度切勿超过烘箱的最高使用温度。工作完毕后应及时切断电源，且保持烘箱内外干净。

⑥ 电热烘箱一般只能用于烘干玻璃、金属容器和在加热过程中不分解、无腐蚀性的样品。

# 第三节　低温装置的安全使用

在低温操作的实验中，作为获得低温的手段，有采用冷冻机和使用适当的冷冻剂两种方法。如，将冰与食盐或氯化钙等混合构成的冷冻剂，大约可以冷却到－20℃的低温，且没有大的危险性。但是，采用－70～－80℃的干冰冷冻剂以及－180～－200℃的低温液化气体时，则有相当大的危险性。因此，操作时必须十分注意。

## 一、冷冻机

使用冷冻机应注意的事项包括如下几点：

① 操作室内，禁止存放易燃易爆等化学危险品，并严禁烟火。

② 冷冻系统所用阀门、仪表、安全装置必须齐全，并定期校正，保证经常处于灵敏准确状态，水、油、氨管道必须畅通，不得有漏氨、漏水、漏油现象。

③ 机器在运行中，操作者应经常观察各压力表、温度表、氨液面、冷却水情况，并听机器运转声音是否正常。

④ 机器运转中，不准擦拭、抚摸运转部位和调整紧固承受压力的零件。

⑤ 机器运转过程中，发现严重缺水或特别情况时，应采取紧急停车。立即按下停止按钮，迅速将高压阀关闭，然后关上吸气阀、节流阀，15min 后停止冷却水，并立即找有关人员检查处理。

## 二、低温液体容器

低温液体定义为正常沸点在－150℃以下的液体。氩、氦、氢、氮和氧等都是在低温以液体状态运输、操作和储存的最常用的工业气体。

### 1. 低温液体的潜在危险

所有低温液体都可能涉及来自下列性质的潜在危险：

① 所有低温液体的温度都极低。低温液体和它们的蒸气能够迅速冷冻人体组织，而且能导致许多常用材料，如碳素钢、橡胶和塑料变脆甚至在压力下破裂。容器和管道中的温度在等于或低于液化空气沸点（－194℃）的低温时能够浓缩周围的空气，导致局部的富氧空气。极低温液体，如氢和氦甚至能冷冻或凝固周围空气。

② 所有低温液体在蒸发时都会产生大量的气体。例如，在 101325Pa 下，单位体积的液态氮在 20℃时蒸发成 694 个单位体积的氮气。如果这些液体在密封容器内蒸发，它们会产生能够使容器破裂的巨大压力。

③ 除了氧以外，在封闭区域内的低温液体会通过取代空气导致窒息。在封闭区域内的液氧蒸发会导致氧富集，能支持和大大加速其他材料的燃烧，如果存在火源，会导致起火。

### 2. 使用液化气体及液化气体容器的注意事项

① 操作必须熟练，一般要由二人以上进行实验。初次使用时，必须在有经验人员的指导下一起进行操作。

② 一定要穿防护衣，戴防护面具或防护眼镜，并戴皮手套等防护用具，以免液化气体直接接触皮肤、眼睛或手脚等部位。

③ 使用液态气体时，液态气体经过减压阀应先进入一个耐压的大橡皮袋和气体缓冲瓶，

再由此进入要使用的仪器，这样防止液态气体因减压突然沸腾汽化、压力猛增而发生爆炸的危险。

④ 使用液化气体的实验室，要保持通风良好。实验的附属用品要固定。

⑤ 液化气体的容器要放在没有阳光照射、通风良好的地点。

⑥ 处理液化气体容器时，要轻拿轻放。

⑦ 装冷冻剂的容器，特别是真空玻璃瓶，新的时候容易破裂。所以要注意，不要把脸靠近容器的正上方。

⑧ 发生严重冻伤时，要请专业医生治疗。

⑨ 如果实验人员窒息了，要立刻把他移到空气新鲜的地方进行人工呼吸，并迅速找医生抢救。

⑩ 由于发生事故而引起液化气体大量汽化时，要采取与相应的高压气体场合的相同措施进行处理。

**3. 使用不同低温液化气体的注意事项**

① 使用液态氧时，绝对不允许与有机化合物接触，以防燃烧。

② 使用液态氢时，对已汽化放出的氢气必须极为谨慎地把它燃烧掉或放入高空，因在空气中含有少量氢气（约 5%）也会发生猛烈爆炸。

③ 使用干冰时，因二氧化碳在钢瓶中是液体，使用时先在钢瓶出口处接一个既保温又透气的棉布袋，将液态二氧化碳迅速而大量地放出时，因压力降低，二氧化碳在棉布袋中结干冰，然后再与其他液体混合使用。

干冰与某些物质混合，即能得到－60～－80℃的低温。但是，与其混合的大多数物质为丙酮、乙醇之类的有机溶剂，因而要求有防火的安全措施。并且，使用时若不小心，用手摸到用干冰冷冻剂冷却的容器时，往往皮肤被粘冻于容器上而不能脱落，从而引起冻伤。

④ 充氨操作时应将氨瓶放置在充氨平台上，氨瓶嘴与充氨管接头连接时，必须垫好密封垫，接好后，检查有无漏氨现象，打开或关闭氨瓶阀门时，必须先打开或关闭输氨总阀。充氨量应不超过充氨容积的 80%。冷冻机房必须配备氨用防毒面具，以备氨泄漏时使用。

事故案例：在使用液化空气过程中，不慎洒出沾到衣服上，当其蒸发汽化后，靠近火源时即着火而引起严重烧伤，这是由于液氧残留在衣服里之故。

## 第四节　高能高速装置的安全使用

### 一、激光器

激光器能放出强大的激光光线（可干涉性光线），所以若用眼睛直接观看，会烧坏视网膜，甚至会失明，同时还有被烧伤的危险。

使用激光器一般应注意的事项包括如下几条：

① 使用激光器时，必须戴防护眼镜。

② 要防止意料不到的反射光射入眼睛。因而，要十分注意射出光线的方向，并同时查明确实没有反射壁面之类东西存在。

③ 最好把整个激光装置都覆盖起来。

④ 对放出强大激光光线的装置，要配备捕集光线的捕集器。

⑤ 因为激光装置使用高压电源，操作时必须加以注意。

## 二、微波设备

微波炉使用时的注意事项包括如下几条：

① 当操作微波炉时，请勿于门缝置入任何物品，特别是金属物体。

② 不要在炉内烘干布类、纸制品类，因其含有容易引起电弧和着火的杂质。

③ 微波炉工作时，切勿贴近炉门或从门缝观看，以防止微波辐射损坏眼睛。

④ 切勿使用密封的容器于微波炉内，以防容器爆炸。

⑤ 如果炉内着火，请紧闭炉门，并按停止键，再关掉计时，然后拔下电源。

⑥ 经常清洁炉内，使用温和洗涤液清洁炉门及绝缘孔网，切勿使用具腐蚀性清洁剂。

## 三、X 射线发生装置

有 X 射线发生装置的仪器包括 X 射线衍射仪、X 射线荧光分析仪等。长期反复接受 X 射线照射，会导致疲倦、记忆力减退、头痛、白细胞降低等。一般防护的方法就是避免身体各部位（尤其是头部）直接受到 X 射线照射，操作时要注意屏蔽，屏蔽物常用铅玻璃。

X 射线室的一般注意事项包括如下几条：

① 在 X 射线室入口的门上，必须标明安置的机器名称及其额定输出功率。

② 对每周超出 30mrem（$1rem=10^{-2}Sv$）照射剂量的危险区域（管理区域），必须做出明确的标志。

③ 在 X 射线室外的走廊里，安装表明 X 射线装置正在使用的红灯标志。当使用 X 射线装置时，即把红灯拨亮。

④ 从 X 射线装置出口射出的 X 射线很强（通常为 105R/min，$1R=2.58\times10^{-4}C/kg$），因此，要注意防止在该处直接被照射。并且，确定 X 射线射出口的方向时，要选择向着没有人居住或出入的区域。

⑤ 尽管对 X 射线装置充分加以屏蔽，但要完全防止 X 射线泄漏或散射是很困难的。必须经常检测工作地点 X 射线的剂量，发现泄漏时，要及时遮盖。

⑥ 需要调整 X 射线束的方向或试样的位置以及进行其他的特殊实验时，必须取得 X 射线装置负责人的许可，并遵照其指示进行操作。

⑦ 使用 X 射线的人员要按照实验的要求，穿上防护衣及戴上防护眼镜等适当的防护用具。

⑧ 使用 X 射线的人员，要定期进行健康检查。

## 四、高速离心机

目前，化学实验室常用的高速离心机是电动离心机。电动离心机转动速度快，要注意安全，特别要防止在离心机运转期间，因不平衡或试管垫老化，而使离心机边工作边移动，以致从实验台上掉下来，或因盖子未盖，离心管因振动而破裂后，玻璃碎片旋转飞出，造成事故。因此使用离心机时，必须注意以下操作：

① 离心机套管底部要垫棉花。

② 电动离心机如有噪声或机身振动时，应立即切断电源，及时排除故障。

③ 离心管必须对称放入套管中，防止机身振动，若只有一支样品管，另外一支要用等质量的水代替。

④ 应盖上离心机顶盖后，方可慢慢启动离心机。

⑤ 分离结束后，先关闭离心机，在离心机停止转动后，方可打开离心机盖，再取出样品，不可用外力强制其停止运动。

# 第五节　高压装置的安全使用

高压装置一般包括高压发生源（气体压缩机、高压气体容器）和高压反应器（高压釜、各种合成反应管），有时也指由压力计、高压阀、安全阀、电热器及搅拌器等附属器械构成的一个整体。高压装置一旦发生破裂，碎片即以高速飞出，同时急剧地冲出气体而形成冲击波，使人身、实验装置及设备等受到重大损伤。同时往往还会使所用的煤气或放置在其周围的药品，引起火灾或爆炸等严重的二次灾害。由于高压实验危险性大，所以必须在熟悉各种装置、器械的构造及其使用方法的基础上，谨慎地进行操作。一般应注意如下事项：

① 充分明确实验目的，熟悉实验操作的条件。要选用适合于实验目的及操作条件要求的装置、器械种类及设备材料。

② 购买或加工制作上述器械、设备时，要选择质量合格的产品，并要标明使用的压力、温度及使用化学药品的性状等各种条件。

③ 一定要安装安全器械，设置安全设施。估计实验特别危险时，要采用遥测、遥控仪器进行操作。同时，要经常定期检查安全器械。

④ 要预先采取措施，即使由于停电等原因而使器械失去功能，亦不致发生事故。

⑤ 高压装置使用的压力，要在其试验压力的 2/3 以下（但试压时，则在其使用压力的 1.5 倍的压力下进行耐压试验）。

⑥ 用厚的防护墙把实验室的三面围起来，而另一面则用通风的薄墙围起。屋梁也要用轻质材料制作。

⑦ 要确认高压装置在超过其常用压力下使用也不漏气，即使发生意外漏气，也要防止其滞留不散，要注意室内经常通风换气。

⑧ 实验室内的电气设备，要根据使用气体的不同性质，选用防爆型之类的合适设备。

⑨ 实验室内仪器、装置的布局，要预先充分考虑到倘若发生事故，也要使其所造成的损害限制在最小范围内。

⑩ 在实验室的门外及其周围，要悬挂标志，以便局外人也清楚地知道实验内容及使用的气体等情况。

在实验室的高压设备中，较为常见的是高压灭菌锅和高压釜。

## 一、高压灭菌锅

### 1. 使用方法

① 首先将内层灭菌桶取出，再向外层锅内加入适量的水，使水面与三角搁架相平为宜。

② 放回灭菌桶，并装入待灭菌物品。注意不要装得太挤，以免妨碍蒸汽流通而影响灭菌效果。三角烧瓶与试管口端均不要与桶壁接触，以免冷凝水淋湿包口的纸而透入棉塞。

③ 加盖，并将盖上的排气软管插入内层灭菌桶的排气槽内。再以两两对称的方式同时旋紧相对的两个螺栓，使螺栓松紧一致，勿使漏气。

④ 用电炉或煤气加热，并同时打开排气阀，使水沸腾以排除锅内的冷空气。待冷空气完全排尽后，关上排气阀，让锅内的温度随蒸汽压力增加而逐渐上升。当锅内压力升到所需压力时，控制热源，维持压力至所需时间。

⑤ 灭菌所需时间到后，切断电源或关闭煤气，让灭菌锅内温度自然下降，当压力表的压力降至 0 时，打开排气阀，旋松螺栓，打开盖子，取出灭菌物品。如果压力未降到 0，打开排气阀，就会因锅内压力突然下降，使容器内的培养基由于内外压力不平衡而冲出烧瓶口或试管口，造成棉塞沾染培养基而发生污染。

⑥ 将取出的灭菌培养基放入 37℃ 恒温箱培养 24h，经检查若无杂菌生长，即可待用。

### 2. 注意事项

① 锅内必须有充足的蒸馏水或者纯化水，不可用自来水，以防结垢。

② 锅的气密性一定要好。

③ 气未放尽前，不得开启高压锅。

④ 如果灭菌后的培养基在锅内不及时拿出，需在蒸汽放尽后将锅盖打开，切忌将培养基封闭在锅内过夜。

⑤ 压力表指针在 0.05MPa 以上时，不能过快放气，以防止压力急速下降，液体滚沸，从培养容器中溢出。

⑥ 操作过程中，请注意安全，小心烫伤。

## 二、高压反应釜

实验室进行高压实验时，最广泛使用的是高压反应釜（图 4-11）。高压釜除高压容器主体外，往往还与压力计、高压阀、安全阀、电热器及搅拌器等附属器械构成一个整体。高压釜属于特种设备，应放置在符合防爆要求的高压操作室内。若装备多台高压釜，应分开放置，每间操作室均应有直接通向室外或通道的出口，高压釜应有可靠的接地。使用高压釜时，要注意以下要点：

① 查明刻于主体容器上的试验压力、使用压力及最高使用温度等条件，要在其容许的条件范围内使用。

② 压力计使用的压力，最好在其标明压力的二分之一以内使用。并经常把压力计与标准压力计进行比较，加以校正。

③ 氧气用的压力计，要避免与其他气体用的压力计混用。

④ 反应开始后要密切关注反应中各参数（压力、温度、转速）的变化，尤其是压力的变化，一旦发现异常，应马上关闭加热开关。如温度过高，可以通过冷却盘管接冷却水降温处理；如压力过高，可以进行降温或从排气阀放空（氢气放空时一定要通过管道排到室外）。

⑤ 温度计要准确地插到反应溶液中。

⑥ 放入高压反应釜的原料，不可超过其有效容积的三分之一。

⑦ 高压反应釜内部及衬垫部位要保持清洁。

⑧ 盖上盘式法兰盖时，要将位于对角线上的螺栓，一对对地依次同样拧紧。

图 4-11　高压反应釜

⑨ 测量仪表破裂时，多数情况在其玻璃面的前后两侧碎裂。因此，操作时不要站在这些有危险的地方。预计将会出现危险时，要把玻璃卸下，换上新的。

⑩ 安全阀及其他的安全装置，要使用经过定期检查符合规定要求的器械。

# 第六节　真空设备的安全使用

## 一、真空技术基础知识

真空是指压力小于 101.3kPa（1 标准大气压）的气态空间。真空状态下气体的稀薄程度常以压强值（Pa）表示，习惯上称为真空度。不同的真空状态意味着该空间具有不同的分子密度，比如标准大气压状态下，每立方厘米约有 $2.687\times10^{19}$ 个分子；若真空度为 $10^{-13}$ Pa 时，则每立方厘米约有 30 个分子。

根据真空的应用、真空的特点、常用的真空泵以及真空测量计的使用范围等因素，国家标准《真空技术　术语》（GB/T 3163—2024）将真空度区域划分为如下 4 种：低真空、中真空、高真空和超高真空，如表 4-1。

表 4-1 真空度区域的划分

| 真空区域分类 | 压力范围/Pa |
| --- | --- |
| 低真空 | $10^5 \sim 10^2$ |
| 中真空 | $10^2 \sim 10^{-1}$ |
| 高真空 | $10^{-1} \sim 10^{-5}$ |
| 超高真空 | $<10^{-5}$ |

真空技术主要包括真空获得、真空测量、真空使用 3 个部分。

为了获得真空，就必须设法将气体分子从容器中抽出。凡是能从封闭容器中抽出气体，使气体压力降低并能维持、改善的装置，均可称为真空泵。由于实际操作时可能真空区域范围很宽，因此，任何一种类型的真空泵都不可能完全适用于所有的工作压力范围。只能根据不同的工作压力范围和不同的工作要求，使用不同类型的真空泵。为了使用方便和满足各种真空（特别是高真空和超高真空）工作过程的需要，有时将各种真空泵按其性能要求组合起来，以真空机组形式应用。一般情况下，低真空可用机械泵；中真空可用机械泵、增压泵；高真空可用扩散泵、分子泵；超高真空可用分子泵、离子泵等。化学实验室用得最多的是循环水泵、机械泵。

测量低于大气压的气体压强的工具称为真空计。真空计可以直接测量气体的压强，也可以通过与压强有关的物理量来间接测量压强。前者称为绝对真空计，后者称为相对真空计。真空计的种类繁多，有压缩式真空计、电阻式真空计、绝对压力变送器等。

真空是稀薄的气体状态，与大气相比它有一系列的优点，例如气体稀薄，氧气少，环境清洁，没有水汽，气体分子密度小，各种气体运动无阻碍等等，因而真空的应用越来越广泛。利用真空环境，可以实现真空镀膜，真空输送，真空脱气，真空熔炼，抽除有害气体，空间模拟，化工、食品、医药、电机制造等工业的蒸馏、蒸发、干燥等生产过程。当然，不同的真空状态，提供的应用环境是不同的。

一个比较完善的真空系统，一般由以下元件组合而成：

① 抽气设备，例如各种真空泵；

② 真空反应或工艺操作容器；

③ 真空测量装置，例如真空压力表、真空测量计；

④ 真空阀门或活塞；

⑤ 真空管道；

⑥ 其他元件，如真空检漏仪器、补集器、除尘器、真空继电器、储气罐等。必须根据实际工作需要的真空度选择适用的真空系统元件。

真空系统的安全操作注意事项：

① 如使用玻璃真空系统，在开启或关闭活塞时，应当双手操作，一手握着活塞套，一手缓缓地旋转内塞，防止玻璃系统各部分产生力矩，甚至折裂。不要使大气猛烈冲入系统，也不要使系统中压力不平衡的部分突然接通。

② 玻璃容器要选择厚度合适的球体形状，不要用平底形状的，要加保护网罩。

③ 要防止冷却过程中各种气体的凝聚。

④ 玻璃系统要固定牢靠，防止震动、碰撞。

⑤ 如需加热玻璃真空系统，一定要等到内部压力平衡稳定后再进行。

## 二、真空设备的操作规范

真空设备是产生、改善和维持真空的装置，包括真空应用设备和真空获得设备，它是实验室常用的仪器之一，常见的有真空泵、真空锅炉等。对于真空设备除了简单的防水、防火、防潮以外，同样要求每个操作者认真阅读操作规则，谨慎操作。常见的真空泵、真空锅炉的操作规范如下。

（1）操作前的准备工作　首先应将设备放置在水平、通风、干燥处，将真空机组抽气口与被抽系统连接好，密封一定要严密，不应有泄漏点存在。检查真空泵和罗茨泵内的油位及油杯中的润滑油是否符合要求，连接好电源线和接地线。检查是否有其他不安全因素。

（2）操作机组的启动运行　接通主电源开关，主电源指示灯亮；将控制方式放在手动或自动位置；按下控制电源按钮，指示灯亮（真空泵、增压泵和急停按钮应复位，否则控制电源按钮无法接通），如电源相序错误黄色指示灯亮，则需换相。将真空断路器接通，按下真空泵控制按钮，真空泵指示灯亮，同时真空泵运转。根据实际情况调节增压泵的延时（通过时间继电器，调节范围在1～6min）。将增压泵断路器接通，按下增压泵控制按钮，增压泵指示灯亮，同时增压泵运转。油井内设有油位开关，当真空泵油或变压器油进入油井时，控制面板上的蜂鸣器将自动报警，同时系统关闭。

（3）关机停运　关闭高真空蝶阀→关闭机械增压泵→关闭真空泵→按急停按钮，控制电源关闭→关主电源断路器。当控制方式通过控制盘上的旋钮转换到自动位置时，设备将通过真空继电器的预设控制点自动控制真空泵和机械增压泵的关闭和启动。

## 三、真空泵的安全使用要求

每一个操作者仅仅了解操作流程是远远不够的，为了自身、他人以及设备的安全，还要了解它的安全使用要求，这样才能更好地保护自身、他人以及设备的安全，具体要求如下所述。

① 依据GB/T 8196—2018，裸露的运动部件需配置保护装置进行预防保护。若保护装置能阻止EN60529规定的试验机械手与运动部件接触，则可认为该保护装置的保护效果足够充分（见GB/T 23821—2022）。所有可接触的边、角都应划为避免受伤的区域。如果只有在完整地安装真空系统后才实现防护，那么应当在泵的安装过程中提供临时的防护措施（例如，如果在泵的入口能触及泵的机械零件，那么应当封盖泵的入口）。

② 真空泵设备在使用过程中，真空部件要有足够的强度承受挤压。在无法消除此类隐患的地方，需要设置防压装置来控制弹射物。排气过滤器应有足够大的容量以保证真空泵在最大抽气量的条件下安全运行。提供措施确保过滤器在饱和或阻塞情况下不会导致泵入口压力超过其最高允许工作压力。在泵的排气口处或真空系统内积累的碎片无法避免时，应配排气压力监控装置或压力调节阀。

③ 定期检查真空泵的方法。真空泵的主要技术性能（真空度等）达到设计要求或满足

工艺要求，附属设备（冷凝器等）齐全；设备运转平稳，声响正常，无过热现象，封闭良好。旋片式真空泵设备润滑系统完好，润滑油质符合规定要求，并定期进行检查，换油。各种仪表（如真空表等）指示值正确，并定期进行校验；各阀门启闭灵活、密封良好，无泄漏现象；管道无泄漏，并定期进行检查。电动机配备合理，运行正常（温升和声响正常），电气线路安全可靠，有接地保护措施，电气装置（控制柜）可靠，电气仪表指示正确；安全防护装置齐全可靠。设备及冷却系统设施整洁，无锈蚀，不同的真空设备操作或许有小小的差别，具体的设备一定要按照其说明来进行操作。

水环式真空泵的使用方法及注意事项如下：

水环式真空泵冷却系统运行正常，冷却装置完好，排水温度不超过规定要求，应有断水保护装置。水环式真空泵所用的工作介质是水，作用在转子叶轮上的能量被液体接收并传给被压缩的气体，这样就造成了水环的温度升高。水环的部分水与气体一起压缩排出泵外。在压缩过程中产生的大部分热量被带走，因而需要不断地补充新鲜的水，以使水环泵的工作温度能够维持恒定。在多数的水环式真空泵中，其工作温度为15～20℃，它取决于所补充水的温度。实际上，水环泵的极限压力并不十分重要，因为不同的液体，在压力低于5～6kPa时，会发生气蚀现象，泵的部件会遭到损坏。当泵接近极限压力时，抽速很低，泵入口处的水开始沸腾。当转至泵的出口时，形成的气泡开始破裂。这样就会产生很大的噪声，同时泵的驱动轮和泵腔等部件被逐渐破坏，这种现象通常称作气蚀现象。在入口管道上开个小孔，以定量地加入新鲜的空气，减少气蚀现象的产生。

油封真空泵正确使用方法及注意事项如下：

① 先拧开加油螺塞，从加油孔中加油至油标界线位置，因出厂运输关系，真空泵腔内无泵油灌入，后从进气管内加入少许泵油（出厂时间太长易引起泵腔内干燥，加入少许泵油以润滑泵腔，避免开机后出现咬死发热现象）。

② 按规定接上三相电源线（三相电机要注意电机旋转方向应与泵支架上的箭头方向一致，单相电机直接插上插座即可），试运转一下，再开始正常工作。

③ 与泵进气管口的连接管道不宜过长，千万注意检查真空泵外的连接管道，接头及容器绝对不漏气，要密封，否则影响极限真空及真空泵寿命。

④ 将本机平放于工作台上，首次使用时，打开水箱上盖注入清洁的凉水（亦可经由放水软管加水），当水面即将升至水箱后面的溢水嘴下高度时停止加入，重复开机可不再加水。但最长时间每星期更换一次水，如水质污染严重，使用率高，可缩短更换水的时间，最终目的是要保持水箱中的水质清洁。

⑤ 抽真空作业，将需要抽真空的设备的抽气套管紧密接于本机抽气嘴上，循环水开关应关闭，接通电源，打开电源开关，即可开始抽真空作业，通过与抽气嘴对应的真空表可观察真空度。

⑥ 当本机需长时间连续作业时，水箱内的水温将会升高，影响真空度，此时，可将放水软管与水源（自来水）接通，溢水嘴作排水出口，适当控制自来水流量，即可保持水箱内水温不升使真空度稳定。

⑦ 当需要为反应装置提供冷却循环水时，将需要冷却的装置的进水、出水管分别接到本机后部的循环水出水嘴、进水嘴上，转动循环水开关至“ON”位置，即可实现循环冷却水供应。

# 第七节　大型仪器设备的安全使用

## 一、气相色谱仪

气相色谱仪的操作涉及送气、加温、进样、检测等多个步骤，各个步骤的使用注意事项如下。

**1. 钢瓶使用注意事项**

① 分清钢瓶种类，不同的气体钢瓶分开存放。

② 氢气钢瓶一定要与色谱仪放在不同的房间。

**2. 减压阀的使用及注意事项**

在气相色谱分析中，钢瓶供气压力在9.8～14.7MPa。减压阀与钢瓶配套使用，不同气体钢瓶所用的减压阀是不同的，氢气减压阀接头为反向螺纹，安装时需小心。使用时需缓慢调节手轮，使用完后必须旋松调节手轮和关闭钢瓶阀门。关闭气源时，先关闭减压阀，后关闭钢瓶阀门，再开启减压阀，排出减压阀内气体，最后松开调节螺杆。

**3. 热导池检测器的使用及注意事项**

① 开启热导电源前，必须先通载气，实验结束时，把桥电流调到最小值，再关闭热导电源，最后关闭载气。

② 气化室、柱箱和检测器各处升温要缓慢，防止超温。现在的气相色谱仪一般采用自动控制升温，需要事先设定好升温程序。

③ 更换气化室密封垫片时，应先将热导电源关闭。若流量计浮子突然下落到底，也应首先关闭该电源。

④ 桥电流不得超过允许值。

**4. 氢火焰检测器的使用及注意事项**

① 通氢气后，待管道中残余气体排出后才能点火，并保证火焰是点着的。

② 使用氢火焰检测器时，离子室外罩须罩住，以保证良好的屏蔽和防止空气侵入。

③ 离子室温度应大于100℃，待柱箱温度稳定后，再点火，否则离子室易积水，影响电极绝缘而使基线不稳。如果离子室积水，可将端盖取下，待离子室温度较高时再盖上。在工作状态下取下检测器罩盖不能触及极化极，以防触电。

**5. 微量注射器的使用及注意事项**

① 微量注射器在使用前后都须用丙酮或丁酮等溶剂清洗，而且不同种类试剂要由不同的微量注射器分开取样，切不可混合使用，否则会导致试剂被污染。

② 微量注射器是易碎器械，针头尖利，使用时应多加小心。不用时要洗净放入包装盒内，不要随便玩弄。

③ 对10～100μL的注射器，如遇针尖堵塞，宜用直径为0.1mm的细钢丝耐心穿通

(工具箱中备有),不能使用火烧。

## 二、高效液相色谱仪

### 1. 高效液相色谱仪在使用过程中出现的问题

① 操作过程中若发现压力很小,则可能是管件连接面上有漏洞,请注意检查。出现错误警告时一般为漏液。漏液故障排除后,擦干,然后再点击操作。

② 连接柱子与管线时,应注意拧紧螺丝的力度,过度用力可导致连接螺丝断裂。不同厂家的管线及色谱柱头结构有差异,最好不要混用,必要时可使用聚醚醚酮(PEEK)管及活动接头。

③ 操作过程中若发现压力非常高,则可能管路已堵,应先卸下色谱柱,然后用分段排除法检查,确定何处堵塞后解决。若是保护柱或色谱柱堵塞,可用小流量流动相或以小流量异丙醇冲洗,还可采用小流量反冲的办法,若还是无法通畅,则需换柱。

④ 运行过程中自动停泵,可能为压力超过上限或流动相用完。

⑤ 自动进样器进样针未与样品瓶瓶口对准时,需重新定位。样品瓶中样品较少,自动进样器进样针无法到达液面,可采用调低进样针进样高度的办法,注意设置时不要使进样针碰到瓶底。

⑥ 泵压不稳或流量不准,可能为柱塞杆密封圈问题,需更换。

⑦ 基线漂移或者基线产生不规则噪声,可能是因为系统不稳定或没达到化学平衡、流动相被污染(需更换流动相,清洗储液器、过滤器,冲洗并重新平衡系统)、色谱柱被污染或者检测器不稳定。

### 2. 高效液相色谱仪的使用注意事项

① 使用中要注意各流动相所剩溶液的容积设定,若设定的容积低于最低限,仪器会自动停泵,注意洗泵溶液的体积,及时加液。

② 使用过程中要经常观察仪器工作状态,及时正确处理各种突发事件。

③ 正式进样分析前30min左右开启氘灯或钨灯,以延长灯的使用寿命。

④ 使用手动进样器进样时,在进样前后都需用洗针液洗净进样针筒,洗针液一般选择与样品液一致的溶剂,进样前必须用样品液清洗进样针筒5遍以上,并排出针筒中的气泡。

⑤ 溶剂瓶中的砂芯过滤头容易破碎,在更换流动相时注意保护。当发现过滤头变脏或长菌时,不可用超声洗涤,可用5%稀硝酸溶液浸泡后再洗涤。

⑥ 实验过程中不要使用高压冲洗色谱柱,防止固定相流失。

⑦ 不要在高温下长时间使用硅胶键合相色谱柱。

⑧ 实验结束后,一般先用水或低浓度甲醇水溶液冲洗整个管路30min以上,再用甲醇冲洗,冲洗过程中关闭氘灯或钨灯。

⑨ 关机时,先关闭泵、检测器等,再关闭工作站,然后关机,最后自下而上关闭色谱仪各组件,关闭洗泵溶液的开关。

## 三、紫外-可见吸收光谱仪

紫外-可见吸收光谱仪的使用注意事项如下:

① 开机前将样品室内的干燥剂取出，仪器自检过程中禁止打开样品室盖。

② 比色皿内溶液以皿高的 2/3～3/4 为宜，不可过满以防液体溢出腐蚀仪器。测定时应保持比色皿清洁，池壁上液滴应用镜头纸擦干，切勿用手捏透光面。测定紫外波长时，需选用石英比色皿。

③ 测定时，禁止将试剂或液体物质放在仪器的表面上，如有溶液溢出或其他原因将仪器或样品槽弄脏，要尽可能及时清理干净。

④ 实验结束后将比色皿中的溶液倒尽，然后用蒸馏水或有机溶剂冲洗比色皿至干净，倒立晾干。

⑤ 关电源后将干燥剂放入样品室内，盖上防尘罩。

## 四、红外吸收光谱仪

红外吸收光谱仪的使用注意事项如下：

① 测定时一般要求实验室的温度应在 15～30℃，相对湿度应在 65%以下，此外，仪器受潮会影响使用寿命。所以，红外实验室应经常保持干燥，室内要配备除湿装置。

② 如所用的是单光束型傅里叶红外吸收光谱仪，实验室里的 $CO_2$ 含量不能太高，因此实验室里的人数应尽量少，无关人员最好不要进入，还要注意适当通风换气。

③ 测定用的样品在研细后置红外灯下烘几分钟使其干燥。加入 KBr 研磨好并在模具中装好后，应与真空泵相连抽真空至少 2min，以使试样中的水分进一步被抽走。不抽真空可能会影响压片的透明度。

④ 压片模具在使用后应立即把各部分擦干净，必要时用水清洗干净并擦干，置于干燥器中保存，以免锈蚀核磁共振仪。

## 五、原子吸收光谱仪

原子吸收光谱仪使用注意事项如下：

① 气体的使用安全。火焰原子吸收光谱法常用到乙炔气，要确保所用气体充足。乙炔气瓶内有丙酮等溶剂，当乙炔压力小于 500kPa 时，溶剂可能流出，损坏气路，所以要保证及时更换新的乙炔气体。火焰原子吸收光谱法需用空气作助燃气，一定要用干燥的空气。如果使用含湿气的空气，水蒸气有可能附着在气体控制器的内部，影响正常操作。

② 火焰原子化系统的雾化器和吸液管堵塞会引起喷雾故障，可以通过清洗或者更换雾化器来改善雾化效果。另外，为防止雾化器和吸液管堵塞，定容后的样品溶液最好用 0.224μm 的滤膜过滤后再进样。

③ 应该经常检查废液出口处的水封，如果水封没有水，不但会造成气体压力发生波动导致测试不稳定，还可能因为气流速度小于燃烧速度造成回火，引起火灾或爆炸，所以要确保水封有水。

④ 接触空心阴极灯的插座时，要注意电源电压，避免触电致伤。在安装或更换空心阴极灯时，一定要关闭电源。

⑤ 防止灼伤。空心阴极灯表面温度很高，换灯前要关闭电流，并且待灯温度降低，冷却后再进行换灯。

⑥ 在完成测量后，需要用蒸馏水冲洗进样管路至少 15min，然后才能关闭火焰。

⑦ 在测量有机样品后，一定要清洗燃烧器，当溶剂为疏水物时，用 1∶1 的乙醇、丙酮溶剂清洗，然后用蒸馏水冲洗，并确保水封溶剂用新的纯净水添满。

## 六、质谱仪

质谱仪的使用注意事项包括如下几条。

① 实验过程中，切勿用肥皂泡检查气路，检查气路时一定要与质谱仪接口断开。这点非常重要，很多质谱仪都因为学生采用肥皂泡检漏使得四极杆被污染无法继续使用。

② 因为质谱稳定需要 24h 以上，频繁开关质谱仪也会加速真空规污染。所以一般情况下质谱仪要保持运行状态，除非 15 天以上不用仪器，方可关闭。在预知停电的情况下，请提前关掉质谱仪。

③ 泵油的更换。要经常观察泵油颜色，当变成黄褐色时应立即更换。如果仪器使用频繁且气体比较脏，则要求至少半年更换一次，加入泵油量不超过最上层液面。

④ 散热过滤网应定期进行清洗（每 2 个月清洗一次），在夏天没有空调的房间使用时尽量打开上盖，以免影响仪器散热。

⑤ 毛细管在不与外部仪器连接时，不要直接放置在脏的桌面上，尽量悬空放置；毛细管内部的过滤器要定期清洗，在拆装过程中注意不要丢失部件。

⑥ 在仪器运输过程中需要放出泵油，还需卸掉射频头，单独运输。

## 七、气相色谱-质谱联用仪

### 1. 载气系统

气体纯度必须达到 99.999%，并使用专用钢瓶灌装，载气纯度不够，或剩余的载气量不够时，会造成 $m/z$ 28 谱线丰度过大，根据所用载气质量，当气瓶的压力降低到几个兆帕时，应更换载气，以防瓶底残余物对气路的污染。一般载气进入色谱都需净化，除去载气中的残留烃类、氧、水等杂质，以提高载气的纯度，延长色谱柱使用寿命，减少色谱柱固定相流失，而且很大程度地降低背景噪声，使基线更加稳定。

### 2. 空气和真空泄漏的确认及检漏

气相色谱部分的空气泄漏通常会发生在内部的载气管接头、隔垫定位螺母、柱螺母等位置。质谱真空是否出现空气泄漏，可从压力、空气和水的背景图谱进行判断。若漏气严重，此时要立即关掉灯丝，否则会造成灯丝断掉。

### 3. 进样系统

更换进样隔垫时先将柱温降至 50℃以下，关掉进样口温度和流量。如果流量不关闭，当旋开进样口螺帽时，大量载气漏失，气相色谱的所有加热部分会自动关闭，需重新开机才能开启。隔垫更换时，注意进样口螺帽不要拧得太紧，否则隔垫被压紧，橡胶失去弹性，针扎下去会造成打孔效应，缩短进样垫使用寿命。衬管应视进样口类型、样品的进样量、进样模式、溶剂种类等因素来选用。尤其是分流、不分流衬管，注意不要混用，安装时上下不要装反。衬管的洁净度直接影响仪器的检测限，应注意对衬管进行检查，更换下来的衬管如果不太脏可以用无水甲醇或丙酮超声清洗，取出烘干后继续使用。

应使用硅烷化处理过的石英棉，未处理过的石英棉对分析物特别是极性化合物吸附严重。使用过的石英棉应丢弃，不能重复使用。

**4. 开机和关机**

开机时先开气相色谱，后开质谱，设定合适的离子源温度和传输线温度，不要忘记打开真空补偿，否则真空难以达到要求。实验前需先确定离子源是否到达指定温度，确认真空没有泄漏。关机前关闭传输线温度，离子源温度须降至175℃以下，等待分子涡轮泵转速降下来后，方可关闭电源。

## 八、X射线衍射仪

X射线衍射仪使用注意事项如下：

① 为延长X射线管的使用寿命，待机功率尤其是电流不能太高，待机状态下高电压则没有问题，它有助于光管的稳定工作，以避免打火。

② X射线衍射光管和X射线荧光管都要求始终处于工作状态（受热状态），并且保持良好的真空。

③ 铍窗口是易碎和有毒的。在任何情况下，请不要触摸铍窗口，包括清洁时，要避免任何样品掉落到铍窗口。

④ 冷却水的成分、温度及流量很重要。最佳的冷却水温度是20～25℃，在较热和高湿环境下，冷却水温度应高些，最好高于露点温度。

⑤ 当超过1h不用仪器时，将X射线管设定至待机状态。超过两星期不用仪器时，将X射线管高压关闭。超过十星期不用仪器时，将X射线管拆下。对新的X射线管，超过100h未曾使用和从仪器上拆下的使用过的X射线管，必须进行正常老化。对超过24h但小于100h未曾使用的X射线管进行自动快速老化。

⑥ 在升高压时，先升电压后升电流；在降高压时，先降电流后降电压。

⑦ 在关闭高压后2min内必须完全关闭水冷系统，千万不要通过关闭冷却水来关闭X射线管高压。

⑧ 不能随意丢弃X射线管和探测器。可以将损坏的X射线管和探测器寄回工厂进行合理处理。

⑨ 如果X射线衍射仪门上的铅玻璃损坏，请立即停用仪器。

## 九、核磁共振仪

核磁共振仪的使用注意事项如下：

① 不要带任何铁器进入核磁实验室。

② 心脏起搏器、手表、信用卡、磁盘等不得靠近核磁共振仪。

③ 测试前，必须检查样品管。不得使用弯曲、过粗或过细、已出现裂纹或管口破裂的核磁管，磨损的核磁管不但会影响测试效果，还极易引发事故，使用前请在灯光下仔细检查。

④ 要使用粗细合格的样品管，太粗或者粗细不均，装入转子时容易被挤裂；样品管太细在转子中滑动，进入磁体后容易松动脱落而砸坏探头。

⑤ 样品管和转子之间不能夹有任何东西。

⑥ 样品管外壁要擦干净，防止有溶剂或其他杂质落入样品室。

⑦ 进行核磁测试的样品纯度一般应大于95%，不得有铁屑、灰尘、滤纸毛等杂质。

⑧ 样品管内液面高度应在4cm或以上（约0.5mL溶剂），否则难以匀场。

⑨ 装样时，将样品管插入转子中，应符合量规的测量长度，但是注意绝对不能把量规放进磁体中。

⑩ 转子昂贵，注意不要接触转子上的黑色色块，色块磨损会影响样品旋转。

⑪ 把样品管放进样品室前，必须听到有气流的声音，并且感觉到样品和转子已经被气流托住后再松手将样品放入样品室中，应防止在没有气流时将样品管放入，这样会使其直接落入样品室导致样品管破碎。

⑫ 遇到锁场、匀场不正常或者效果不理想的情况，请对样品进行自检（核磁管、氘代试剂含量、检测区溶液是否均一），可输入指令调用最新的标准匀场文件，再重新锁场、匀场。

⑬ 取样注意垂直取出，以防样品管折断。

⑭ 遇到样品无法弹出时，关闭气路，等待压缩空气上升到足够压力，再重新尝试弹出样品。

⑮ 实验结束，待停止旋转后，再弹出样品，否则软件容易报错。

⑯ 离开实验室前，请关闭锁场，这样有助于仪器静磁场保持在较好的状态。

## 十、有机元素分析仪

① 有机元素分析仪加热炉的使用需要注意以下几点：

a. 加热炉的温度不能超过操作说明中注明的最高温度；

b. 加热炉不能在大于操作说明中注明的电源电压下使用；

c. 长时间中断使用（5天或更长），应关闭加热炉，使它不受潮；

d. 应确保螺旋形加热丝或热电偶的连接不短路，不要让螺旋形加热丝、热电偶和所有连接电路受到任何内力和外力的影响。

② 根据其操作模式，在一定的燃烧条件下，只适用于对可控制燃烧的一定尺寸样品中的元素含量进行分析。禁止对腐蚀性化学品，酸碱溶液、溶剂，爆炸物或可产生爆炸性气体的物质进行有机元素分析仪测试，这将对仪器产生破坏并对操作人员造成伤害。

③ 含氟、磷酸盐或重金属的样品，会影响到分析结果或仪器部件的使用寿命。

④ 有机元素分析仪是样品在高温下的氧气环境中经催化氧化燃烧，氧气不足会降低催化氧化剂和还原剂的性能，从而也减少它们的有效性和使用寿命。

⑤ 不同的消耗品或者不合适的化学标准物不仅会导致分析结果不正确，还会导致仪器损坏。

⑥ 如果电源电压中断超过15min，必须对仪器进行检漏。这是由于通风中断，不能散热，有可能造成炉室中的O形圈的损坏，必要时应更换。

## 十一、热分析仪

热分析仪使用注意事项如下。

① 应将仪器放置于平坦、稳定、坚固的工作台上。仪器在工作过程中应避免受到剧烈震动。

② 实验室的温度、湿度、电源及设备等，应符合工作条件的要求。

③ 取放试样或样品盘时，一定要用样品盘托板和盘托微微托住样品盘，防止操作时用力过大而拉断吊丝。

④ 气氛单元连接时，炉外玻璃套管上的气体输出接头用乳胶管连接，管的另一端通向室外，以防止分解产生的气体对实验室的污染。

⑤ 要防止腐蚀性的气体进入天平室，影响仪器的使用寿命。

⑥ 仪器长距离搬移位置时，应将吊杆、样品盘卸下，并将托架托住横梁，防止震动后影响吊丝和张丝的精度。

## 习题

1. 烘箱、马弗炉等是实验室经常使用的高温设备，使用不当容易引发火灾等安全事故，请简述使用高温设备的安全注意事项。

2. 请简述高压灭菌、高压反应釜等高压设备使用的安全注意事项。

3. 结合旋转类设备的特点，分析如何选择高速离心机的转头及配备离心管？

4. 为防止水泵部件损坏，最低压力为多少？其原因是什么？

# 第五章 机械加工及热加工类实验室安全

## 第一节　机械的危害及原因

机械通常是由人来使用和维护的，在机械能量传递和转换过程中，如果有能量意外释放并作用到人体上，并且超过人体的承受力时，便会对人体造成伤害。由机械产生的危险，可能来自机械自身、机械的作用对象、人对机器的操作以及机械所在的场所等。机械危险具有复杂、动态、随机等特点，必须把由人、机、环境等要素组成的机械加工系统看作一个整体，系统地识别和描述机械在使用过程中可能产生的各种危险以及预测可能发生的危险事件，从而确保操作者的安全。

### 一、机械危险及危险源

机械危险即由于机械设备及其附属设施的构件、工件、零件、工具或飞溅的固体和流体物质等的机械能（动能和势能）作用，可能产生伤害的各种因素以及与机械设备有关的滑绊、倾倒和跌落等危险。机械危险对人员造成伤害的实质，是机械能（动能和势能）的非正常做功、传递或转化，即机械能量失控导致人员伤害。

机械危险中的主要危险源：加速、减速、有角的部件、锋利的部件、弹性元件、坠落物、重力、距离地面的高度、高压、不稳定、动能、机械的移动、运动元件、旋转元件、粗糙表面、光滑表面、储存的能量、真空等。

### 二、机械危险的主要伤害形式

机械危险所造成的伤害大量出现在操作人员与可运动物件的接触过程中，其主要伤害形式有碾压、抛出、挤压、切割或切断、缠绕或卷入、刺穿或刺破、摩擦或磨损、飞出物打击、高压流体喷射、碰撞和跌落等。

**1. 卷绕和绞缠**

引起这类伤害的主要是做回转运动的机械部件，主要类型如下：

① 轴类零件。如联轴器、主轴、丝杠以及其他传动轴等。

② 旋转运动的机械部件的开口部分。如链轮、齿轮、皮带轮等圆轮形零件的轮辐，旋转凸轮的中空部位等。

③ 操作人员未按安全要求着装。旋转运动的机械部件将人的头发、饰物（如项链）、宽大衣袖或下摆卷缠，继而引起的伤害。

**2. 卷入和碾压**

这类伤害主要来自相互配合的运动副，即组合运动的危险。卷入伤害通常发生在运动副啮合部位的夹紧点、皮带与皮带轮的夹口，如啮合的齿轮、皮带与皮带轮、链条与链轮、齿条与齿轮等。碾压伤害通常发生在两个做相对回转运动的辊子之间以及滚动的旋转件，如轮子与轨道、车轮与路面等，可能卡住、挤住、粘接住手指和人体的其他部分。

**3. 挤压、剪切和冲撞**

引起这类伤害的是做往复直线运动的零部件。生产现场和实验室中常见的挤压伤害通常发生在大型机床（如龙门刨床）的纵向移动的工作台和垂直移动的升降台，牛头刨床的滑枕，压力机的滑块，运动中的皮带、链条等零部件与做相对运动的部件之间，运动部件与静止部件之间由于安全距离不够也会产生夹挤。剪切伤害常常发生在剪切机刀片与压料装置之间，造成手部伤害。做直线运动的部件限位不准、突然失去平衡等都有可能造成冲撞伤害。

**4. 飞出物打击**

机械零部件由于发生断裂、松动、脱落或弹性势能等机械能释放，使失控物件飞甩或反弹出去，对人造成伤害。例如刀具的飞出；未夹紧的刀片、砂轮碎片、切屑、工件的飞出；连续排出的或破碎而飞散的切屑、工件；落下的工件和工具的飞出等。另外，弹性元件的势能释放也会引起弹射。如弹簧、皮带等的断裂；在压力、真空下的液体或气体位能引起高压流体喷射等。

**5. 物体坠落打击**

处于高位置的物体具有势能，当其意外坠落时，势能转化为动能，造成伤害。如运动部件在重力作用下下滑，高处掉下的零件、工具或其他物体；悬挂物体的吊挂零件破坏或夹具夹持不牢引起的物体坠落；部件运动引起的倾倒；运动部件运行超行程、脱轨导致的伤害等。

**6. 切割和擦伤**

引起这类危害的是切削刀具的锋刃、零件表面的毛刺、工件或切屑的锋利飞边以及机械设备的尖棱、利角和锐边或粗糙的表面等，无论物体的状态是运动还是静止，这些由于锋利形状产生的危险都会构成潜在的危险。

**7. 碰撞、跌倒以及坠落**

① 机械结构上的凸出、悬挂部分（如起重机的支腿、吊杆及机床的手柄等）以及大尺寸加工件伸出机床的部分等，无论是静止还是运动状态，都有与人体产生碰撞的危险。

② 由于地面堆物无序、地面凹凸不平或摩擦力过小，都可能导致人员磕绊跌倒、打滑等危险。如果再引起二次伤害，后果将会更加严重。

③ 人从高处失足、误踏入坑井、电梯悬挂装置损坏、轿厢超速下行撞击坑底，都会对人员造成坠落伤害。

## 三、机械事故产生的原因

机械事故的发生往往是多种因素综合作用的结果，可归纳为人的不安全行为、物的不安全状态和管理上的不安全因素三个方面。

**1. 人的不安全行为**

人的不安全行为是指造成人身伤亡事故的人为错误。在机械使用过程中，人的行为受到生理、心理等各种因素的影响，其表现是多种多样的。缺乏安全意识和安全素质低下等不安全行为是引发事故的主要原因。其常见的表现有：不了解机械存在的危险，不按操作规程操作，缺乏自我保护和处理意外情况的能力，指挥失误（或违规指挥），操作失误，监护失误等。在日常工作和实验室学习时，人的不安全行为大量表现在不安全的工作和实验习惯上。例如工具或量具随手乱放，测量工件时不停机，站在工作台上装卡工件，越过旋转刀具取送物料，在必须使用个人防护用具的作业或场合中忽视其使用，随意攀爬大型设备以及不走安全通道等。不安全的装束也是人的不安全行为的典型表现，例如在有旋转零部件的设备旁作业时穿着过于肥大的服装，以及操纵带有旋转部件的设备时戴手套等。

不安全的心理状态也是导致人的不安全行为的主要原因之一。特别是高校实验室内，多数学生都是初次接触机械加工设备，他们在实习、实验中的心理状态对于安全操作具有重要的影响。良好健康的心理有利于安全操作，情绪和行为不易受外界客观因素的影响；反之，不安全的心理状态易受外界环境的影响，从而引起一些不安全的行为。对于学生们来说，常见的不安全心理状态通常表现为侥幸心理，往往“明知故犯”，麻痹大意、盲目自信、自作主张，如不按照安全要求着装；逞能心理，往往不顾安全，冒险行事，情绪波动大，易受外界环境影响，无法集中注意力，引发安全事故；懒惰心理，为了省事，省略操作步骤，冒进行事，造成伤害事故；好奇心理，无视规章制度，随意触碰危险仪器，甚至进入危险区域，从而造成安全隐患，导致伤害事故发生等。

**2. 物的不安全状态**

物，包括机械设备、工具、原材料、中间与最终产品、排出物与废料等。物的安全状态是保证机械安全的重要前提和物质基础。物的不安全状态，构成生产中的客观安全隐患和风险，往往成为引发事故的直接原因。例如，机器的安全防护设施不完善，通风、防毒、防尘、照明、防震、防噪声以及气象条件等安全设施缺乏；机械设计不合理，未满足人机安全要求，设计错误，安全系数不够，使用条件不足。制造时零件加工超差，以次充好，偷工减料；运输和安装中的野蛮作业使机械及其部件受到损伤而埋下隐患。

随着大量境外机械设备进入国内，其中部分设备由于不符合中国人的人体测量参数以及有些已经被淘汰的设备非法进入我国而引发的伤害，国内少数没有生产许可证的企业生产的缺少安全装置的不合格机械产品流入市场，成为安全隐患的源头。另外，如果机械设备是非本质安全型设备，缺少自动探测系统，或设计有缺陷，不能从根本上防止人员的误操作，也容易导致机械伤害事故的发生。

此外，超过安全极限的作业条件或卫生情况不良的作业环境，直接影响人的操作意识水平，使身体健康受到损伤，造成机械系统功能降低甚至失效。

**3. 管理上的不安全因素**

安全管理水平包括安全意识水平、对设备（特别是对危险设备）的监管、对人员的安全教育和培训、安全规章制度的建立和执行、安全监督检查等。对安全工作不重视，安全管理组织机构不健全，没有建立或落实实验室安全管理责任制，没有或不认真执行事故防范措施，对事故隐患整改不力等等，所有这些在安全管理上存在的缺陷，均有可能引发安全事故。物的不安全状态、人的不安全行为是事故发生的直接原因，管理上的不安全因素往往是事故发生的间接原因，往往也是深层次的原因。

## 第二节　机械实验室的安全防护

### 一、机械设备的安全要求

**1. 机械的本质安全**

本质安全是指操作失误时，设备能自动保证安全，或设备出现故障时，能自动发现并自动消除，以确保人身和设备的安全。

现代机械安全技术的目标主要是追求和探讨包括软件在内的机械产品的本质安全性，具体体现在“安全第一、预防为主、综合治理”的指导方针，也就是为了保证生产的安全，在机械的设计阶段就采取本质安全的技术措施，进行安全设计，经过对机械设备性能、产量、效率、可靠性、实用性、紧急性、安全性等各方面的综合分析，使机械设备本身达到本质安全。

**2. 机械设备本质安全的特征**

具有“本质安全”的机械产品的特征是：机械设备在预定的使用条件下，除具有稳定、可靠的正常安全防护功能外，其设备本身还兼具自动保障人身安全的功能与设施，一旦发生操作者误操作或判断错误时，人身不会受到伤害，生产系统和设备仍能保证安全。这就要求该机械产品具备以下几点特征：

① 发生非预期的失效或故障时，装置能自动切除或隔离故障部位，安全地停止运行或转换到备用部分，并同时发出声光报警信号。

② 所有情况下，不生产有毒害的排放物，不会造成污染和二次污染。

③ 符合人体工效学原则，能最大限度地减轻操作人员的体力消耗和脑力消耗，缓解精神紧张状态。

④ 有明显的警示，能充分地表明有可能发生的危险和遗留风险。

⑤ 一旦发生危险，人和物受到的损失应当在可接受的水平之下（标准安全指标以下）。

**3. 机械设备的基本安全要求**

为了最大限度地保护机械设备和操作者的人身安全，避免恶性事故的发生，减少损失，就需要提供一种高度可靠的安全保护手段，这种手段就是安全系统。安全系统在设备开车、停车、运行、维护、出现意外情况时，能对生产装置提供可靠的安全保护。当机械装置本身出现危险，或由于人为原因导致危险时，系统应能做出相应的反应并输出正确信号，使装置安全停车，以阻止危险的发生或事故的扩散。机械设备的基本安全要求如下：

① 设备的布局要合理。设备整体布局应便于操作人员装卸工件、加工观察和清除杂物，同时也应便于人员的检查和维修。

② 零部件质量要合格。组成设备的零部件的强度、刚度等性能应符合技术条件和安全要求，安装应牢固可靠。

③ 设备装有必需的安全装置。根据设备需要的有关安全要求，装有设计合理、可靠、不影响操作的安全装置。生产中和实验室常用的安全装置主要有三种：

a. 固定防护装置。有可能造成缠绕、吸入或卷入等危险的运动部件和传动装置（如链、链轮、齿轮、齿条、皮带轮、皮带、蜗轮、蜗杆、轴、丝杠、排屑装置等）应予以封闭，装设防护罩或防护挡板、防护栏等安全防护装置。

b. 对于超压、超载、超温度、超时间、超行程等容易发生危险事故的零部件，应装设保险装置，如超负荷限制器、行程限制器、安全阀、温度继电器、时间继电器等，以便在危险情况发生时，由于保险装置的作用而排除险情，防止事故的发生。

c. 联锁装置。对于某些动作顺序不能出现颠倒的设备或仪器，应装设联锁装置。即某一动作，必须在前一个动作完成之后才能进行，否则就无法动作，这样就保证了不因动作顺序错误而发生事故。

## 二、机械实验室安全防护措施

### 1. 安全操作的主要规程

要避免机械加工类实验时发生危害和事故，不仅需要机械设备本身符合安全要求，操作者也需严格遵守安全操作规程，而且后者更重要。机械设备的安全操作规程因其种类不同而内容各异，但其基本安全规程大致相同。以下的规程适用于大多数机械设备的安全操作。

（1）开机前的安全准备

① 正确穿戴好个体防护装备。操作人员必须按照安全要求着装，例如，机械加工时要求长发者必须戴工作帽，操作机床时所有人员不得戴手套，以免旋转的工件或刀具将头发或手套绞进机器，造成人身伤害；高速切削时要戴好防护镜，以防铁屑飞溅伤眼。

② 设备状态的安全检查。首先空车运转设备，对其进行安全检查，确认正常后才能进行操作运行。生产和实验中，严禁设备带故障运行，以防发生危险。

（2）机械设备工作时的安全规范

① 正确使用机械安全装置。操作人员必须按规定正确使用仪器和设备上的安全装置，绝不能任意将其拆掉。例如，车床的安全保护器，必须将专用卡盘扳手插入后再开动车床，切不可用其他物件替代。

② 工件及夹具的安装。在工作过程中，随时观察有紧固要求的物件（如正在加工的刀具、夹具以及工件等）是否由于振动而松动，如有松动，必须立刻关停机床，重新紧固，直至牢固可靠。

③ 操作人员的安全要求。机械设备运转时，严禁操作者用手调整，也不得进行各种测量或润滑、清扫杂物等工作。如果必须进行，则应先关停机械设备，同时，操作者不得离开工作岗位，以防发生问题时无人处置。

④ 实验结束后的安全事项。首先，应关闭仪器设备的开关；其次，把刀具和工件从工作位置退出，与零件、夹具等一并摆放整齐，打扫机械设备的卫生，进行润滑并清理好实验场所；最后，实验指导老师要注意检查实验场地的电源总开关是否断开，同时锁好门窗。

**2. 常见的安全防护装置**

防护装置是指采用壳、罩、屏、门、盖、栅栏等结构作为物体障碍，将人与危险隔离的装置。采用安全防护装置的主要目的是防止运动件产生的危险。机械装置在设计时，应根据其工作特点选择合适的安全装置。机械安全装置通常按照控制方式或作用原理分类，常见类型如下：

（1）固定安全装置　保持在所需位置不动的防护装置，且不用工具不能将其打开或拆除，常见的形式有封闭式、固定间距式和固定距离式。包括送料、取料装置，辅助工作台，适当高度的栅栏，通道防护装置等。防护装置的开口尺寸应符合有关安全距离的标准要求。

（2）联锁装置　机械加工设备（尤其是旋转的设备）中的防护罩一般都包含联锁装置。其工作原理是，只有当安全装置关合时，机器才能运转；而只有当机器的危险部件停止运动时，安全装置才能开启。需要注意的是，安全联锁装置可以根据操作者的需求安装在不同的地方，并非一定要求设备自带。

（3）自动安全装置　当操作者的身体或着装误入危险区域时，自动安全装置可使机器停止工作，直到操作者离开危险区域，以确保操作者安全。

（4）可调安全装置　在无法实现对危险区域进行固定隔离（如固定的栅栏等）的情况下，可以使用可调安全装置。操作者进行适当的培训后合理使用和维护这类装置，其才能起到安全保护作用。

（5）双手操纵装置　这种装置迫使操作者要用两只手同时操纵控制器，仅能对操作者而不能对其他有可能靠近危险区域的人提供保护，因此，机床周围必须设置其他安全装置以保护旁边的人员。双手控制安全装置的两个控制开关之间应有适当的距离，且一次操作只能完成一次工作，如需再次运行，则双手要再次同时按下。

（6）跳闸安全装置　该装置的作用是在设备操作接近危险点时，自动使机器停止或反向运动，它要求机器有敏感的跳闸机构，并能迅速停止。

需要注意的是，一般在机械系统正常运行，操作者不需要进入危险区域的情况下，通常安装的是固定安全装置、联锁装置、自动停机装置等。如果机械正常运转时需要进入危险区的场合，一般选择安装联锁装置、自动停机装置、自动安全装置、可调安全装置以及双手控制安全装置。另外，为保证操作者安全操作，还应提供相应的个体防护装备和专业防护装备。

**3. 附加预防措施**

附加预防措施是指在设计机械时，除了通过设计减小风险、采用安全防护措施和提供各种安全信息外，还应另外采取有关的安全措施，主要包括设计与紧急状态有关的措施和改善机器安全而采取的一些辅助性预防手段。

（1）急停装置　每台机械都应装备一个或多个急停装置，以使操作者能迅速关机，避免危险状态。急停装置一般应非常明显，便于识别，操作者能迅速接近并完成手动操作，能尽快控制危险过程，避免进一步产生其他危害。急停装置启动后应保持关闭状态，直至手动解除急停状态。急停后并不一定能解除危险，也不一定能挽回损害。急停是一种避免危害继续扩大的紧急措施。

（2）陷入危险时的躲避和救援保护措施　例如，在可能使操作者陷入各种危险的设施中，应备有逃生通道和必要的屏障；机器应装备能与动力源断开的技术措施和泄放残存能量的措施，并保持断开状态；当机器停机后，可用手动操作解除断开状态等基本功能。

（3）重型机械及零部件的安全搬运措施　对于不能通过人力搬运的大型重型机械或零部件，除了应该在机械和零部件上标明重量外，还应装有适当的附件调运装置，如吊环、吊钩、螺钉孔以及方便叉车定位的导向槽等。

## 三、安全信息的使用

机械的安全信息由安全色、文字、标志、信号、符号或图表组成，以单独或联合使用的形式向操作者传递信息，用以指导操作者安全、合理、正确地使用机械，警告或提醒危险、危害健康的机械状态和应对机械危险事件。

### 1. 安全信息的功能

① 明确机械的预定用途；

② 规定和说明机械的合理使用方法；

③ 通知和警告遗留风险。

### 2. 安全信息的类别

① 信号和警告装置；

② 标志、符号（象形图）、安全色、文字警告等；

③ 随机文件，如操作手册、说明书等。

### 3. 安全色

安全色是表达安全信息的颜色，表示禁止、警告、指令、提示等意义。

### 4. 安全标志

安全标志用于明确识别机械的特点和指导机械的安全使用，说明机械或其零部件的性能、规格和型号、技术参数，或表达安全的有关信息。

## 四、旋转机械的安全使用

### 1. 旋转机械的定义

旋转机械主要是指依靠旋转动作来完成的机械，尤其是指转速较高的机械。工业上典型的旋转机械有汽轮机、燃气轮机、离心式和轴流式压缩机、风机、泵、水轮机、发电机和航空发动机等，广泛应用于电力、石化、冶金和航空航天等部门。实验室常用的旋转机械有离心机（低速离心机、中速离心机、高速离心机）、细菌摇床真空泵、超声波细胞破碎仪、通风橱、搅拌器、组织研磨仪、真空压缩机、排风扇等。这些旋转机械都是由旋转电机依靠电磁感应原理而运行的旋转电磁机械，用于实现机械能和电能的相互转换。发电机从机械系统吸收机械功率，向电系统输出电功率；电动机从电系统吸收电功率，向机械系统输出机械功率。

### 2. 旋转机械的分类

（1）按照生产中所起的作用分类　旋转机械按照其在生产中所起的作用，可分为以下几类：

① 液体介质输送机械，如各种泵类。

② 气体输送和压缩机械，如真空泵、风机、压缩机。

③ 固体输送机械，如提升机、皮带运输机、螺旋输送机、刮板输送机等。

④ 粉碎及筛分机械，如破碎机、球磨机、振动筛等。

⑤ 冷冻机械，如冷冻机和结晶器等。

⑥ 搅拌与分离机械，如搅拌机、过滤机、离心机、脱水机、压滤机等。

⑦ 成型和包装机械，如制粒机，扒料机，石蜡、沥青、硫黄的成型机械和产品的包装机械等。

⑧ 起重机，如各种桥式起重机、龙门吊等。

⑨ 金属加工机械，如切削、研磨、刨铣、钻孔机床及金属材料试验机械等。

⑩ 动力机械，如汽轮机、发电机、电动机等。

⑪ 污水处理机械，如刮油机、刮泥机、污泥（油）输送机等。

⑫ 其他专用机械，如抽油机、水力除焦机、干燥机等。

（2）按照功能分类　旋转机械按照其功能大致可分为以下几类：

① 动力机械。主要包括两类：原动机和流体输送机械。原动机如蒸汽涡轮机、燃气涡轮机等，利用高压蒸汽或气体的压力膨胀做功，推动转子旋转。流体输送机械，这类机械的转子被原动机拖动，通过转子的叶片将能量传递给被输送的流体，它进一步又可以细分为以下两类：涡轮机械，如离心式及轴流式压缩机、风机及泵等；容积式机械，如螺杆式压缩机、螺杆泵、罗茨风机、齿轮泵等。

② 过程机械，如离心分离机等。

③ 加工机械，如制粒机、炼胶机等。

**3. 旋转机械安全使用**

操作旋转机械设备的人员，应穿“三紧”（袖口紧、下摆紧、裤脚紧）工作服或其他轻便的衣服；不准戴手套、围巾；女生的发辫要盘在工作帽内，不准露出帽外。以上规定可保证衣物或者头发不会缠绕在机械中，避免引发伤害事件。

对操作者的日常行为也有严格规定，具体如下：

① 在旋转机械试运行时，除正在进行操作的人员以外，其他人应远离并站在转动机械的轴向位置，以防转动部分飞出伤人。

② 在密闭容器内，如磨煤机、空气预热器等，不准同时进行电焊及气焊工作。

③ 在对离心式风机进行检修时，如需打开调节风门挡板，应事先做好防止机械转动的措施。

④ 两台并联运行中的风机一台需要检修，如介质不能完全隔离时禁止人员进入风机机壳、风箱内工作，如确需进入风机机壳、风箱内工作，应采取特殊的安全措施并经分管生产的领导或总工程师批准后方可进入工作。

⑤ 在拆装轴承时禁止用手锤直接击打轴承，防止轴承金属碎片飞出伤人。

⑥ 转动机械设备如需更换垫片时，若无可靠的支撑措施，手指不得伸进底脚板内。

⑦ 对转动机械转子校动平衡时，必须在负责人的指挥下进行校验工作。工作场所周围应用安全围栏围好，无关人员不得入内。试加重量时应使装置牢固，以防止转子脱落伤人。

⑧ 泵体在检修中如需拆卸，禁止使用吊车拖拉管道，以防止管道变形而造成人身伤害

和设备损坏；泵体被拆卸后应将进出口管道密封。

⑨ 对旋转机械检修，需拆装轴套、对轮和叶轮时，如使用气焊加热，应做好防止烫伤的措施。

⑩ 应定期检修旋转机械，若发现异常，应及时上报，切勿自行拆卸。

## 五、机械加工车间事故的预防

机械加工车间中各种机床很多，只要妥善布置工作场所，设置必要的防护装置、保险装置，并严格遵守安全操作规程，就可以有效地防止伤害事故。

**1. 机床布置要求**

① 不使零件或切屑甩出伤人。

② 操作者不受日光直射而产生目眩。

③ 方便搬运成品、半成品及清理金属切屑。

④ 中间应设安全通道，使人员及车辆行驶畅通无阻。

**2. 防护装置要求**

① 防护罩：隔离外露的旋转部件。

② 防护栏杆：在运转时容易伤害人的机床部位，以及不在地面上操作的机床，均应设置高度不低于 1m 的防护栏杆。

③ 防护挡板：防止磨屑、切屑和冷却液飞溅。

**3. 保险装置要求**

① 超负荷保险装置：超载时自动脱开或停车。

② 行程保险装置：运动部件到预定位置能自动停车或返回。

③ 顺序动作联锁装置：在一个动作未完成之前，下一个动作不能进行。

④ 意外事故联锁装置：在突然断电时，机构能立即动作或机床停车。

⑤ 制动装置：避免在机床旋转时装卸工件；突发事故时，能及时停止机床运转。

# 第三节　公用砂轮机的安全使用与维护

## 一、砂轮机的安全使用

① 公用砂轮机要有专人负责，定期检查和加油，保证其正常运转。

② 砂轮机的防护罩和透明玻璃防护板以及吸尘器必须完备。透明防护板应与电源开关装成联锁装置。

③ 操作者必须佩戴防护眼镜、开动除尘装置后才能进行工作。

④ 在启动砂轮机前，要认真查看砂轮机与防护罩之间有无杂物。

⑤ 砂轮机启动后，要空转 2～3min，待砂轮机运转正常时，才能使用。

⑥ 更换新砂轮，必须认真选择，对有裂纹、破损的砂轮，或者砂轮轴与砂轮孔配合不好的砂轮，不准使用。

⑦ 砂轮机因维修不良发生故障或者砂轮轴晃动、没有托刀架、安装不符合要求时，不准开动。

⑧ 托刀架与砂轮工作面的距离，不能大于3mm。

⑨ 在同一块砂轮上，禁止两人同时使用，更不准在砂轮的侧面磨削工件。磨削工件时，操作者应站在砂轮机的侧面。

⑩ 磨工具用的专用砂轮，不准磨其他任何工件和材料。

⑪ 对于细小的、大的和不好拿的工件，不准在砂轮机上磨，特别是小工件要拿牢，以防挤入砂轮机内或挤在砂轮与托架之间，将砂轮挤碎。

⑫ 砂轮不准沾水，要经常保持干燥，以防沾湿后失去平衡。

⑬ 砂轮磨薄、磨小后，应及时更换。其厚薄度与大小，可根据经验以保证安全为原则。

⑭ 砂轮机用完后，应立即关闭电门，禁止砂轮机空转。

## 二、砂轮机的维护

① 砂轮机轴承按规定一年调换一次润滑脂。

② 更换砂轮要求：

a. 检查砂轮有无裂纹，轻击砂轮有无杂音，确认正常才能安装使用。

b. 安装砂轮片，必须调整平面的摆动，调整后夹紧螺母，装上防护。

c. 新砂轮片安装后，需电源开关间隔慢速起动5min，认为正常再全起动10min，安装操作者在新砂轮开机时严禁站立在砂轮片正面，必须站立在砂轮机两边，以防新砂轮运转爆裂导致人身伤害事故发生。

d. 新砂轮试车前，砂轮机正前方如有人员必须清场！

e. 新砂轮片试车15min后，确认正常后修整砂轮片外径，待修整后砂轮机无跳动方能使用。

③ 严禁砂轮机上磨长度超过500mm，及重量3kg以上的工件。

④ 严禁砂轮机上磨薄铁皮和铝、铜材料工件。

⑤ 砂轮机无防护罩不能开车使用。

⑥ 在砂轮机上操作必须戴手套和防护眼镜（5mm以下钻头可以不戴手套）。

⑦ 磨削工件时不准用力过大，以防事故发生。

⑧ 实验/习结束后清理砂轮机及周围环境卫生，切断电源总闸。

# 第四节　热加工安全技术

金属热加工一般是指铸造、锻造、冲压、焊接和热处理等工艺方法。金属冶炼、铸造、锻造和热处理等生产和实验/实习过程中伴随着高温，并散发着各种有害气体、粉尘和烟雾，同时还产生噪声，从而使实验、实习环境和劳动条件严重地恶化，这些作业工序多，体力劳动繁重，因而容易发生各类伤害事故，需要采取针对性的安全技术措施。

## 一、金属冶炼安全技术

### 1. 高温与中暑

金属冶炼操作如炼钢、炼铁是在几千摄氏度以上的高温下进行的。高温作业时，人体受高温的影响，出现一系列生理功能改变，如体温调节功能下降。当生产环境温度超过34℃时，很容易发生中暑。如果劳动强度过大，持续劳动时间过长，则更容易发生中暑，严重时可能导致休克。进行高温实验时，不得佩戴隐形眼镜，并应按需要佩戴防护手套，穿戴合适的防护服。实验/实习时必须至少有两人在场，且不能擅自脱岗。

防止中暑的措施有合理地设计操作流程，改进实验设备和操作方法，从而消除或减少高温、热辐射对人体的影响，这也是改善高温实验条件的根本措施。同时改进设备本身的隔热保护条件，采用热导率小的材料或循环冷却水进行隔热，也是改善实验、实习高温环境的重要措施。除此之外，应做好机械通风和自然通风，避免人员扎堆，根据实验、实习场所情况，合理安排实验人数。

### 2. 爆炸与灼伤

实验室为了尽可能接近实际生产条件，常常采用高温设备、高压设备、易燃易爆气体等条件模拟或实现生产条件，这就使得实验过程中容易发生喷溅、爆炸等事故。造成喷溅、爆炸的原因很多，实验的所有工艺过程，均隐藏着不安全因素，必须从每个环节上加强防范措施。

① 实验人员必须参加安全培训、设备操作培训、应急演练等相关培训，掌握相关理论知识，熟悉操作规程。

② 加强实验原料的管理和挑选工作，严防使用不符合要求的原材料进行实验。

③ 经常检查设备各项系统，保证设备正常。使用设备前检查设备水电等是否正常，做好设备使用记录和维护记录。

### 3. 煤气中毒

煤气中的主要有害成分为一氧化碳。在熔炼实验过程中，特别是炼铁实习中产生的废气，可能含有较多的一氧化碳，因而在炼钢、炼铁中，若处理不好，容易发生煤气中毒事故。实验过程中使用一氧化碳或实验过程中产生一氧化碳的实验室，需要安装一氧化碳报警装置，实验人员需要携带便携式一氧化碳报警装置，并注意加强实验、实习场所的通风、监测、检修和个人防护。

## 二、铸造安全技术

铸造是指制造铸型、熔炼金属，并将熔融金属浇入、吸入或压入铸型，凝固后获得一定形状和性能铸件的成形方法。常用的铸造方法有砂型铸造和特种铸造两大类，其中砂型铸造是当前我国应用最广泛的一种铸造方法。砂型铸造加工的主要工序包括制作模型、配砂、制芯、造型、合箱、炉料准备、金属熔化、浇铸、落砂及清砂等。铸造的液态金属成形原理决定了其工作环境的特殊性，在实验/习中必须注意以下安全操作规程。

① 指导教师和学生操作前必须穿戴好工作服，浇铸时需佩戴防护眼镜。

② 制作铸型与型芯时：

a. 教学用具、铸造设备、造型材料要在指导教师的指导下方可动用。工作前按要求清点好各类工具，并确保工具完好。

b. 搬动砂箱要注意轻放，以免压伤手脚。

c. 造型时不要用嘴吹型砂，以免砂粒飞入眼里。

d. 造好的铸型和砂芯必须烘干，并确保排气畅通。

e. 合箱操作时，应用泥条封紧缝隙，将两箱扣紧或放上压箱铁，防止浇注时发生抬箱、射箱、跑火事故。

③ 浇铸与铸件清理时：

a. 严格遵守炉前安全操作规程，避免铁水飞溅伤人。

b. 浇包使用前要先烘干，盛铁水的液面高度不超过浇包高度的八分之七。两人抬铁水包应互相配合，步调一致，抬时浇口朝外，特别注意铁水包的意外倾斜，防止铁水溢出烫人。

c. 浇铸过程中，操作者应站在安全位置，不要正视冒口，以防跑火时金属液喷射伤人。

d. 浇铸剩余的铁水，不能随意乱倒，只准将其倒入锭模及砂型中。

e. 开箱落砂不宜过早，防止铸件未凝固或未完全冷却发生烫伤事故。不能直接用手摸或用脚踏未冷却的铸件。

f. 实验/习场所不能有积水，不能乱放器械，应保持浇铸前铸型周围的道路通畅。

g. 清除铸件上的浇冒口及飞边、毛刺时，切记不可用手直接清除，应使用工具；注意锤击方向，以免敲坏铸件，并注意不要正对他人。

h. 操作结束后，要听从指导老师的安排，进行场地的清理和整理工作。

## 三、锻造安全技术

### 1. 锻造生产实验/实习的特点

把加热后的金属材料锻造成各种形状的工具、机械零件或毛坯，谓之锻造。锻造可以改变金属材料内部组织，细化晶粒，提高其力学性能。由于锻造是在金属材料灼热状态下进行挤、压、锻、打成型的，因此生产过程存在高温、烟尘、振动和噪声等危害因素，稍一疏忽就可能发生灼烫、机器工具伤害和火灾事故。

锻造生产实验、实习必须使用加热设备，锻压设备以及许多辅助工具。加热炉灼热的工件辐射大量热能，并且各种燃料燃烧产生炉渣、烟尘，如对这些不采取通风净化措施，将会污染工作环境，恶化劳动条件，造成伤害事故。

锻压设备主要有蒸汽锤、空气锤、模锻锤、机械锤、夹板锤、皮带锤、曲柄压力机、摩擦压力机、水压机、扩孔机、辊锻机等。各种锻压设备都对工作施加冲击载荷，因此容易损坏设备和发生人身伤害事故，如锻锤活塞杆折断，往往引起严重伤害事故；锻压设备工作时产生的振动和噪声影响人的神经系统，增加发生事故的可能性。

锻造工具和辅助工具，特别是手工锻造和自由锻造工具、夹钳等种类繁多，都要同时放在工作地点，往往很杂乱；而且由于在工作中工具更换频繁，增加了检查工具的难度，有时凑合使用不合适的工具，容易造成伤害事故。

### 2. 锻造的安全操作

锻造工艺主要包括坯料加热、锻造成型、锻件冷却和热处理等，锻造时，金属加热温度达700～1300℃，强大的辐射热、灼热的料头、飞出的氧化皮等都会对人体造成伤害，因此在实验/实习过程中必须严格遵守安全操作规程，特别注意以下事项：

① 操作者在开始工作前必须穿戴好个体防护装备，必须穿着长袖、长裤和工作鞋；操作时不得站立在容易飞出火星和锻件毛边的地方。

② 在进行锻造作业时，操作者要遵守安全操作规程，集中精力，互相配合；要注意选择安全位置，躲开危险方向。切断料时，身体要躲开料头飞出的方向。

③ 手工自由锻造时，两位实验人员要注意配合，握钳和站立姿势要正确，钳把不准正对或抵住腹部；司锤工要按掌钳者的指挥准确司锤，锤击时，第一锤要轻打，等工具和锻件接触稳定后方可重击。

④ 锻件过冷、过薄、未放在砧铁中心、未放稳或有危险时均不得锤击，以免损坏设备、模具和震伤手臂，以及发生锻件飞出，造成伤人事故。

⑤ 严禁擅自落锤和打空锤，不准用手或脚去清除砧铁上的氧化皮，不准用手去接触锻件。

⑥ 烧红的坯料和锻好的锻件不准乱扔，以免烫伤别人。

⑦ 实验结束后，应立即熄火或封炉，并将易燃品移开，以确保安全。

## 四、热处理安全技术

为了使各种机械零件和加工工具获得良好的使用性能，或者为了使各种金属材料便于加工，常常需要改变其物理、化学和力学性能，如磁性、抗蚀性、抗高温氧化性、强度、硬度、塑性和韧性等。这就需要在机械加工过程中通过一定温度的加热、一定时间的保温和一定速度的冷却，来改变金属及合金的内部结构（组织），以期改变金属及合金的物理、化学和力学性能，这种方法称为热处理。热处理加工的过程一般可分为三个步骤：加热、保温和冷却。实验、实习时，操作人员经常与设备和金属件接触，因此必须掌握有关安全技术，避免发生事故。

### 1. 热处理工序主要加热设备

热处理工序中的主要加热设备是加热炉，可以分为燃料炉和电炉两大类，实验室主要采用电炉进行加热，电炉又分为电阻炉和感应炉。

### 2. 热处理操作的安全要求

① 操作前，首先要熟悉热处理工艺规程和所要使用的设备及其他工具、器具。

② 操作时，必须穿戴好必要的个体防护装备，如实验服、手套、防护眼镜等。

③ 用电阻炉加热时，工件进炉、出炉应先切断电源，以防触电。在加热设备和冷却设备之间，不得放置任何妨碍操作的物品。

④ 混合渗碳剂、喷砂等在单独的实验室内进行，并应设置足够的通风设备。

⑤ 设备危险区（如电炉的电源引线、汇流条、导电杆和传动机构等），应当用铁丝网、栅栏、隔板等加以防护。

⑥ 热处理用全部工具应当有条理地放置，不许使用残裂的、不合适的工具。

⑦ 实验场所的出入口和通道，应当通行无阻；同时应放置足量完好有效的灭火器。

⑧ 经过热处理的工件，不要用手触摸，以免造成灼伤。

⑨ 实验结束后，打扫场地卫生，摆放好工具用具。

**3. 热处理设备和工艺的安全操作**

① 电炉的安全操作规程。各种电阻炉在使用前，需检查其电源接头和电源线的绝缘是否良好，要经常注意检查启闭炉门自动断电装置是否良好，以及配电柜上的红绿灯工作是否正常。无氧化加热炉所使用的液化气体，是以压缩液体状态贮存于气瓶内的，气瓶环境温度不许超过45℃。液化气是易燃气体，使用时必须保证管路的气密性，以防发生火灾和伤害事故。由于无氧化加热的吸热式气体中一氧化碳的含量较高，因此使用时要特别注意保证室内通风良好，并经常检查管路的密封。当炉温低于760℃或可燃气体与空气达到爆炸极限区间的混合比时，就有爆炸的可能，为此在启动与停炉时更应注意安全操作，最可靠的办法是在通风及停炉前用惰性气体及非可燃气体（氮气或二氧化碳）吹扫炉膛及炉前室。

② 气体渗碳炉安全操作规程。开炉前做好检查工作：应清除炉罐内的炭黑，检查密封衬垫；检查循环风扇、电动机，给轴承加润滑脂、冷却水套通水；检查热电偶位置及油压提升机构；检查滴定器，甲醇、煤油储存器。开炉时，调整自动控制装置，正常后才允许通电升温；升温时应开动风扇；炉温升到850℃时，开始滴入煤油（或甲醇）；炉温升到所需温度后，切断炉子和风扇的电源，才能进行装件操作；之后关紧炉门，打开风扇和炉子的电源。工件出炉后，关紧炉盖，切断炉子电阻丝电源，滴入少量煤油；炉温降至850℃时，停止滴入煤油；炉温降至600℃时，停止风扇，切断电源开关。

③ 操作盐浴炉时应注意，在电极式盐浴炉电极上不得放置任何金属物品，以免变压器发生短路。工作前应检查通风机的运转和排气管道是否畅通，同时检查坩埚内熔盐液面的高低，液面一般不能超过坩埚容积的3/4。电极式盐浴炉在工作过程中会有很多氧化物沉积在炉膛底部，这些导电性物质必须定期清除。使用硝盐炉时，应注意硝盐超过一定温度会发生着火和爆炸事故。因此，硝盐的温度不应超过允许的最高工作温度。另外，应特别注意硝盐溶液中不得混入木炭、木屑、炭黑、油和其他有机物质，以免硝盐与炭结合形成爆炸性物质，从而引起爆炸事故。

④ 进行液体氰化时，要特别注意防止氰化物中毒。操作氰化浴炉时，必须戴口罩和防护眼镜（或面罩），穿好劳动防护服，戴好手套。工作完毕即脱掉。防护用品不得带出实习场所，定期用10％硫酸亚铁溶液清洗2次。液体氰化零件必须烘干进炉，否则，熔盐遇水会发生崩爆溅出，易造成皮肤灼伤。

⑤ 进行高频电流感应加热操作时，应特别注意防止触电。操作间的地板应铺设胶皮垫，并注意防止冷却水洒漏在地板上和其他地方。

⑥ 进行镁合金热处理时，应特别注意防止炉子“跑温”而引起镁合金燃烧。当发生镁合金着火时，应立即用熔炼合金的熔剂（50％氯化镁、25％氯化钾、25％氯化钠熔化混合后敲碎使用）撒盖在镁合金上加以扑灭，或者用专门用于扑灭镁火的药粉灭火器加以扑灭。在任何情况下，都绝对不能用水和其他普通灭火器来灭火，否则将引起更为严重的火灾事故。

⑦ 进行油中淬火操作时，应注意采取冷却措施，使淬火油槽的温度控制在80℃以下，大型工件进行油中淬火时更应特别注意。大型油槽应设置事故回油池。为了保持油的清洁和防止火灾，油槽应装槽盖。

⑧ 矫正工件的工作场地位置应适当，防止工件折断崩出伤人。必要时，应在适当位置

装设安全挡板。

⑨ 无通风孔的空心件，不允许在盐浴炉中加热，以免发生爆炸。有盲孔的工件在盐浴中加热时，孔口不得朝下，以免气体膨胀将盐液溅出伤人。管类零件淬火时，管口不应朝自己或他人。

## 五、焊接安全技术

焊接是把分离的金属通过局部加热、加压或两者并用，借助于金属接头处原子间的结合与扩散作用，而形成不可拆卸整体件（即焊接件）的加工方法。焊接是目前应用最广泛的金属不可拆卸连接方法。焊接的方法很多，本节主要介绍实验中要操作的手工电弧焊和气焊的安全操作要领。

**1. 手工电弧焊的安全操作**

电弧是在加有一定电压的电极之间或在电极与焊件之间产生的一种强烈的气体放电现象。电弧焊是利用电弧产生的热能熔化被焊金属母材（即焊件）以实现连接的熔焊方法。实验/习中除了重视用电安全外，还要预防电弧光及烟尘对眼睛和皮肤的伤害。

（1）焊接操作前的安全准备与检查

① 进入实验室必须穿好工作服及绝缘鞋，焊接时戴好工作帽、手套、防护眼镜及面罩等防护用品，禁止穿高跟鞋、拖鞋、凉鞋、裙子、短裤，以免发生烫伤。

② 电焊机平稳安放在通风良好、干燥的地方，不准靠近高热及易燃易爆的环境，以免发生烫伤，车间窗户开启。电焊钳应有可靠的绝缘。

③ 操作前必须从工具箱拿出焊接电缆，并接好焊接设备，检查线路各连接点接触是否良好，防止因松动、接触不良而产生发热现象。

④ 焊接前应检查焊机是否接地，焊钳、电缆等绝缘部分是否良好，以防触电。

⑤ 任何时候焊钳都不得放在工作台上，应放在指定的架上，以免长时间短路烧坏焊机。

⑥ 禁止在焊机上放置任何物件和工具，启动电焊机前，焊钳与焊件不能短路。

⑦ 人体不要同时触及焊机输出两端，以免触电；同时检查焊机风扇是否正常转动，禁止焊条插入风扇内。

⑧ 焊接场地通风必须良好，以防有害气体影响人体健康。

（2）焊接操作过程中的注意事项

① 焊工推送闸刀时，不要正对电闸，防止因短路造成的电弧火花烧伤面部、手部，必要时应戴绝缘手套。

② 施焊时必须使用面罩，保护眼睛和脸部。在狭小或潮湿的作业环境区内必须穿着干燥的衣服、可靠的绝缘手套和绝缘鞋，不要靠在钢板上。

③ 在焊接、切割密闭空心工件时，必须留有出气孔。

④ 电焊机接地零线及电焊工作回线均不准搭在易燃、易爆的物品上和管道或机床设备上。工作回线应绝缘良好，机壳接地应符合安全规定。

⑤ 焊件必须放置平稳、牢固才能施焊，不准在天车吊起或叉车铲起的工件上施焊，各种机器设备的焊修，必须停车进行，作业地点应有足够的活动空间。

⑥ 更换焊条时，要戴好防护手套，不得用裸露的手直接接触电焊条或电焊钳。

⑦ 刚焊好的焊件不许用手触及，以防烫伤。

⑧ 发生故障时，应立即切断焊机电源，及时进行检修。

⑨ 焊后清渣时，要防止焊渣崩入眼中，可以用电焊面罩遮挡。

⑩ 焊接结束时，应切断焊机电源，并检查焊接场地有无火种。

**2. 气焊的安全操作**

气焊是利用气体燃烧产生的热量熔化母材焊接处及充填金属的焊接方法。与其他焊接方法相比，气焊不需要电源，移动灵活，适用于野外无电源条件下的焊接及维修工作。在实验/实习过程中，需要特别注意气瓶的管理及防止弧光伤害和烫伤。

（1）气焊操作前的安全准备与检查

① 工作前检查焊接场地，氧气瓶与乙炔气瓶相距不小于5m，距施焊点不小于10m，并在10m以内禁止堆放其他易燃易爆物品（包括有易燃易爆气体产生的器皿管线）。同时，备有消防器材，保证足够照明和良好通风。

② 检查氧气和乙炔气导管接头处，不允许漏气，以免引起意外事故。

③ 检查减压器是否有损坏、漏气或其他事故，回火防止器是否处于正常工作状态。

④ 在使用焊枪前，必须先检查吸射性能和气密性。

（2）气焊操作过程中的注意事项

① 点火时先打开乙炔阀并点燃，后开氧气调节火焰。

② 关火时应先关乙炔，后关氧气。发生回火时应立即关闭乙炔和氧气，一般应先关乙炔，再关氧气。

③ 焊接过程中，放气速度不应太快，避免气体流经阀门时产生静电火花。气焊时注意不要把火焰喷到身上和胶管上。

④ 停止使用时严禁将焊炬、胶管和气源做永久性连接。

⑤ 气瓶在保管和使用过程中，避免日光暴晒，远离明火和热辐射。乙炔瓶应垂直立放，严禁卧倒。

⑥ 实验/实习结束时，必须关紧有关阀门并放松调压阀，确认场地安全无火种后方可离开。

**3. 焊接的职业卫生防护要求**

（1）焊接的辐射危害　气焊和电焊时可用护目玻璃，以减弱电弧光的刺目并过滤紫外线及红外线。氩弧焊时，除要戴护目眼镜外，还应戴口罩、面罩，穿戴好防护手套、脚盖、帆布工作服。

（2）焊接过程中有毒气体的危害　在焊接时必须采用有效措施，如戴口罩、装通风或吸尘设备等，采用低尘低毒的焊条。

（3）高频电磁场的危害　减少高频电磁场的作用时间，引燃电弧后立即切断高频电源，焊炬和焊接电缆用金属编织线屏蔽；焊件接地。

## 第五节　数控机加工设备的安全使用

数控技术是指利用数字化信号控制执行机构完成某种功能的自动控制技术。数控机加工设备，即数字控制机床是利用数字代码形式的信息（程序指令），控制刀具按给定的工作程序、运动速度和轨迹自动加工的机床，简称数控机床。

## 一、数控机加工设备的特点

传统加工中需要操作者通过各种操作杆、手柄、变速箱和刻度盘等装置，手动操作机床来加工零件。由于每一个操作者的技能、经验及身体疲劳状况等易于变化，因此，不能完全重复每一个加工过程，可能造成加工的零件精度不一致。而数控加工过程中无需操作操作杆、手柄、变速箱和刻度盘，只要编好的程序经检验无误后就可以反复使用，而且加工的零件还可以得到较为一致的精度。与普通机加工相比，数控加工设备具有以下特点。

① 自动化程度高，具有很高的生产率。数控机床的加工大部分是自动完成的，减轻劳动强度，改善劳动条件。

② 能适应不同零件的加工。若要改变加工零件，只需改变数控程序，无需更换凸轮、靠模、样板等专用工艺设备，因此生产周期短，有利于产品更新换代。

③ 加工精度高，质量稳定。数控加工大部分由机器完成，因而消除人为误差，提高零件的加工精度。

④ 功能复合程度高，一机多用。特别是对于具有换刀机构的数控机床，工件一次装夹后几乎可以完成全部加工，一台数控设备可以完成几台普通设备的加工工作。因此，减少装夹误差，节约成本，经济效益较高。

⑤ 易于实现机电一体化。数控机床易于实现计算机辅助设计（CAD）、计算机辅助制造（CAM）和企业管理系统连接，形成设计、制造及管理一体化。

⑥ 对使用人员的素质要求比较高，对维修人员的技术要求也更高。

## 二、数控机加工设备安全操作规程

数控机床由程序载体，输入、输出装置，数控装置（CNC），伺服驱动及位置检测，辅助控制装置，机床本体等几部分组成。其操作中除了要遵守普通机器加工设备安全操作规程外，还要注意以下安全事项。

（1）设备操作人员要求

① 设备操作人员必须穿戴好工作帽、工作服及工作鞋。

② 操作人员必须经过严格培训，了解机床的性能特点，熟悉机床数控系统的编程方法，并熟练掌握操作方法和操作技巧。

③ 非操作人员经过专业培训，了解机床的性能特点，并熟练掌握操作方法的，须经批准后，才可上机操作。

④ 未经专业培训并获得上岗资格的人员，不得擅自开动机床。

⑤ 试加工工件或调整程序时，必须由编程人员和操作人员一起作业。如操作人员不在，非操作人员须经批准后，方可上机操作。

⑥ 工作人员必须熟悉和严格执行安全操作规程和其他各项规章制度。

（2）设备操作要求

① 基本安全规定：

a. 工作前，操作人员必须穿戴好工作服、工作帽、安全鞋。

b. 经常清扫机床周围环境，保持环境整洁。

c. 机床控制系统经常保持清洁。

d. 经常检查紧固螺钉，不得有松动。

e. 不得打开防护罩开动机床。

② 机床启动前安全注意事项：

a. 每天开机前检查电源、气源是否正常，各油标指示是否正确。

b. 加工前，必须用手动或程序指令使刀具回到参考点。

c. 熟悉机床的紧急停车方法及机床的操作顺序。

d. 刀具、工件安装后，应再次检查，确认无任何干涉，调用正确的程序，并检查刀位号是否正确，保证刀具已校正好，达到使用要求。

③ 调整程序时的安全注意事项：

a. 采用正确的刀具，避免使用钝化的刀具。

b. 不能进行超出机床加工能力的作业。

c. 在机床停机时进行调整刀具。

d. 确认刀具在换刀时不和其他部位碰撞。

e. 确认工件的卡具或压板有足够的强度。

f. 工作台面上不得放工具、量具、刀具等其他物品。

g. 程序调整后，要再次检查，经空运转或模拟显示确认无误后，方可加工。

h. 控制系统电源接通后，只允许一人操作控制面板，他人不得接触控制面板，严禁交叉作业。

④ 机床运转中的安全注意事项：

a. 机床启动后，在机床自动连续运转中必须监视其运转状态。

b. 确认冷却液输出通畅，流量充足。

c. 机床运转时，不得调整刀具和测量工件尺寸。

d. 遇到异常情况，应保护现场，及时通知维修人员，进行故障排除。特别紧急情况下应迅速切断电源。

⑤ 作业完毕时的安全注意事项：

a. 关闭电源。

b. 清扫机床，并添加润滑油，当机床长时间不用时，应涂敷防锈油。

c. 填写工作记录表。

## 三、数控机加工安全事故类型

数控加工设备是在普通机加工设备基础上发展起来的，因此，普通机加工出现的安全事故在数控设备中都有可能发生。另外还有以下几项常见的事故类型。

（1）机械部分故障事故

① 主轴发热、噪声，加工尺寸不稳定。主轴发热的原因主要是轴承损坏或者轴承缺润滑脂，轴承的预紧力过紧引起的。主轴轴承损坏或者轴承间隙过大或过小都会引起加工产品的尺寸不稳定。

② 导轨出现故障将导致托板未运动到规定位置，运行中断、定位精度下降、反向间隙

增大、爬行等。

③ 丝杠故障将引起滚珠丝杠轴向间隙过大、丝杠转动有点沉等。

(2) 编程加工出现的故障事故

① 换刀点设定错误、错误的编程语句、错误的走刀路线等都可能导致机床发生安全事故。

② 不规范的调试动作导致的事故。学生在调试程序时，要有不急不躁的调适心理，在调试前一定要让学生仔细检查程序的正确性，避免机床产生碰撞。

③ 坐标系、刀补的设置问题导致的事故。机床工件坐标系应与编程坐标系保持一致，如果出错，刀具与工件碰撞的可能性就非常大。此外，刀具长度补偿的设置必须正确，否则，要么是空加工，要么是发生碰撞。

## 第六节 机械类实验室安全事故应急救援

《生产经营单位生产安全事故应急预案编制导则》是所有实验人员在处理突发重大事故的基本原则。要求所有人员都要模范遵守，坚决执行。

### 一、火灾事故应急处理救援

① 突发火灾事故后，获得火灾消息的人员，应及时使用消防器材、消火栓等进行灭火自救，并及时关闭电源及其他用电设备，在第一时间拨打“119”报警，向实验室安全责任人报告。

② 突发火灾事故后，非事故操作人员应视当时火情的严重程度，在现场灭火总指挥的统一调度下，或派部分人员过去协助灭火，或采取紧急断电停机措施，派出所有人员协助灭火，并安排人员在路口接应消防车。

③ 对于其他现场人员，首先要采取措施进行自身防护，之后有组织、相互协助地向安全区域撤离。

### 二、人身伤害事故应急处理救援

① 突发重大人身伤害事故，负责人和现场实验人员应采取果断措施立即停机或停电，将受害人从机器设备上或触电部位迅速解救出来。

② 如受伤人员大量失血，现场负责人应立即组织人员对其进行临时性绑扎、止血。

③ 如受伤人员呼吸、心跳停止，应立即把受伤者搬到空旷场地，实施人工呼吸和心脏按压复苏，不得耽误半分半秒。

④ 此时，现场指挥者要争分夺秒、当机立断，紧急向120急救中心求助。

⑤ 现场指挥者应及时向实验室安全责任人汇报。

⑥ 如遇一般人身伤害事故，现场指挥应立即向实验室安全责任人汇报，并及时找车将伤者送往医院进行救治。

⑦ 现场指挥者在处理人身伤害事故时，要本着迅速、稳妥的原则，立即予以处置，千万不要拖延时间！千万不要耽误救治受伤者的最佳时机，时间就是生命！

## 三、设备事故应急处理救援

① 突发重大设备事故，现场指导老师要迅速采取措施，予以停机停电，严防事故扩大。

② 如果因设备事故连带发生人身伤害事故，应立即救人，在把伤者救出后，立即启动人身伤害事故应急处理救援预案程序，予以迅速救治，而后再去处理设备事故。

③ 发生重大设备事故后，如不是因为救人等特殊情况，尽量不要移动现场各种物件，要保护好现场，以便分析事故原因。

④ 发生重大设备事故后，如不迅速采取“移动”“支撑”等手段来处理，有可能导致事故扩大或危害人身安全时，现场指挥可以采取这些手段来予以处理。但要做好详细记载，并向事故调查人员讲清，以便能准确判定事故发生的原因。

⑤ 发生重大设备事故后，现场指挥人员在做好紧急处理的情况下，应立即向实验室安全责任人汇报。

## 习题

1. 机械产生的危险分为机械性危险和非机械性危险，请列举机械性危险主要包括哪几个方面的危险？

2. 列举机械伤害的主要形式及其特点。

3. 分析机械伤害产生的主要原因有哪些？阐述其防范措施。

4. 电弧焊主要对人体哪两种器官构成伤害？并列举其防护措施。

5. 简述数控机床启动前的安全注意事项是什么？

6. 分析如何防止金属冶炼过程中的煤气中毒事故？

# 第六章

# 特种设备安全

根据国务院《特种设备安全监察条例》（国务院令第373号），特种设备是指涉及生命安全、危险性较大的锅炉、压力容器（含气瓶，下同）、压力管道、电梯、起重机械、客运索道、大型游乐设施和场（厂）内专用机动车辆。

## 第一节　特种设备的种类

特种设备依据其主要工作特点，分为承压类特种设备和机电类特种设备。实验室常见的特种设备种类为：压力容器、起重机械等。

### 一、承压类特种设备

承压类特种设备是指承载一定压力的密闭设备或管状设备，包括锅炉、压力容器（含气瓶）、压力管道。

（1）锅炉　是指利用各种燃料、电或者其他能源，将所盛装的液体加热到一定的参数，并通过对外输出介质的形式提供热能的设备，其范围规定为设计正常水位容积大于或者等于30L，且额定蒸汽压力大于或者等于0.1MPa（表压）的承压蒸汽锅炉；出口水压大于或者等于0.1MPa（表压），且额定功率大于或者等于0.1MW的承压热水锅炉；额定功率大于或者等于0.1MW的有机热载体锅炉。

（2）压力容器　是指盛装气体或者液体，承载一定压力的密闭设备，其范围规定为最高工作压力大于或者等于0.1MPa（表压）的气体、液化气体和最高工作温度高于或者等于标准沸点的液体，容积大于或者等于30L且内直径（非圆形截面指截面内边界最大几何尺寸）大于或者等于150mm的固定式容器和移动式容器；盛装公称工作压力大于或者等于0.2MPa（表压），且压力与容积的乘积大于或者等于1.0MPa·L的气体、液化气体和标准沸点等于或者低于60℃液体的气瓶；氧舱。

所谓公称工作压力，对盛装永久性气体的气瓶，指在基准温度（一般为20℃）时所盛装气体的限定充装压力；对盛装液化气体的气瓶，指温度为60℃时瓶内气体压力的上限值（液化气体压力的上限值除与温度有关外，还与充装系数有关）。

（3）压力管道　是指利用一定的压力，用于输送气体或者液体的管状设备，其范围规定为最高工作压力大于或者等于0.1MPa（表压），介质为气体、液化气体、蒸汽或者可燃、易爆、有毒、有腐蚀性，最高工作温度高于或者等于标准沸点的液体，且公称直径大于或者等于50mm的管道。公称直径小于150mm，且其最高工作压力小于1.6MPa（表压）的输送无毒、不可燃、无腐蚀性气体的管道和设备本体所属管道除外。

## 二、机电类特种设备

机电类特种设备是指必须由电力牵引或驱动的设备，包括电梯、起重机械、客运索道、大型游乐设施、场（厂）内专用机动车辆。

（1）电梯　是指动力驱动，利用沿刚性导轨运行的箱体或者沿固定线路运行的梯级（踏步），进行升降或者平行运送人、货物的机电设备，包括载人（货）电梯、自动扶梯、自动人行道等。非公共场所安装且供单一家庭使用的电梯除外。

（2）起重机械　是指用于垂直升降或者垂直升降并水平移动重物的机电设备，其范围规定为额定起重量大于或者等于0.5t的升降机；额定起重量大于或者等于3t（或额定起重力矩大于或者等于40t·m的塔式起重机，或生产率大于或者等于300t/h的装卸桥），且提升高度大于或者等于2m的起重机；层数大于或者等于2层的机械式停车设备。

（3）客运索道　是指动力驱动，利用柔性绳索牵引箱体等运载工具运送人员的机电设备，包括客运架空索道、客运缆车、客运拖牵索道等。非公用客运索道和专用于单位内部通勤的客运索道除外。

（4）大型游乐设施　是指用于经营目的，承载乘客游乐的设施，其范围规定为设计最大运行线速度大于或者等于2m/s，或者运行高度距地面高于或者等于2m的载人大型游乐设施。用于体育运动、文艺演出和非经营活动的大型游乐设施除外。

（5）场（厂）内专用机动车辆　是指除道路交通、农用车辆以外仅在工厂厂区、旅游景区、游乐场所等特定区域使用的专用机动车辆。

# 第二节　压力容器

## 一、压力容器基础知识

压力容器，一般泛指在工业生产中盛装用于完成反应、传质、传热、分离和储存等生产工艺过程的气体或液体，并能承载一定压力的密闭设备。

压力容器广泛应用于石油、化工、冶金、机械、轻纺、医药、民用、军工以及科学研究等领域，在国民经济中占有重要地位。化学实验室的压力容器主要是各种气体钢瓶和各种高压反应釜、反应罐、反应器等。

**1. 压力容器特点**

(1) 结构特点　压力容器一般由筒体（又称壳体）、封头（又称端盖）、法兰、密封元件、开孔与接管（人孔、手孔、视镜孔、物料进出口接管）、附件（液位计、流量计、测温管、安全阀等）和支座等所组成。

(2) 固定式压力容器的特点

① 具有爆炸的危险性。

② 介质种类繁多，千差万别。易燃易爆介质一旦泄漏，可引起爆燃。有毒介质泄漏，能引起中毒。一些腐蚀性强的介质，会使容器很快发生腐蚀失效。

③ 不同容器的工作条件差别大。有的容器承受高温高压；有的容器在低温环境下工作；有的容器投入运行后要求连续运行。

④ 材料种类多。

(3) 移动式压力容器的特点

① 活动范围大，运行环境条件复杂，在运输和装卸过程中易受冲击、振动，有时还可能发生碰撞、倾翻。

② 介质绝大多数是易燃、易爆以及有毒等液化气体，一旦发生事故，造成的后果严重、社会影响大。

③ 活动场所不固定，监督管理难度大。

**2. 压力容器的参数**

压力容器的主要工艺参数为压力、温度、介质。此外，容积、直径、壁厚也是重要的特性指标。

(1) 压力　压力容器的压力可以来自两个方面，一是在容器外产生（增大）的，二是在容器内产生（增大）的。

最高工作压力，多指在正常操作情况下，容器顶部可能出现的最高压力。设计压力，是指在相应设计温度下用以确定容器壳体厚度及其元件尺寸的压力，即标注在容器铭牌上的设计压力。压力容器的设计压力值不得低于最高工作压力。

(2) 温度　设计温度，是指容器在正常工作情况下，设定的元件的金属温度。设计温度与设计压力一起作为设计载荷条件。当壳壁或元件金属的温度低于－20℃，按最低温度确定设计温度；除此之外，设计温度一律按最高温度选取。试验温度，指的是压力试验时，壳体的金属温度，是相对设计温度而言的一个参数，是容器在实际工作情况下元件的金属温度。

(3) 介质　生产过程涉及的介质品种繁多，分类方法也有多种。按物质状态分类，有气体、液体、液化气体、单质和混合物等；按化学特性分类，则有可燃、易燃、惰性和助燃4种；按它们对人类毒害程度，又可分为极度危害（Ⅰ）、高度危害（Ⅱ）、中度危害（Ⅲ）、轻度危害（Ⅴ）4级；按它们对容器材料的腐蚀性可分为强腐蚀性、弱腐蚀性和非腐蚀性。

**3. 压力容器的分类**

压力容器有众多分类方法，可以按压力等级分类，按在生产中的作用分类，按安装方式分类，按制造许可分类，按安全技术管理（基于危险性）分类等。

(1) 按压力等级分类　按承压方式分类，压力容器可以分为内压容器和外压容器，内压容器按设计压力可以划分为低压、中压、高压和超高压4个压力等级：

低压容器：$0.1\text{MPa}\leqslant p<1.6\text{MPa}$；

中压容器：$1.6\text{MPa} \leqslant p < 10.0\text{MPa}$；

高压容器：$10.0\text{MPa} \leqslant p < 100.0\text{MPa}$；

超高压容器：$p \geqslant 100.0\text{MPa}$。

外压容器中，当容器的内压力小于一个绝对大气压（约 0.1MPa）时，称为真空容器。

（2）按容器在生产中的作用分类

① 反应压力容器：主要是用于完成介质的物理、化学反应的压力容器，如各种反应器、反应釜、聚合釜、合成塔、变换炉、煤气发生炉等。

② 换热压力容器：主要是用于完成介质的热量交换的压力容器，如各种热交换器、冷却器、冷凝器、蒸发器等。

③ 分离压力容器：主要是用于完成介质的流体压力平衡缓冲和气体净化分离的压力容器，如各种分离器、过滤器、集油器、洗涤器、吸收塔、干燥塔、汽提塔、分汽缸、除氧器等。

④ 储存压力容器：主要是用于储存和盛装气体、液体、液化气体等介质的压力容器，如各种型式的储罐、缓冲罐、消毒锅、印染机、烘缸、蒸锅等。

⑤ 固定式压力容器：指有固定的安装和使用地点，工艺条件和使用操作人员也比较固定，一般不是单独装设，而是用管道与其他设备相连接的容器。

⑥ 移动式压力容器：指一种储装容器，如气瓶、化学反应罐等。这类容器无固定使用地点，一般也没有专职的操作人员，使用环境经常变化，管理比较复杂，容易发生事故。

（3）按压力容器的壳体承压方式分类　按压力容器的壳体承压方式不同，压力容器可分为内压（壳体内部承受介质压力）容器和外压（壳体外部承受介质压力）容器两大类。

（4）按设计温度高低分类　按设计温度（$t$）的高低，压力容器可分为：低温容器（$t \leqslant -20℃$）；常温容器（$-20℃ < t < 450℃$）；高温容器（$t \geqslant 450℃$）。

## 二、压力容器的设计、生产和使用

实验室所选用的压力容器，必须是经过国家有关部门批准的设计、生产单位的产品。不允许擅自设计、生产，也不允许请无设计、生产压力容器许可证的单位制造压力容器。

**1. 压力容器的设计**

压力容器的设计对压力容器的安全至关重要。2003 年 6 月 1 日起施行的《特种设备安全监察条例》第二章第十一条规定：“压力容器的设计单位应当经国务院特种设备安全监督管理部门许可，方可从事压力容器的设计活动。”

（1）压力容器设计单位的资质要求　压力容器的设计单位应当具备下列条件：

① 有与压力容器设计相适应的设计人员、设计审核人员。

② 有与压力容器设计相适应的场所和设备。

③ 有与压力容器设计相适应的健全的管理制度和责任制度。

（2）压力容器的设计要求　在压力容器的具体设计中，必须满足以下几个基本要求：

① 强度（容器在确定的内部压力或外部作用力下抵抗破裂的能力）要符合或优于设计标准。

② 刚度（容器防止变形，大部分情况是局部变形的能力）要符合或优于设计标准。

③ 稳定性（容器在外力作用下，保持其整体形状不发生突然性改变的能力）要好。

④ 容器的使用寿命要长。

⑤ 容器要有良好的整体密闭性。

⑥ 要有安全装置和安全泄压装置。在压力容器上的安全装置通常有安全阀、爆破片、液面计、温度计或探头、易熔塞、紧急切断阀等，在下列情况下压力容器必须安装安全泄压装置：

a. 在生产过程中可能因物料的化学反应（或相态变化）使其内部压力增加。

b. 盛装液化气体的容器，由于介质温度升高，其饱和蒸气压也相应增加。

c. 压力来源处没有安装安全阀的容器，安装于系统内、其最高工作压力小于压力源压力的容器。

**2. 压力容器的生产**

压力容器属于特种设备。按照我国的相关管理要求，特种设备的生产、制造单位，应当经国务院特种设备安全监督管理部门许可，方可从事相应的活动。

（1）压力容器生产单位的资质要求　特种设备的生产、制造、安装、改造单位应当具备以下条件：

① 有与特种设备制造、安装、改造相适应的专业技术人员和技术工人。

② 有与特种设备制造、安装、改造相适应的生产条件和检测手段。

③ 有健全的质量管理制度和责任制度。

④ 特种设备出厂时，应当附有安全技术规范要求的设计文件、产品质量合格证明、安装及使用说明、监督检验证明等文件。

（2）压力容器生产注意事项　压力容器的生产主要应注意以下几个问题：

① 选用材料是否合格（钢材的型号、厚度等）。

② 生产技术是否过关（焊接技术等）。

③ 监督检验是否合格。

④ 各种文件是否齐全。

**3. 压力容器的使用要求**

使用压力容器进行高压实验，要注意以下几点：

① 压力容器操作人员必须经过严格培训，掌握压力容器方面的基本知识。

② 压力容器实验最好在有防护措施（防护板或防护墙、防护面具、防护手套等）的专门实验室进行。

③ 压力容器操作人员要遵守安全操作规程，熟记本岗位的工艺流程，掌握本岗位压力容器操作顺序、方位及对一般故障的排除技能；并做到认真、如实地填写操作运行记录，加强对容器和设备的巡回检查和维护保养。

④ 压力容器操作人员应了解生产流程中各种介质的物理性能和化学性质，了解它们之间可能引起的物理、化学变化，以便发生意外时能做到判断准确、处理正确及时。

⑤ 避免由于错误操作而造成超温超压，这往往是压力容器事故的主要原因。

⑥ 压力容器应做到平衡操作，加压卸压、加热冷却都应缓慢进行，要减少震动或移动。

⑦ 实验过程中如发现泄漏现象，一定要正确处理，不要在工作状态下拆卸螺栓或压盖等，这是因为容器在工作状态时，内部压力高于外部压力，此时拆卸就会导致严重事故。

# 第三节　压力容器的安全使用

## 一、压力容器的安全管理要求

**1. 使用许可厂家的合格产品**

压力容器实行设计文件鉴定制度，由国家市场监督管理总局核准的鉴定机构对压力容器设计文件中的安全性能和节能性是否符合特种设备安全技术规范和有关规定进行审查。未经鉴定的设计文件，不得用于制造安装。制造单位，必须具备保证产品质量所必需的加工设备、技术力量、检验手段和管理水平，并取得特种设备生产许可证，才能生产相应种类的压力容器。购置、选用的压力容器应是许可厂家的合格产品，并有齐全的技术文件、产品质量合格证明书、监督检验证书和产品竣工图。从事压力容器安装、改造、维修的单位，必须取得特种设备生产许可证，方可在许可的范围内从事相应工作。

**2. 登记建档**

压力容器在正式使用前，必须到当地特种设备安全监察机构登记，经审查、批准、登记、建档、取得使用证方可使用。使用单位也应建立设备档案，保存设计、制造、安装、使用、修理、改造和检验等过程的技术资料。

**3. 专责管理**

使用压力容器的单位，应对设备进行专责管理。应设置安全管理机构，配备安全管理负责人和安全管理人员。使用石化与化工成套装置的单位，以及使用压力容器台数达到50台及以上的单位，应当设置专门的特种设备安全管理机构，配备专职安全管理人员，并且逐台落实安全责任人。

**4. 建立制度**

使用单位必须建立一套科学、完整、切实可行的管理制度。管理制度应该包括管理制度和操作规程两方面。

**5. 持证上岗**

压力容器安全管理负责人和安全管理人员，应当按照规定持有相应的特种设备管理人员证。操作人员必须严格执行压力容器安全管理制度，依照操作规程及其他法规操作运行。

**6. 定期检验和日常检查**

定期检验是指在设备的设计使用期限内，每隔一定的时间对压力容器承压部件和安全装置进行检测检查，或做必要的试验。使用单位应按照压力容器的检验周期，按时向取得国家市场监督管理总局核准资格的特种设备检验机构申请检验。

日常检查方面，压力容器的安全检查每月进行一次，检查内容主要有：安全附件、装卸附件、安全保护装置、测量调控装置、附属仪器仪表是否完好，各密封面有无泄漏，以及其他异常情况等。

## 二、压力容器的安全附件

### 1. 安全附件

（1）安全阀　压力容器安全阀分全启式安全阀和微启式安全阀。根据安全阀的整体结构和加载方式可以分为静重式、杠杆式、弹簧式和先导式4种。安全阀如果出现故障，尤其是不能开启时，有可能会造成压力容器失效甚至爆炸的严重后果。安全阀的主要故障有以下几种：

① 泄漏。在压力容器正常工作压力下，阀瓣与阀座密封面之间发生超过允许程度的泄漏。

② 到规定压力时不开启。安全阀锈死、阀瓣与阀座黏住、杠杆被卡住等都会造成安全阀不开启；如果安全阀定压不准，也会造成到规定压力时不开启。

③ 不到规定压力时开启。安全阀定压不准，或者弹簧老化。

④ 排气后压力继续上升。选用的安全阀排量太小，或者排气管截面积太小，不能满足压力容器的安全泄放量要求。

⑤ 排放泄压后阀瓣不回座。阀杆、阀瓣安装位置不正或者被卡住。

（2）爆破片　爆破片装置是一种非重闭式泄压装置，由进口静压使爆破片受压爆破而泄放出介质，以防止容器或系统内的压力超过预定的安全值。爆破片又称为爆破膜或防爆膜，是一种断裂型安全泄放装置。与安全阀相比，它具有结构简单、泄压反应快、密封性能好、适应性强等特点。

（3）爆破帽　爆破帽为一端封闭，中间有一薄弱层面的厚壁短管，爆破压力误差较小，泄放面积较小，多用于超高压容器。超压时其断裂的薄弱层面在开槽处。由于其工作时通常还受温度影响，因此，一般均选用热处理性能稳定，且随温度变化较小的高强度材料（如34CrNi3Mo等）制造，其爆破压力与材料强度之比一般为0.2～0.5。

（4）易熔塞　易熔塞属于“熔化型”（“温度型”）安全泄放装置，它的动作取决于容器壁的温度，主要用于中、低压的小型压力容器，在盛装液化气体的钢瓶中应用更为广泛。

（5）紧急切断阀　紧急切断阀是一种特殊结构和特殊用途的阀门，它通常与截止阀串联安装在紧靠容器的介质出口管道上。其作用是在管道发生大量泄漏时紧急止漏，一般还具有过流闭止及超温闭止的性能，并能在近程和远程独立进行操作。紧急切断阀按操作方式的不同，可分为机械（或手动）牵引式、油压操纵式、气压操纵式和电动操纵式等多种，前两种目前在液化石油气槽车上应用非常广泛。

### 2. 安全附件装设要求

（1）安全阀、爆破片的压力设定　安全阀的整定压力一般不大于该压力容器的设计压力。设计图样或者铭牌上标注有最高允许工作压力的，也可以采用最高允许工作压力确定安全阀的整定压力。

爆破片的爆破压力：压力容器上爆破片的设计爆破压力一般不大于该容器的设计压力，并且爆破片的最小爆破压力不得小于该容器的工作压力。

安全阀、爆破片的排放能力，应当大于或者等于压力容器的安全泄放量。排放能力和安全泄放量按照压力容器产品标准的有关规定进行计算。对于充装处于饱和状态或者过热状态的气液混合介质的压力容器，设计爆破片装置应当计算泄放口径，确保不产生空间爆炸。

（2）安全阀与爆破片装置的组合　安全阀与爆破片装置并联组合时，爆破片的标定爆破压力不得超过容器的设计压力。安全阀的开启压力应略低于爆破片的标定爆破压力。

当安全阀进口和容器之间串联安装爆破片装置时，应满足下列条件：

① 安全阀和爆破片装置组合的泄放能力应满足要求。

② 爆破片破裂后的泄放面积应不小于安全阀进口面积，同时应保证爆破片破裂的碎片不影响安全阀的正常动作。

③ 爆破片装置与安全阀之间应装设压力表、旋塞、排气孔或报警指示器，以检查爆破片是否破裂或渗漏。

**3. 压力容器仪表**

（1）压力表　压力表是指示容器内介质压力的仪表，是压力容器的重要安全装置。按其结构和作用原理，压力表可分为液柱式、弹性元件式、活塞式和电量式四大类。活塞式压力表通常作校验用标准仪表，液柱式压力表一般只用于测量很低的压力，压力容器广泛采用的是各种类型的弹性元件式压力表。

（2）液位计　液位计又称液面计，是用来观察和测量容器内液体位置变化情况的仪表。特别是对于盛装液化气体的容器，液位计是一个必不可少的安全装置。

（3）温度计　温度计是用来测量物质冷热程度的仪表，可用来测量压力容器介质的温度。对于需要控制壁温的容器，还必须装设测试壁温的温度计。

## 三、压力容器的事故及预防

**1. 压力容器事故特点**

① 压力容器在运行中由于超压、过热而超出受压元件可以承受的压力，或腐蚀、磨损造成受压元件承受能力下降到不能承受正常压力的程度，发生爆炸、撕裂等事故。

② 压力容器发生爆炸事故后，不但事故设备被毁，而且还波及周围的设备、建筑和人群。爆炸直接产生的碎片能飞出数百米远，并能产生巨大的冲击波，其破坏力与杀伤力极大。

③ 压力容器发生爆炸、撕裂等重大事故后，有毒物质的大量外溢会造成人畜中毒的恶性事故；而可燃性物质的大量泄漏，还会引起重大的火灾和二次爆炸事故，后果也十分严重。

**2. 压力容器事故种类**

（1）压力容器爆炸　压力容器爆炸分为物理爆炸和化学爆炸。物理爆炸是容器内高压气体迅速膨胀并高速释放内在能量。化学爆炸是容器内的介质发生化学反应，释放能量生成高压、高温，其爆炸危害程度往往比物理爆炸严重。

压力容器爆炸的危害巨大，主要体现在以下方面：

① 冲击波及其破坏作用。冲击波超压会造成人员伤亡和建筑物的破坏。压力容器因严重超压而爆炸时，其爆炸能量远大于按工作压力估算的爆炸能量，破坏和伤害情况也严重得多。

② 爆破碎片的破坏作用。压力容器破裂爆炸时，高速喷出的气流可将壳体反向推出，

有些壳体破裂成块或片向四周飞散。这些具有较高速度或较大质量的碎片，在飞出过程中具有较大的动能，会造成较大的危害。碎片还可能损坏附近的设备和管道，引起连续爆炸或火灾，造成更大危害。

③ 介质伤害。主要是有毒介质的毒害和高温蒸汽的烫伤。压力容器所盛装的液化气体中有很多是毒性介质，如液氨、液氯、二氧化硫、二氧化氮、氢氰酸等。盛装这些介质的容器破裂时，大量液体瞬间汽化并向周围大气扩散，造成大面积的毒害，不但造成人员中毒，致死致病，而且严重破坏生态环境，危及中毒区的动植物。其他高温介质泄放汽化会灼烫伤害现场人员。

④ 二次爆炸及燃烧危害。当容器所盛装的介质为可燃液化气体时，容器破裂爆炸在现场形成大量可燃蒸气，并迅速与空气混合形成可爆性混合气，在扩散中遇明火即形成二次爆炸。可燃液化气体容器的这种燃烧爆炸，常使现场附近变成一片火海，造成严重后果。

⑤ 压力容器快开门事故危害。快开门式压力容器开关盖频繁，在容器泄压未尽前或带压下打开端盖，以及端盖未完全闭合就升压，极易造成快开门式压力容器爆炸事故。

(2) 压力容器泄漏　压力容器的元件开裂、穿孔、密封失效等造成容器内的介质泄漏的现象。

压力容器的泄漏事故也会造成较大程度的伤害，主要体现在如下几个方面：

① 有毒介质伤害。压力容器盛装的是毒性介质时，这些介质会从容器破裂处泄漏，大量液体瞬间汽化并扩散，会造成大面积的毒害，造成人员中毒，破坏生态环境。有毒介质由容器泄放汽化后，体积增大 100～250 倍。所形成的毒害区的大小及毒害程度，取决于容器内有毒介质的质量、容器破裂前的介质温度和压力、介质毒性。

② 爆炸及燃烧危害。容器盛装的是可燃介质时，这些介质会从容器破裂处泄漏，液体会瞬间汽化，在现场形成大量可燃气体，并迅速与空气混合，达到爆炸极限时，遇明火即会造成空间爆炸。未达到爆炸极限，遇明火即会燃烧，此时的燃烧往往会造成周边的容器产生爆炸，进而造成严重的后果。

③ 高温灼烫伤。主要是高温介质泄放汽化灼烫伤害现场人员，如高温蒸汽的烫伤等。

**3. 压力容器事故发生原因**

① 结构不合理、材质不符合要求、焊接质量不好、受压元件强度不够以及其他设计制造方面的原因。

② 安装不符合技术要求，安全附件规格不对、质量不好，以及其他安装、改造或修理方面的原因。

③ 在运行中超压、超负荷、超温，违反劳动纪律、违章作业、超过检验期限没有进行定期检验、操作人员不懂技术，以及其他运行管理不善方面的原因。

**4. 压力容器事故应急措施**

① 压力容器发生超压超温时要马上切断进气阀门；对于反应容器停止进料；对于无毒非易燃介质，要打开放空管排气；对于有毒易燃易爆介质要打开放空管，将介质通过接管排至安全地点。

② 如果属超温引起的超压，除采取上述措施外，还要通过水喷淋冷却以降温。

③ 压力容器发生泄漏时，要马上切断进料阀门及泄漏处前端阀门。

④ 压力容器本体泄漏或第一道阀门泄漏时，要根据容器、介质不同使用专用堵漏技术和堵漏工具进行堵漏。

⑤ 易燃易爆介质泄漏时，要对周边明火进行控制，切断电源，严禁一切用电设备运行，并防止静电产生。

**5. 压力容器事故的预防**

为防止压力容器发生爆炸、泄漏事故，应采取下列措施。

① 在设计上，应采用合理的结构，如采用全焊透结构，能自由膨胀等，避免应力集中、几何突变，针对设备使用工况，选用塑性、韧性较好的材料。强度计算及安全阀排量计算符合标准。

② 制造、修理、安装、改造时，加强焊接管理，提高焊接质量并按规范要求进行热处理和探伤；加强材料管理，避免采用有缺陷的材料或用错钢材、焊接材料。

③ 在压力容器的使用过程中，加强管理，避免操作失误、超温、超压、超负荷运行、失检、失修、安全装置失灵等。

④ 加强检验工作，及时发现缺陷并采取有效措施。

⑤ 在压力容器的使用过程中，发生下列异常现象时，应立即采取紧急措施，停止容器的运行：

a. 超温、超压、超负荷时，采取措施后仍不能得到有效控制；

b. 容器主要受压元件发生裂纹、鼓包、变形等现象；

c. 安全附件失效；

d. 接管、紧固件损坏，难以保证安全运行；

e. 发生火灾、撞击等直接威胁压力容器安全运行的情况；

f. 充装过量；

g. 压力容器液位超过规定，采取措施仍不能得到有效控制；

h. 压力容器与管道发生严重振动，危及安全运行。

# 第四节　气体钢瓶的安全使用

## 一、高压气瓶的颜色和标志

气瓶的颜色标记包括气瓶的外表面颜色和文字、色环的颜色。气瓶本身涂抹颜色的作用有两个：一是可以通过特征颜色识别瓶内气体的种类；二是防止锈蚀。

在国内，无论是哪个厂家生产的气体钢瓶，只要是充装同一种气体，气瓶的外表颜色都是一样的。作为常识，必须熟记一些常用气瓶的颜色（如氢气瓶是淡绿色，氮气和空气瓶是黑色等），这样即使在气瓶的字样、色环颜色模糊后，也能够根据气瓶的颜色确认瓶内的气体。所以，气瓶颜色是一种安全标志。我国常用气瓶的颜色标记如表 6-1 所示。

**表 6-1 我国常用气瓶的颜色标记**

| 气瓶名称 | 化学式 | 外表颜色 | 字样 | 字样颜色 |
| --- | --- | --- | --- | --- |
| 氢 | $H_2$ | 淡绿色 | 氢 | 大红色 |
| 氧 | $O_2$ | 淡蓝色 | 氧 | 黑色 |
| 氮 | $N_2$ | 黑色 | 氮 | 白色 |
| 空气 |  | 黑色 | 空气 | 白色 |
| 氨 | $NH_3$ | 淡黄色 | 液氨 | 黑色 |
| 氯 | $Cl_2$ | 深绿色 | 液氯 | 白色 |
| 硫化氢 | $H_2S$ | 白色 | 液化硫化氢 | 大红色 |
| 氯化氢 | $HCl$ | 银灰色 | 液化氯化氢 | 黑色 |
| 天然气(民用) |  | 棕色 | 天然气 | 白色 |
| 液化石油气 |  | 银灰色 | 液化石油气 | 大红色 |
| 二氧化碳 | $CO_2$ | 铝白色 | 液化二氧化碳 | 黑色 |
| 甲烷 | $CH_4$ | 棕色 | 甲烷 | 白色 |
| 丙烷 | $C_3H_8$ | 棕色 | 液化丙烷 | 白色 |
| 氦 | He | 银灰色 | 氦 | 深绿色 |
| 氖 | Ne | 银灰色 | 氖 | 深绿色 |
| 氩 | Ar | 银灰色 | 氩 | 深绿色 |
| 氪 | Kr | 银灰色 | 氪 | 深绿色 |
| 乙烯 | $C_2H_4$ | 棕色 | 液化乙烯 | 淡黄色 |
| 氯乙烯 | $C_2H_3Cl$ | 银灰色 | 液化氯乙烯 | 大红色 |
| 甲醚 | $(CH_3)_2O$ | 银灰色 | 液化甲醚 | 红色 |

## 二、气瓶减压阀

实验室常用的永久性高压气瓶，都要经过减压阀使瓶内高压气体压力降至实验所需范围，再经过专用阀门细调后输入实验系统。氧气减压阀（或称氧气表）、氢气减压阀（或称氢气表）是最常用的两种。

### 1. 氧气减压阀

氧气减压阀的高压腔与气瓶相连，低压腔为出气口，通往实验系统。高压表的示值为气瓶内气体的压力，低压表的压力可由调节开关控制。使用时先打开气瓶的总开关，然后顺时针转动低压表调节开关将阀门缓慢打开，此时高压气体由高压室经截流减压后进入低压室。调节低压室的压力，直到合适为止。减压阀都有安全阀，它的作用是当各种原因使减压阀的气体超出一定许可值时，安全阀会自动打开放气。

氧气减压阀有多种规格，必须根据气瓶最高压力和使用压力范围正确选用。使用时，减压阀和气瓶的连接处要完全吻合、旋紧，严禁接触油脂。使用完毕时，应先关好气瓶阀门，再把减压阀余气放掉，然后拧松调节开关。

**2. 其他气体减压阀**

其他气体减压阀可分为两类：一类可以采用氧气减压阀，如氮气、空气、氩气等；另一类是腐蚀性气体和可燃性气体等必须使用的专门气体减压阀，如氨气、氢气、丙烷等。

注意：气体减压阀不能混用！为了防止误用，有些专用气体减压阀与气瓶之间采用特殊连接方法。例如，可燃性气体（氢气、丙烷等）减压阀采用左螺纹，或称反向螺纹，这和氧气减压阀是不同的，安装时要特别小心。

**3. 减压阀使用结束时的注意事项**

① 关闭气瓶阀。

② 开放气体出气口，排出减压阀及管道内剩余气体。

③ 剩余气体排完后，关闭出口阀门。

④ 逆时针旋松调压把手，使调压弹簧处于自由状态。

⑤ 片刻之后，检查减压器上的压力表是否归零，以检查气瓶阀是否完全关闭。

⑥ 如需要的话，卸下减压器，并用保护套将减压器进出气口套好。

**4. 日常检查**

① 气体减压阀中没有气体时，确认压力表指针回零。

② 在气体减压阀中含有气体时，用肥皂水（或家用中性洗涤剂加 10 至 20 倍的水制成的液体）检查各螺纹及连接部位是否有泄漏。

③ 供气后，确认可对气体流量（或压力）进行连续调节。

④ 供气后，确认没有气体从安全阀中泄漏。

**5. 维护及修理**

如有下列情况发生，就需要更换零部件了，此时切不可自行拆装，请与经销商联系。

① 气体减压器中含有气体时，气体从各螺纹连接处泄漏。

② 气体减压器中含气体时，压力表指针不回零。

③ 供气后，流量（或压力）不能连续调节。

④ 供气后，压力表指针并未抬起。

⑤ 供气后，气体从安全阀中泄漏。

⑥ 压力表损坏（或流量计损坏）。

⑦ 调压把手处于旋松状态时有气体从减压器出气口排出。

务请注意：自行拆装气体减压器之零部件，将会造成设备损坏，甚至严重的人身伤害。

## 三、气瓶的使用

① 气瓶应直立固定。禁止暴晒，远离火源（一般规定距明火热源 10m 以上）或其他高温热源。

② 禁止敲击、碰撞。

③ 开阀时要慢慢开启，防止升压过快产生高温。放气时人应站在出气口的侧面，开阀后观察减压阀高压端压力表指针动作，待至适当压力后再缓缓开启减压阀，直到低压端压力表指针到需要压力时为止。

④ 气瓶用毕关阀，应用手旋紧，不得用工具硬扳，以防损坏瓶阀。

⑤ 气瓶必须专瓶使用，不得擅自改装，应保持气瓶漆色完整、清晰。

⑥ 每种气瓶都要有专用的减压阀，氧气和可燃气体的减压阀不能互用。瓶阀或减压阀泄漏时不得继续使用。

⑦ 瓶内气体不得用尽，一般应保持有 196kPa 以上压力的余气，以备充气单位检验取样和防止其他气体倒灌。

⑧ 瓶阀冻结时、液化气体气瓶在冬天或瓶内压力降低时，出气缓慢，可用温水或凉水处理瓶阀或瓶身，禁止用明火烘烤。

⑨ 在高压气体进入反应装置前应有缓冲器，不得直接与反应器相接，以免冲料或倒灌。高压系统的所有管路必须完好不漏，连接牢固。

⑩ 气瓶及其他附件禁止沾染油脂，如手或手套以及工具上沾染油脂时不得操作氧气瓶。

⑪ 用可燃性气体（如氢气、乙炔）时一定要有防止回火的装置。有的气表（即缓冲器）中就有此装置。也可以用玻璃管中塞细铜丝网安装在导管中间防止回火。管路中加安全瓶（瓶中盛水等）也可起到保护作用。

⑫ 检查气瓶有无漏气，主要方法是：一般可用肥皂液检漏，如有气泡发生，则说明有漏气现象。但氧气瓶不能用肥皂液检漏，这是因为氧气容易与有机物质反应而产生危险。用软管套在气瓶出气嘴上，另一端接气球，如气球膨胀，说明有漏气。液氯气瓶，可用棉花蘸氨水接近气瓶出气嘴，如产生白烟，说明有漏气。液氨气瓶，可用湿润的红色石蕊试纸接近气瓶出气嘴，如试纸由红变蓝，说明气瓶漏气。

⑬ 一旦气瓶漏气，除非有丰富的维修经验能确保人身安全，否则不能擅自检修。可采取一些基本措施：首先应关紧阀门；然后打开窗户通风，并迅速请有经验或专业人员检修。如为危险性大的气体钢瓶漏气，则应转移到室外阴凉、安全地带；如发生易燃、易爆气瓶漏气，请注意附近不要有明火，不要开灯。

## 四、气瓶的存放和搬运

**1. 气瓶的存放**

① 气瓶最好存放在专用的房间。

② 如果气瓶必须要放在实验室内，最好要配置有自动报警系统、温度控制调节系统和自动排风系统的气瓶柜。

③ 如果不能满足上述两个条件而一定要放在室内，就必须用铁链或钢瓶架固定好。

④ 放气瓶的房间应满足几个要求：保持良好通风；室温不要超过 35℃；室内不要用明火；电气开关等最好是防爆型的；不要有易燃、易爆和腐蚀性药品。

⑤ 氧气瓶和可燃性气瓶不能同放一室。

**2. 气瓶的搬运**

① 气瓶搬运之前应戴好瓶帽，避免搬运过程中损坏瓶阀。

② 搬运时最好用专用小推车，又省力、又安全。如没有专用小推车，可以徒手滚动，即一手托住瓶帽，使瓶身倾斜，另一手推动瓶身沿地面旋转滚动。不准拖拽、随地平滚或用脚踢蹬。

③ 搬运过程中必须轻拿轻放，严禁在举放时抛、扔、滑、摔。

## 五、常用气体的安全使用

**1. 氧气**

① 氧气贮存注意事项：储存于阴凉、通风的库房。远离火种、热源。库温不宜超过30℃。应与易（可）燃物、活性金属粉末等分开存放，切忌混储。储区应备有泄漏应急处理设备。氧气瓶不得与可燃气体气瓶同室贮存。采用氧乙炔火焰进行作业时，氧气瓶、溶解乙炔气瓶及焊（割）炬必须相互错开，氧气瓶与焊（割）炬明火的距离应在10m以上。

② 开启瓶阀和减压阀时，动作应缓慢，以减轻气流的冲击和摩擦，防止管路过热着火。

③ 禁止用压缩纯氧进行通风换气或吹扫清理，禁止以压缩氧气代替压缩空气作为风动工具的动力源，以防引发燃爆事故。

④ 现场急救措施：常压下，当氧浓度超过40%时，有可能发生氧气中毒。吸入40%～60%的氧时，出现胸骨后不适感、轻咳，进而胸闷、胸骨后烧灼感和呼吸困难，咳嗽加剧，严重时可发生肺水肿，甚至出现呼吸窘迫综合征。吸入氧浓度在80%以上时，出现面部肌肉抽动、面色苍白、眩晕、心动过速、虚脱，继而全身强直性抽搐、昏迷、呼吸衰竭而死。

长期处于氧分压为60～100kPa（相当于吸入氧浓度40%左右）的条件下可发生眼损害，严重者可失明。应迅速脱离现场至空气新鲜处，保持呼吸道通畅，如呼吸停止，立即进行人工呼吸，就医。

⑤ 氧气瓶的灭火方法：用水保持容器冷却，以防受热爆炸，急剧助长火势。迅速切断气源，用水喷淋保护切断气源的人员，然后根据着火原因选择适当灭火剂灭火。

⑥ 氧气泄漏应急处理：应迅速撤离泄漏污染区人员至上风处，并进行隔离。严格限制出入，切断火源。建议应急处理人员戴自给正压式呼吸器，穿棉制工作服。避免与可燃物或易燃物接触。尽可能切断泄漏源，合理通风，加速扩散，漏气容器要妥善处理，修复、检验后再用。

⑦ 特别提醒

a. 操作高压氧气阀门时必须缓慢进行，待阀门前后管道内压力均衡后方可开大（带均压阀的截止阀必须先开均压阀，待压力均衡后方可开截止阀）。

b. 氧气严禁与油脂接触（与油脂接触会自燃）。

c. 严禁使用氧气作试压介子；严禁使用氧气作仪表气源。

d. 氧气的密度大于空气，易沉积在低洼处。因此在坑、洞、容器内，室内或周边通风不良的情况下，必须检测氧含量。氧含量小于等于22%、大于18%方可作业。

e. 氧气放散时周边30m范围内严禁明火。

f. 氧气设施、容器、管道等检修时必须可靠切断气源，并插好盲板。

g. 凡与氧气接触的备品备件等必须严格脱脂。

h. 作业人员穿戴的工作服、手套严禁被油脂污染。

i. 氧气管道要远离热源。

**2. 氢气**

① 氢气的贮存注意事项：室内必须通风良好，保证空气中氢气含量不超过1%（体积比）。室内换气次数每小时不得少于3次，局部通风每小时换气次数不得少于7次。

② 氢气瓶与盛有易燃、易爆物质及氧化性气体的容器和气瓶的间距不应小于 8m。

③ 氢气瓶与明火或普通电气设备的间距不应小于 10m。

④ 氢气瓶与空调装置、空气压缩机和通风设备等吸风口的间距不应小于 10m。

⑤ 禁止敲击、碰撞，气瓶不得靠近热源；夏季应防止暴晒。

⑥ 必须使用专门的氢气减压阀。开启气瓶时，操作者应站在阀口的侧后方，动作要轻缓。

⑦ 阀门或减压阀泄漏时，不得继续使用；阀门损坏时，严禁在瓶内有压力的情况下更换阀门。

⑧ 氢气瓶内气体严禁用尽，应保留 0.2～0.3MPa 以上的余压。

⑨ 使用前要检查连接部位是否漏气，可涂上肥皂液进行检查，确认不漏气后再进行使用。

⑩ 使用结束后，先顺时针关闭钢瓶总阀，再逆时针旋松减压阀。

**3. 氯气**

① 氯气贮存注意事项：氯气钢瓶应远离热源，严禁用热源烘烤和加热钢瓶。防止高温，当气温在 30℃以上时，严禁钢瓶瓶体在太阳下暴晒，应将钢瓶放入库房，或者在钢瓶上加盖草包并用水喷洒冷却。

② 操作人员必须配备专用的个人防毒面具，各使用地应配备有预防氯气中毒的解毒药物。

③ 氯气不得与氧气、氢气、液氨、乙炔同车（船）运送，不得与易燃品、爆炸品、油脂及沾有油脂的物品同车（船）运送。

④ 应设有专用仓库贮存氯气钢瓶，不应与氧气、氢气、液氨、乙炔、油料等化工原材料同仓存放。贮存氯气的仓库地面应干燥，防止潮湿，仓库要阴凉、通风良好，避免阳光暴晒和接近火源。

⑤ 氯气钢瓶不能直接与反应器连接，中间必须有缓冲器。

⑥ 金属钛和聚乙烯等材料不得应用于液氯和干燥氯气系统。

⑦ 通氯气用的铜管应尽量少弯折，以防铜管折破；发现铜管破损后应及时更换。如果空气中有大量泄漏的氯气，则可以使用氯气捕消器，使用时一定要佩戴好自动供氧形式的呼吸面具，以防止使用过程中缺氧而产生意外。

⑧ 如果钢瓶破裂或者瓶阀泄漏而导致氯气泄漏，则应尽快将事故钢瓶滚入氯气破坏池，并向池中加入碱液吸收氯气，用氨气中和空气中的氯气，并打开破坏池引风，以防止氯气外泄。

⑨ 对于氯气极易溶解的物料，要防止氯气溶解后形成真空倒吸物料。

⑩ 对于氯气钢瓶用完后要换瓶时，首先关反应釜面通氯阀门，之后迅速（防止缓冲包压力过高）关氯气钢瓶瓶阀并拧紧。接着关掉铜管另一头的阀门，用扳手将瓶阀一边的铜管与瓶阀脱开。

⑪ 拧紧铜管之后要用手转动或摇动铜管，目测一下是否拧紧，拧紧之后打开铜管与汽包一头阀门，用汽包余压以及氨水先试验钢瓶接头处是否泄漏，如果发现氨气与氯气产生白雾，则需要重新拧紧瓶阀至无泄漏为止。

⑫ 急性氯气中毒的抢救措施

a. 进入高浓度氯气区，必须佩戴完好的氧气呼吸器，否则不能进入此区域。

b. 一旦出现氯气逸散现象，在场人员应立即逆风向和向高处疏散，迅速离开现场。如污染区氯气浓度大，应屏住呼吸离开，避免吸入氯气造成中毒。

c. 应立即把氯气中毒者抢救出毒区，急性中毒患者必须立即转移到阴凉新鲜空气处脱离污染区静卧，注意保暖并松解衣带。

d. 当有液氯溅到人员身上时，应在脱离污染区后，除去被污染的衣服，然后用温热水冲洗受伤部位，用干净毛巾小心擦干水。

**4. 乙炔气**

① 乙炔瓶应装设专用的回火防止器、减压器，对工作地点不固定、移动较多的，应装在专用安全架上。

② 严禁敲击、碰撞和施加强烈的震动，以免瓶内多孔性填料下沉而形成空洞，影响乙炔的储存。

③ 乙炔瓶应直立放置，严禁卧放使用，因为卧放使用会使瓶内的丙酮随乙炔流出，甚至会通过减压器而进入橡皮管，造成火灾爆炸。

④ 要使用专用扳手开启乙炔气瓶。开启时操作者应站在阀口的侧后方，动作要轻缓。

⑤ 瓶内气体严禁用尽。冬天应留 0.1～0.2MPa，夏天应留有 0.1～0.3MPa。

⑥ 乙炔瓶体温度不应超过 40℃。夏天要防止暴晒，因瓶内温度过高会降低对乙炔的溶解度，而使瓶内乙炔的压力急剧增加。

⑦ 乙炔瓶不得靠近热源和电气设备。与明火的距离一般不应小于 10m。

⑧ 瓶阀冬天冻结，严禁用火烤。必要时可用不含油性物质的 40℃以下的热水解冻。

⑨ 严禁放置在通风不良及有放射线的场所使用，且不得放在橡胶等绝缘物上。使用时，乙炔瓶和氧气瓶应距离 10m 以上。

⑩ 乙炔胶管应能承受 5kg 气压，各项性能应符合 GB/T 2550—2016《气体焊接设备 焊接、切割和类似作业用橡胶软管》的规定，颜色为黑色。

⑪ 使用乙炔瓶的现场，贮存处与明火或散发火花地点的距离不得小于 15m，且不应设在隐藏部位或空气不流通处。

**5. 氮气**

① 氮气贮存注意事项：贮存于阴凉、通风的库房。远离火种、热源。库温不宜超过 30℃，贮区应备有泄漏应急处理设备。

② 氮气现场急救措施：空气中氮气含量过高，使吸入气氧分压下降，引起缺氧窒息。吸入氮气浓度不太高时，患者最初感胸闷、气短、疲软无力；继而有烦躁不安、极度兴奋、乱跑、叫喊、神情恍惚、步态不稳，称之为“氮酩酊”，可进入昏睡或昏迷状态。吸入高浓度氮气，患者可迅速昏迷，甚至因呼吸和心跳停止而死亡。应迅速使受害者脱离现场至空气新鲜处，保持呼吸道通畅。如呼吸困难，应输氧。呼吸心跳停止时，立即进行人工呼吸和胸外心脏按压术，并送医。

③ 氮气泄漏应急处理：应迅速撤离泄漏污染区人员至上风处，并进行隔离，严格限制出入。建议应急处理人员戴自给正压式呼吸器，穿一般作业工作服。尽可能切断泄漏源，合理通风加速扩散。漏气容器要妥善处理、修复、检验后再用。

④ 氮气瓶灭火方法：本品不燃，尽可能将容器从火场移至空旷处。喷水使火场容器冷却，直至灭火结束。

⑤ 特别提醒

a. 在坑、洞、容器内、室内或周边通风不良的情况下作业，必须检测氧含量。含氧量大于18%、小于22%方可作业。

b. 在氮气大量放散时应通知周边人员。

c. 在使用氮气吹、引煤气等可燃气管道、容器时必须检测氮气中含氧量，含氧量小于2%方可使用。

d. 氮气设施、容器、管道等检修时必须可靠切断气源，并插好盲板防止窒息事故发生。

**6. 氩气**

① 氩气贮存注意事项：贮存于阴凉、通风的库房。远离火种、热源。库温不宜超过30℃。应与易（可）燃物分开存放，切忌混贮。贮区应备有泄漏应急处理设备。

② 氩气现场急救措施：常压下无毒。高浓度时，使氧分压降低而发生窒息，氩浓度达50%以上，引起严重症状；75%以上时，可在数分钟内死亡，当空气中氩浓度增高时，先出现呼吸加速，注意力不集中。继之，疲倦乏力、烦躁不安、恶心、呕吐，昏迷抽搐，以至死亡。应使受害者脱离污染环境至空气新鲜处，必要时输氧或人工呼吸，进行胸外心脏按压术，就医，液态氩可致皮肤冻伤，眼部接触可引起炎症。

③ 氩气泄漏应急处理：迅速撤离泄漏污染区人员至上风处，并进行隔离，严格限制出入。建议应急处理人员戴自给正压式呼吸器，穿一般作业工作服，尽可能切断泄漏源。合理通风，加速扩散。漏气容器要妥善处理、修复、检验后再用。

④ 氩气瓶的灭火方法：本品不燃，切断气源；喷水冷却容器，或者将容器从火场移至空旷处。

⑤ 特别提醒

a. 氩气的密度大于空气，易沉积在低洼处。因此在坑、洞、容器内、室内或周边通风不良的情况下，检修作业前必须检测氧含量。氧含量大于18%、小于22%方可作业。

b. 在氩气大量放散时应通知周边人员。

c. 在使用氩气吹、引煤气等可燃气管道、容器时必须检测氩气中含氧量，含氧量小于2%方可使用。

d. 氩气设施、容器、管道等检修时必须可靠切断气源，并插好盲板防止窒息事故发生。

**7. 二氧化碳**

（1）使用方法　使用前检查连接部位是否漏气，可涂上肥皂液进行检查，调整至确实不漏气后才进行实验。使用时先逆时针打开钢瓶总开关，观察高压表读数，记录高压瓶内总的二氧化碳压力，然后顺时针转动低压表压力调节螺杆，使其压缩主弹簧将活门打开，这样进口高压气体由高压室经节流减压后进入低压室，并经出口通往工作系统。使用后，先顺时针关闭钢瓶总开关，再逆时针旋松减压阀。

（2）注意事项

① 防止钢瓶的使用温度过高。钢瓶应存放在阴凉、干燥、远离热源（如阳光、暖气、炉火）处，不得超过31℃，以免液体$CO_2$随温度的升高体积膨胀而形成高压气体，产生爆炸危险。

② 钢瓶千万不能卧放。如果钢瓶卧放，打开减压阀时，冲出的$CO_2$液体迅速汽化，容

易发生导气管爆裂及大量 $CO_2$ 泄漏的事故。

③ 减压阀、接头及压力调节器装置正确连接且无泄漏，没有损坏，状态良好。

④ $CO_2$ 不得超量填充。液化 $CO_2$ 的填充量，温带气候下不要超过钢瓶容积的75%，热带气候下不要超过66.7%。

# 第五节　起重机械基础知识

## 一、起重机械的结构及工作原理

起重机械由驱动装置、工作机构、取物装置、金属结构和控制操纵系统组成。

**1. 驱动装置**

驱动装置是用来驱动工作机构的动力设备。常见的驱动装置有电力驱动、内燃机驱动和人力驱动等。电力驱动是现代起重机的主要驱动形式，几乎所有的在有限范围内运行的有轨起重机、升降机等都采用电力驱动。对于可以远距离移动的流动式起重机（如汽车起重机、轮胎起重机和履带起重机）多采用内燃机驱动。人力驱动适用于一些轻小起重设备，也用作某些设备的辅助、备用驱动和意外（或事故状态）的临时动力。

**2. 工作机构**

工作机构包括起升机构、运行机构、变幅机构和旋转机构，也称为起重机的四大机构。

（1）起升机构　起升机构是用来实现物料的垂直升降的机构，是任何起重机不可缺少的部分，因而是起重机最主要、最基本的机构。

（2）运行机构　运行机构是通过起重机或起重小车运行来实现水平搬运物料的机构，有无轨运行和有轨运行之分，按其驱动方式不同分为自行式和牵引式两种。

（3）变幅机构　变幅机构是臂架起重机特有的工作机构。变幅机构通过改变臂架的长度和仰角来改变作业幅度。

（4）旋转机构　旋转机构是使臂架绕着起重机的垂直轴线做回转运动，在环形空间移动物料。

**3. 取物装置**

取物装置是通过吊、抓、吸、夹、托或其他方式，将物料与起重机联系起来进行物料吊运的装置。防止吊物坠落、保证作业人员的安全和吊物不受损伤是对取物装置安全的基本要求。

**4. 金属结构**

金属结构是以金属材料轧制的型钢（如角钢、槽钢、工字钢、钢管等）和钢板作为基本构件，通过焊接、铆接、螺栓连接等方法，按一定的组成规则连接，承受起重机的自重和载荷的钢结构。金属结构是起重机的重要组成部分，它是整台起重机的骨架，将起重机的机械、电气设备连接组合成一个有机的整体。

### 5. 控制操纵系统

通过电气、液压系统控制操纵起重机各机构及整机的运动，进行各种起重作业。控制操纵系统包括各种操纵器、显示器及相关线路。

## 二、起重机械的主要零部件及吊索具

### 1. 制动器

制动器是保证起重机正常工作的重要部件。该部件已被列入国家质量监督检验检疫总局（现改为“国家市场监督管理总局”）颁布的《特种设备目录》中。在吊运作业中，制动器用以防止悬吊的物品或吊臂下落。制动器也用来使运转着的机构降低速度，最后停止运转。制动器也能防止起重机在风力或坡道分力作用下滑动。起重机的各个工作机构均应装设制动器，制动器分为常闭式和常开式两种型式。起重机多数采用常闭式制动器。常闭式制动器在机构不工作期间是闭合的，只有通过松闸装置将制动器的摩擦副分开，机构才可运转。起重机马鞍多采用的是块式制动器，构造简单，制造、安装、调整都较方便，其制动鼓轮与联轴器制作成一体。

### 2. 卷筒

卷筒的作用是在起升机构或牵引机构中卷绕钢丝绳，传递动力，并把旋转运动变为直线运动。卷筒按照绕绳层数，分单层绕和多层绕两种。

卷筒上的钢丝绳工作时不能放尽，卷筒上的余留部分除固定绳尾的圈数，至少还应缠绕2～3圈，以避免绳尾压板或楔套、楔块受力。

### 3. 滑轮

滑轮用来改变钢丝绳的方向，可作为导向滑轮，更多是用来组成滑轮组。它是起重机起升机构的重要组成部分，省力滑轮组是最常用的滑轮组。电动与手动起重机的起升机构都是采用省力滑轮组，通过它可以用较小的绳索拉力吊起较重的货物。

### 4. 吊具

起重机必须通过吊具将起吊物品与起升机构联系起来，从而进行这些物品的装卸、吊运和安装等作业。吊具的种类繁多，如吊钩、吊环、扎具、夹钳、托爪、承梁。吊钩是起重机中应用极为广泛的吊具，通常与动滑轮组合成吊钩组，与起升机构的挠性构件系在一起。吊钩断裂可能导致重大的人身及设备事故。

### 5. 钢丝绳

钢丝绳是起重机的重要零件之一。钢丝绳具有强度高、挠性好、自重轻、运行平稳、极少突然断裂等优点，因而广泛用于起重机的起升机构、变幅机构、牵引机构，也可用于旋转机构。钢丝绳还用作捆绑物体的索绳、桅杆起重机的张紧绳、缆索起重机和架空索道的承载索等。钢丝绳的损坏主要是在长期使用中，钢丝绳的钢丝或绳芯由于磨损与疲劳，逐步断折。应依据《起重机　钢丝绳　保养、维护、检验和报废》（GB/T 5972—2023）进行判定。

### 6. 吊索

吊索是由一根链条或绳索通过端部配件把物品系在起重机械吊钩上的组合件。吊索出厂时，在单根吊索上都标定一个额定起重量，也称最大工作载荷或极限工作载荷。

## 三、起重机械的安全装置

安全装置对起重机正常工作起安全保护作用。主要有超载限制器、起重力矩限制器、行程限位器、缓冲器等。

### 1. 超载限制器

超载限制器的作用为防止起重机超负荷作业。在起重作业过程中，当起重量超过起重机额定起重量的10％时，超载限制器将起作用，自动切断起升动力源，停止工作，从而起到超载限制的作用（图 6-1）。

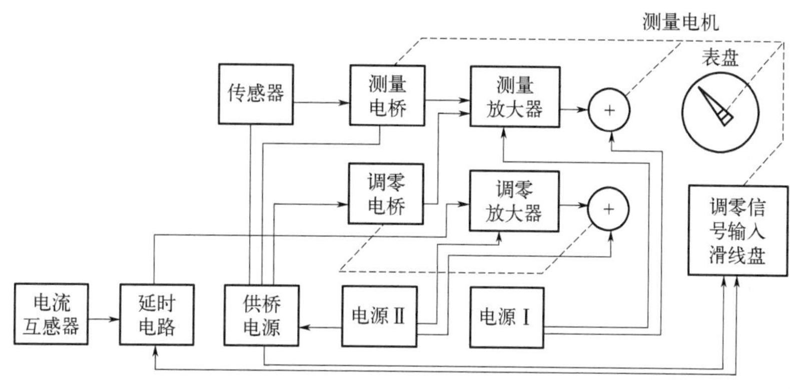


图 6-1　电子超载限制器框图

### 2. 起重力矩限制器

起重力矩限制器就是一种综合起重量和起重机运行幅度两方面因素，以保证起重力矩始终在允许范围内的安全装置（图 6-2）。

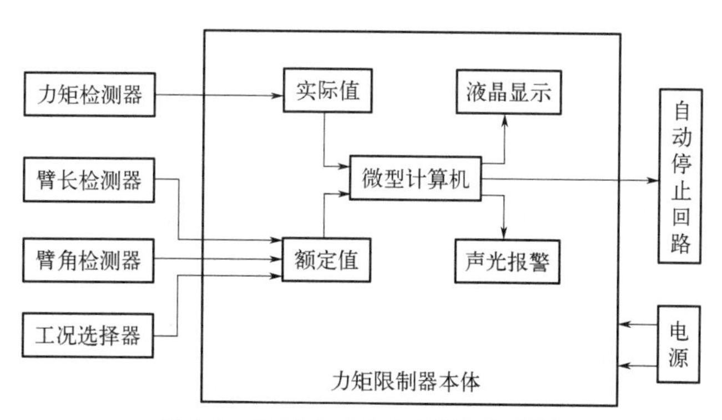


图 6-2　电子式起重力矩限制器框图

### 3. 行程限位器

行程限位器是防止起重机驶近轨道末端而发生撞击事故，或两台起重机在同一条轨道上发生碰撞事故，所采取的安全装置。

### 4. 缓冲器

缓冲器是一种吸收起重机与物体相碰时的能量的安全装置，在起重机的制动器和终点开关失灵后起作用。

## 四、起重机械事故

**1. 重物坠落**

吊具或吊装容器损坏、物件捆绑不牢、挂钩不当、电磁吸盘突然失电、起升装置的零件故障（特别是制动器失灵、钢丝绳断裂）等都会引发重物坠落。

**2. 起重机失稳倾翻**

起重机失稳有两种类型：一是由于操作不当（例如超载、臂架变幅或旋转过快等）、支腿未找齐或地基沉陷等原因使倾翻力矩增大，导致起重机倾翻；二是由于坡度或风载荷作用，使起重机沿路面或轨道滑动，导致脱轨翻倒。

**3. 挤压**

起重机轨道两侧缺乏良好的安全通道或与建筑结构之间缺少足够的安全距离，使运行或回转的金属结构机体对人员造成夹挤伤害；运行机构的操作失误或制动器失灵引起溜车，造成碾轧伤害等。

**4. 高处跌落**

人员在离地面大于2m的高度进行起重机的安装、拆卸、检查、维修或操作等作业时，从高处跌落造成跌落伤害。

**5. 触电**

起重机在输电线附近作业时，其任何组成部分或吊物与高压带电体距离过近，感应带电或触碰带电物体，都可以引发触电伤害。

**6. 其他伤害**

其他伤害是指人体与运动零部件接触引起的绞、碾、戳等伤害；液压起重机的液压元件破坏造成高压液体的喷射伤害；飞出物件的打击伤害；装卸高温液体金属，易燃易爆、有毒、腐蚀等危险品，由于坠落或包装捆绑不牢破损引起的伤害等。

## 五、起重设备的安全使用

实验室的起重设备在安全使用与管理上应严格要求，专人操作，确保人员安全。

① 操作人员必须熟悉电动行车、手拉葫芦、钢丝绳、吊环、卡环等起重工具的性能、最大允许负荷、使用和保养等安全技术要求，同时还要掌握一定的捆扎、吊挂知识。

② 起重作业前，要严格检查各种设备、工具、索具是否安全可靠，若有裂纹、断丝等现象，必须更换有关器件，不得勉强使用。

③ 起重作业前，应事先清理起吊地点及通道上的障碍物。自己选择恰当的作业位置，并通知其余人员注意避让。吊运重物时，严禁人员在重物下站立或行走，吊运物体的高度必须高出运行线路上所遇到的物件，但不得从人的上方通过，重物也不得长时间悬在空中。

④ 选用钢丝扣时长度应适宜，多根钢丝绳吊运时，其夹角不得超过60度。吊运物体有油污时，应将捆扎处的油污擦净，以防滑动。

⑤ 起重作业时，禁止用手直接校正已被重物拉紧的钢丝扣，发现捆扎松动或吊运机械发出异常声响，应立即停车检查，确认安全可靠后方可继续吊运。翻转大型物件，应事先放好枕木，操作人员应站在重物倾斜相反的方向，严禁面对倾斜方向站立。

⑥ 起重作业时，根据所吊物件的重量、形状、尺寸、结构，应正确选用起重机械，吊运时，操作人员应密切配合，准确发出各项指令信号。吊运物体剩余的绳头、链条，必须绕在吊钩或重物上，以防牵引或跑链。

⑦ 起重作业时，拉动手链条或钢丝绳应用力均匀、缓和，以免链条或钢丝绳跳动、卡环。手拉链条、行车钢丝绳拉不动时，应立即停止使用，检查修复后方可使用。

⑧ 起重作业时，要注意观察物体下落中心是否平衡，确认松钩不致倾倒时方可松钩。

⑨ 起重作业时，操作人员注意力要集中，不得随意接电话或离开工作岗位，如与其他人员协同作业，指令信号必须统一。

⑩ 禁止用吊钩吊人或乘坐在吊运的物体上。

⑪ 捆绑、吊运具有尖锐边缘的物体时，须用木板等软料垫好，防止钢丝绳被割断。

⑫ 各类起重机械应在明显位置悬挂最大起重负荷标识牌，起吊重物时不得超出额定负载，严禁超载使用。

⑬ 手拉葫芦、电动行车在－10℃以下使用时应以起重设施额定负载的一半工作，以确保安全使用。

⑭ 吊运物品要检查缆绳的可靠性，同时使用防止脱钩装置的吊钩和卡环。

⑮ 各种手拉葫芦在起吊重物时应估计一下重量是否超出了本机的额定负载，严禁超载使用；在使用前须对机件以及润滑情况进行仔细检查，完好无损后方可使用；在起吊过程中，无论重物上升或下降，拉动手链条时，用力应均匀、缓和，不要用力过猛，以免手链条跳动或卡环；在起吊重物时，操作者如发现拉不动时不可猛拉，应进行检查，修复后方可使用。

⑯ 工作结束后应将起重设备开回停放处，将吊钩升至一定的高度，并切断电源。

## 第六节　特种设备的管理及使用

### 一、特种设备使用要求

① 特种设备使用单位应当使用符合安全技术规范要求的特种设备。

② 所购置的特种设备，由设备制造单位负责安装和调试。如因特殊情况无法负责安装、调试时，应由制造单位委托或同意的具有专业施工资质的单位负责安装和调试。在有爆炸危险的场合使用的特种设备，其安装和使用条件须符合防爆安全技术要求。

③ 使用单位不得自行设计、制造和使用自制的特种设备，也不得对原有的特种设备擅自进行改造或维修。

④ 特种设备投入使用前或者投入使用后 30 日内，应向直辖市或者设区的特种设备安全监督管理部门登记。登记标志应当置于或者附着于该特种设备的显著位置。

⑤ 未取得“特种设备使用登记证”的特种设备，不得擅自使用。

## 二、特种设备使用管理

① 特种设备使用单位应对在用特种设备进行经常性日常维护保养，并定期自行检查，作出记录。在检查和日常维护保养发现异常情况时，应当及时处理。

② 特种设备使用单位应当对在用特种设备的安全附件、安全保护装置、测量调控装置及有关附属仪器仪表进行定期校验、检修，并作出记录。

③ 以特种设备使用单位应当按照安全技术规范的定期检验要求，在安全检验合格有效期届满前 1 个月向特种设备检验检测机构提出定期检验要求。检验检测机构接到定期检验要求后，应当按照安全技术规范的要求及时进行安全性能检验和能效测试。未经定期检验或者检验不合格的特种设备，不得继续使用。

④ 特种设备出现故障或者发生异常情况，使用单位应当对其进行全面检查，消除事故隐患后，方可重新投入使用。

⑤ 特种设备存在严重事故隐患，无改造、维修价值，或者超过安全技术规范规定使用年限，特种设备使用单位应当及时予以报废，并应当向原登记的特种设备安全监督管理部门办理注销。

## 三、特种设备操作人员和档案管理

① 特种设备操作、管理人员，必须取得特种设备作业人员资格证书，并在作业中严格遵守特种设备的操作规程和有关安全管理制度。

② 各单位应建立特种设备安全使用操作规程、紧急救援预案，及时建立特种设备安全技术档案，其主要内容包括：

a. 设备及部件出厂时的随机技术文件；

b. 安装、维护、大修、改造的合同书及技术资料；

c. 登记卡、特种设备使用登记证、检验报告书；

d. 安全使用操作规程、运行记录和日常安全检查记录；

e. 故障及事故记录、紧急救援预案；

f. 操作人员情况登记。

## 四、特种设备安全监察

国家十分重视特种设备的安全监察与管理工作，对于特种设备的安全监察由各级质量技术监督部门完成，安全监察依据 2003 年 3 月国务院颁布的《特种设备安全监察条例》和 2009 年 1 月《国务院关于修改〈特种设备安全监察条例〉的决定》进行，特种设备的安全监察内容包括特种设备的生产（含设计、制造、安装、改造、维修）、使用、检验及报废的全过程。

特种设备安全监察的总体要求是应使用符合安全技术规范要求的特种设备，按要求及时办理特种设备的注册登记；不得使用非法制造的、报废的、经检验检测不合格的、安全附件和安全装置不全或者失灵的、有明显故障或者有异常情况等事故隐患的特种设备。特种设备生产（购买、转让、安装、改造、维修）要有许可。新特种设备的购置，要选择具有相应制造许可的单位生产的合格产品，并要详细核对产品质量合格证明、监检证书等相关技术文件。二手特种设备的购买，应索取相关技术文件，并经特种设备监督检验机构检验合格并符合安全使用要求。特种设备转让时原使用单位持“注册登记表”和“使用合格证”到特种设备监督检验机构办理转让手续，并将特种设备相关技术资料转交给新使用单位，新接收单位重新按注册登记办理程序申请注册登记。特种设备安装、改造、维修，要选择具有相关施工资质的单位，并报当地质量技术监督管理部门，完工后经特种设备监督检验机构检验合格方可投入使用。

特种设备使用要注册登记，并进行定期保养和检验。特种设备在投入使用前或者投入使用后 30 日内，使用单位应携带相关资料到当地质量技术监督管理部门注册登记，未经注册登记的特种设备不准投入使用。特种设备使用单位要对在用特种设备、特种设备的安全附件、安全保护装置、测量调控装置及相关附属仪器仪表进行定期检查和日常维护保养；在进行自行检查和日常维护保养时发现异常情况，应当及时处理；特种设备出现故障或者发生异常情况，使用单位应当对其进行全面检查，消除事故隐患后，方可重新投入使用；在用特种设备要定期进行检验，检验的周期为一年或两年，检验由特种设备监督检验机构完成，使用单位要在特种设备检验到期前一个月内向检验部门提出申请，经检验合格的特种设备由检验机构发放检验合格证，只有经检验合格的特种设备才能继续使用。

特种设备停用要申请、报废要注销。特种设备需要停止使用的，使用单位要自行封存设备，并在封存的 30 日内向当地质量技术监督部门提出书面申请，经批复后正式停用；未办理停用手续的，仍需进行定期检验；重新启用停用的特种设备，应当申请检验，经检验合格并取得检验合格证后，凭相关资料到质量技术监督部门申请重新启用。特种设备报废时，使用单位要将特种设备注册登记表交回质量技术监督部门，办理注销手续，并将特种设备解体后报废。

## 习题

1. 压力容器是实验室的承压特种设备之一，请说明什么样的参数可以被认定为压力容器？

2. 按压力等级划分，压力容器可以被划分为哪几类？相应的参数范围是多少？

3. 压力容器的安全附件包括哪些？其作用是什么？

4. 发生压力容器安全事故的原因是什么？如何预防压力容器安全事故？

5. 分析氢气为什么是危险气体？并概括其存放和使用要求。

6. 分别阐述特种设备使用和管理要求。

7. 请简述特种设备操作人员和档案的管理。

# 第七章 实验室个人防护及安全操作

个人防护用品是指在劳动生产过程中使劳动者免遭或减轻事故和职业危害因素的伤害而提供的个人保护用品，直接对人体起到保护作用，也称作个人防护装备（PPE）。其主要功能是在一定程度上保护实验人员，减少实验过程中的有毒有害液体、气体或误操作等对人体所造成的伤害，在实验操作过程中，操作者选用适当的个人防护用具对自身安全有重要保障作用。当事故发生时可以在很大程度上减少对人体所造成的伤害。个人防护装备（PPE）作为一种控制策略，可以减少操作人员接触生物、化学和物理材料的危害，被视为应对危害的最后一道防线，且其易用性和可用性使它成为一项默认选择。理想情况下，控制危害的首要手段是工程控制，必要时使用PPE以增强工程和行政控制，减少工人的职业风险暴露。个人防护装备不能够代替外界的防护工程，此外安全的操作规范在实验过程中也是重要的一个环节，两者相互结合，才能确保实验人员的安全和健康，保证实验正常进行。

## 第一节 个人防护用品概述

根据2005年国家生产安全监督管理总局发布的《劳动防护用品监督管理规定》，在化学实验室中个人防护用品可以划分为以下几个方面。

① 眼睛防护。即佩戴防护眼镜、眼罩或面罩。存在粉尘、气体、蒸气、雾、烟或飞屑刺激眼睛或面部时，佩戴安全眼镜、防化学物眼罩或面罩（需整体考虑眼睛和面部同时防护的需求）；焊接作业时，佩戴焊接防护镜和面罩。

② 呼吸防护。根据GB/T 18664—2002《呼吸防护用品的选择、使用与维护》选用。要考虑是否缺氧、是否有易燃易爆气体、是否存在空气污染，及其种类、特点、浓度等因素之后，选择适用的呼吸防护用品。

③ 手部防护。佩戴防切割、防腐蚀、防渗透、隔热、绝缘、保温、防滑等手套。可能接触尖锐物体或粗糙表面时，防切割；可能接触化学品时，选用防化学腐蚀、防化学渗透的防护用品；可能接触高温或低温表面时，做好隔热防护；可能接触带电体时，选用绝缘防护用品；可能接触油滑或湿滑表面时，选用防滑的防护用品，如防滑鞋等。

④ 听力防护。根据实验室噪声强度选用护耳器；提供适用的通信设备。

⑤ 头部防护。佩戴安全帽，适用于环境存在物体掉落的危险；环境存在物体击打的危险。

⑥ 防跌保护。系好安全带，适用于需要登高时（高度 2m 以上）、有跌落的危险时。

⑦ 足部防护。穿防砸、防腐蚀、防渗透、防滑、防火花的保护鞋。可能发生物体砸落的地方，要穿防砸保护的鞋；可能接触化学液体的作业环境，要穿防化学液体的鞋；注意在特定的环境穿防滑或绝缘或防火花的鞋。

⑧ 防护服。保温、防水、防化学腐蚀、阻燃、防静电、防射线等。高温或低温作业要能保温；潮湿或浸水环境要能防水；可能接触化学液体要具有化学防护作用；在特殊环境注意阻燃、防静电、防射线等。

常见实验室个人防护用品如图 7-1 所示。

图 7-1　常见实验室个人防护用品

在选用个人防护用品之前我们首先要对实验过程进行危险性评估，需要确定危险源，主要包括电、水、火、毒、辐射、抗压等几个方面。一般要求专门执行检查的人员进行定期检查并建立档案，同时根据建议配备相应的防护用品。选用防护用品的基本要求是确保防护的最低水平高于受到伤害时的最高水平。同时这些防护用品应放在特定位置，定期检查或者更换。

## 第二节　个体防护装备的选用与管理

劳动防护用品的选用原则：一般可以根据国家标准、行业标准或地方标准选用；或根据生产作业环境、劳动强度，以及生产岗位接触有害因素的存在形式、性质、浓度（或强度）和防护用品的防护性能进行选用；此外，穿戴要舒适方便，不影响实验者作业。对个人防护用品的设计应符合安全、轻便、舒适、方便的原则，穿着舒适取决于两个因素：一是采用柔软型防护材料；二是能分解负重，使身体几个部位承受压力，并加大负重面积，降低压强。

个人防护用品使用前应仔细检查，不使用标志不清、破损的防护用品和“三无”产品。在危害评估的基础上，按不同级别的防护要求选择适当的个人防护装备及类型。同时要求工作人员充分了解其实验工作的性质和特点，经演练培训后正确使用个人防护装备，按相应的防护规程采取安全有效的个体防护措施。任何个人和组织都不能违反防护要求和规定，擅自或强令他人（或机构）在没有适当个体防护的情况下进入该类实验室工作。同时要求工作人员必须经过系统的个体防护培训和定期演练，须经考核合格后，方可上岗。

特别需要指出的是：由于任何个体防护用品的防护性能都具有一定的局限性，即使是正确选择和使用个体防护装备，能将当时实验室内的微小环境条件下进入人体的有害物质的威胁降低到最低程度，但并非绝对安全。因此在实验室研究和实验操作时，应充分考虑在整个实验过程是否应采取组合使用个人防护装备进行保护等因素。

所有的个人防护用品应依照国家标准《劳动防护用品配备标准　第 1 部分：通用规则》等配备。实验室防护用品采购要求：生产防护用品的单位应具备国家生产许可资质；生产的产品规格和性能符合国家质量标准；产品经过国家检验，有说明书和合格证；在采购后需要有实验室检测人员验收，并给予记录。

采购完毕需要有配发环节，配发应注意：按照实验室的标准足额配发，避免出现用品短缺情况；任何情况下严禁配发不合格、有缺陷、过期、报废、失效的防护用具，配发的个人防护用品应具有“三证”，即生产许可证、合格证、安全鉴定证，以及“一标志”（安全标志），实验室检查人员应该按照规定时间发放、巡检、回收替换个人防护用品。当检查发现防护用品需要淘汰时应及时更换，并做好记录。

实验人员在实验开始前应接受实验室安全培训，内容除了安全操作规范外还需要识别个人防护用品合格与否；正确使用防护用品的方法和要求；防护用品的保养和清洁；认识防护用品的重要性和使用不当的严重后果。

由于实验工作人员的个人防护用品一般固定，平时使用时应注意：定期对自己的防护用品进行维护和保养；按照说明书进行清洁保养以免发生意外；个人防护用品的存放应有固定的地点和位置，或者做个人标记，避免混用误用；当防护用品破损、过期、失效、丢失应及时报备；眼及面部防护装备对清洁度的要求很高，必须进行定期的消毒和清洁，且未经消毒的个人防护装备不可以混用、共用。

此外实验室应建立防护用品的检查与监督机制，开展自检、互检、巡检等活动，发现违规行为及时纠正并教育，如此可以保障实验安全顺利进行。

## 第三节　眼部的保护

安全防护眼镜是一种起特殊作用的眼镜，使用的场合不同需求的眼镜也不同，如医院用的手术眼镜，电焊的时候用的焊接眼镜，激光雕刻中的激光防护眼镜等等。防护眼镜在工业生产中又称劳保眼镜，分为安全防护眼镜和防护面罩两大类，其作用主要是保护眼睛和面部免受紫外线、红外线和微波等电磁波的辐射，粉尘、烟尘、金属和砂石碎屑以及化学溶液溅射的损伤。一些常见的防护眼镜见表 7-1。

表 7-1 各种防护眼镜

| 序号 | 项目 | 实物图 | 功能 |
| --- | --- | --- | --- |
| 1 | 防化学溶液的护目镜 | | 主要用于防御有刺激或腐蚀性的溶液对眼睛的化学损伤 |
| 2 | 防冲击护目镜 | | 主要用于防御金属或砂石碎屑等对眼睛的机械损伤。眼镜片和眼镜架应结构坚固，抗打击 |
| 3 | 防电弧眼镜 | | 为了保护操作者免受强电弧光伤害，深颜色的镜片可以更好地阻挡对眼睛有害的物质 |
| 4 | 激光防护眼镜 | | 能够防止或者减少激光对人眼伤害的一种特殊眼镜。要提供对激光的有效防护，必须按具体使用要求对激光防护镜进行合理的选择 |
| 5 | 防护面罩 | | 用来保护面部和颈部免受飞来的金属碎屑、有害气体、液体喷溅、金属和高温溶剂飞沫伤害 |
| 6 | 放射线防护镜 | | 光学玻璃中加入铅，用于 X 射线、$\gamma$ 射线、$\alpha$ 射线、$\beta$ 射线作业人员 |

在实验中对眼部造成的伤害及其后续影响大大超过其他伤害，然而对眼睛造成伤害的事故数量巨大，几乎每一个受害人都由于疏忽没有佩戴护目镜，飞溅的液体、破碎的玻璃，速度远远超过人的反应，即使侥幸躲开也会对皮肤造成伤疤等影响。据近几年所发生的事故采访统计，由于大学生佩戴眼镜者较多，他们误认为眼镜可以充当护目镜，殊不知眼镜无论其材质或保护范围都达不到护目镜的效果，往往在事故严重时会对人体造成二次伤害。这也是实验者的安全意识淡薄造成的，由于个人疏忽或认为事故只会发生在旁人身上。但是如果佩戴了护目镜、面罩、头盔等装备后，此类问题可以得到很好的解决。

需要佩戴眼睛防护设备的人员一般包括：实验工作人员、记录员、参观人员、在实验区域停留一定时间的人等。危险源一般有：液体、玻璃器皿、剧烈反应、化学蒸气、强光、光辐射等。在实验室应该一直戴着有护罩的安全眼镜，保护眼睛在任何情况下都是最重要的，应根据实验的内容和危险性选择合适水平的护目镜。眼部防护产品的材质强度大，在发生意外时可以有效地保护眼睛。常用的眼部保护用品有：护目镜、面罩（防冲击）、屏障等。

防护眼镜在耐火、防冲击、强度、轻便等方面必须要有充分的保障。镜片应该由特殊制品制成，可以抵抗暴力冲击和摩擦，眼镜的宽视角要符合一定的规格，可以透过足够的光线，镜片的更换要方便简单，防护眼镜的每一部分都应该可以清洁和消毒。面罩的保护面积比较大，可以保护面部、脖子、耳朵免受液体或者有毒气体的伤害。有些面罩和工作台固定在一起，有一定的立体硬度，可以比较好地保护几乎整个上半身，在从事真空或高低压相关的工作时应该使用面罩。

佩戴隐形眼镜的实验人员应特别注意眼睛的保护，尤其是卫生防护，有害气体可能会对其伤害增加，但在实验室可以佩戴隐形眼镜。

一般用于实验室工作人员操作的各种防护眼镜，可根据作用原理将防护镜片分为三类：①反射性防护镜片，根据反射的方式，还可分为干涉型和衍射型；②吸收性防护镜片，根据选择吸收光线的原理，用带有色泽的玻璃制成，例如接触红外辐射应佩戴绿色镜片，接触紫外辐射佩戴深绿色镜片，还有一种加入氧化亚铁的镜片能较全面地吸收辐射；③复合性防护镜片，将一种或多种染料加到基体中，再在其上蒸镀多层介质反射膜层，由于这种防护镜将吸收性防护镜和反射性防护镜的优点结合在一起，在一定程度上改善了防护效果。

防护面罩具有防高速粒子冲击和撞击的功能，并根据其他不同需要，分别具有防液体喷溅、防有害光（强的可见光、红外线、紫外线、激光等）、防尘等功效，针对具有刺激性和腐蚀性气体、蒸气的环境，建议应该选择全面罩，因为眼罩并不能做到气密，如果事故现场需要动用气割等能够产生有害光的设备，应配备相应功能的防护眼镜或面罩。全面型呼吸防护器对眼睛具有一定的保护作用。眼罩对放射性尘埃及空气传播病原体也有一定的隔绝作用。防护面罩可分为防固体屑沫和防化学溶液面罩，用轻质透明塑料或聚碳酸酯塑料制作，面罩两侧和下端分别向两耳和下颌下端及颈部延伸，使面罩能全面地覆盖面部，增强保护效果。防热面罩可用铝箔制成，也可以用镀铬或镍的双层金属网制成，反射热和隔热作用良好，并能防微波辐射。

实验室还需要配备紧急洗眼设备（见图 7-2）。在实验人员的眼部可能受到腐蚀材料伤害的场所都需要提供紧急洗眼设备，且此设备应位于紧急位置，易接近和取得。使用步骤为：取下洗眼器盖，将受感染者的眼睛部位摆放到冲眼器的花洒正上方，将洗眼器开关打开，花洒中清水喷出，对眼睛进行清洗。

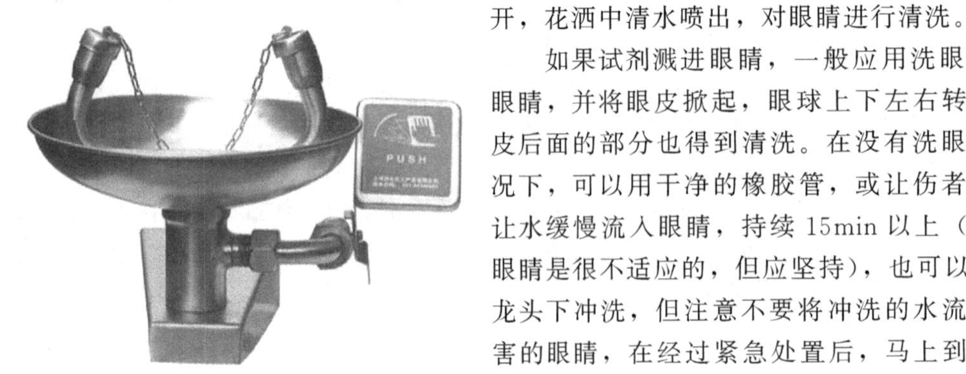


图 7-2　洗眼设备

如果试剂溅进眼睛，一般应用洗眼装置冲洗眼睛，并将眼皮掀起，眼球上下左右转动，使眼皮后面的部分也得到清洗。在没有洗眼装置的情况下，可以用干净的橡胶管，或让伤者仰面躺下让水缓慢流入眼睛，持续 15min 以上（刚开始时眼睛是很不适应的，但应坚持），也可以直接在水龙头下冲洗，但注意不要将冲洗的水流经未受伤害的眼睛，在经过紧急处置后，马上到医院进行治疗。

# 第四节　呼吸系统的保护

实验人员在操作有刺激性、有毒性的化学药品过程中，进行呼吸系统方面的防护是非常有必要的，目的在于防止呼吸中毒和刺激黏膜呼吸道等有害影响。对于易挥发有机气体的取用、各种刺激性酸碱的配制、高效液相色谱（HPLC）等的使用、各种有机合成反应等，通风设施是不可或缺的安全防护工程，即使我们在工程防护已经进行了多方面的工作，在实际的操作过程中由于情况的多方面性和偶然性，有毒有害气体仍可能会溢出进入实验环境中，如果是剧毒气体则对实验人员有致命危险。因此，除了通风工程防护，正确设计实验和正确操作仪器，还必须增加呼吸防护用具的使用。

长期处于实验环境中时，即使是低毒的气体也会损害身体健康。因此，在实验过程中，只要涉及有毒有害的气体及其他有机和无机挥发物，必须时刻佩戴呼吸系统防护用具。呼吸防护用品轻便程度不同，防护程度也不同，因此在不同环境中应选用合适的用品，才能在保证工作效率的同时最大限度地保护自身的健康。

## 一、呼吸器官防护用具的分类

呼吸器官防护用具（RPE）包括防尘口罩、防毒口罩、防毒面罩等，根据结构和作用原理，可分为过滤式（空气净化式）和隔绝式（供气式）两种类型。

（1）过滤式呼吸防护用具　过滤式呼吸防护用具是把吸入的环境空气，通过净化部件的吸附、吸收、催化或过滤等作用，除去其中有害物质后作为气源，供使用者呼吸用，它是以佩戴者自身呼吸为动力，将空气中有害物质予以过滤净化。典型的过滤式呼吸器如防尘口罩、防毒口罩和过滤式防毒面罩。过滤式呼吸器只能在不缺氧的环境（即环境空气中氧的含量不低于18%）和低浓度毒污染环境使用，一般不用于罐、槽等密闭狭小容器中作业人员的防护。

按过滤元件的作用方式分为过滤式防尘呼吸器和过滤式防毒呼吸器。前者主要用于隔断各种直径的粒子，通常称为防尘口罩和防尘面罩，后者用以防止有毒气体、蒸气、烟雾等经呼吸道吸入产生危害，通常称为防毒面罩和防毒口罩，化学过滤元件一般分滤毒罐和滤毒盒两类，滤毒罐的容量并不一定比滤毒盒大，这主要是执行产品的标准不同决定的。化学过滤元件一般分单纯过滤某些有机蒸气类、防酸性气体类（如二氧化硫、氯气、氯化氢、硫化氢、二氧化氮、氟化氢等）、防碱性气体类（如氨气）、防特殊化学气体或蒸气类（如甲醛、汞），或各类型气体的综合防护。有些滤毒元件同时配备了颗粒物过滤，有些允许另外安装颗粒物过滤元件。所有颗粒物过滤元件都必须位于防毒元件的进气方向。

过滤式呼吸防护器又分为全面型和半面型，在正确的使用条件下，二者分别能将环境中有害物质浓度降低到1/10和1/50以下。过滤式中还有动力送风空气过滤式呼吸器，能将环境有害物浓度降低到1/1000以下。

化学实验室常用的过滤式呼吸器可分为以下几种。

① 普通脱脂棉纱布口罩。普通脱脂棉纱布口罩用的纱布层数不少于 12 层，用于缝制口罩的面纱经纱每厘米不少于 9 根，纬纱每厘米不少于 9 根。普通脱脂棉纱布口罩无过滤效率、密合性等参数要求，不具备阻断颗粒性有害物和吸附有毒物质的功能，所以不能用于各类突发公共卫生事件现场防护。

② 活性炭口罩。活性炭口罩是在纱布口罩的基础上加入了活性炭层。此类口罩不能增加阻断有害颗粒的效率，活性炭的浓度不足以吸附有毒物质，所以同样不能用于各类突发公共卫生事件现场防护及有害气体超标的环境。但活性炭口罩有一定的减轻异味的作用（如处理腐烂物质）。

③ 医用防护口罩。国家为控制严重急性呼吸综合征（SARS）感染的严重状况制定了一个标准，符合此标准的口罩能够滤过空气中的微粒，如飞沫、血液、体液、分泌物、粉尘等物质，其滤过功效相当于 NIOSH/N95 或 EN149/FFP2，能够有效地隔断传染性病原体和放射性尘埃。同时，也有足够的防尘功效。在国际上口罩一般是用无纺布制成，主要用来防尘，防尘口罩主要是用来防止颗粒直径小于 $5\mu m$ 的呼吸性粉尘经呼吸道吸入产生危害，主要用于有毒气体和蒸气浓度较低的作业场所。

④ 防毒面罩。有半面罩和全面罩两种，实验室普遍使用的防毒面罩属半面罩。在发生紧急事故的时候，在短时间内如四周大气含有足够的氧气，此时不需要配用笨重的自给式的呼吸器，使用与四周大气隔离的防毒面罩就可以有效抵抗环境中的尘埃、蒸气以及有毒的烟气，防毒面罩的滤毒罐应装特定的化学试剂，应根据现场情况不同进行选用，如防氨气的防毒面罩不能用于高浓度有机气体的环境。

（2）隔绝式呼吸防护用具　隔绝式呼吸防护用具将使用者呼吸器官与有害空气环境隔绝，靠本身携带的气源（自给式，SCBA）或导气管（长管供气式），引入作业环境以外的洁净空气供呼吸，经此类呼吸防护器吸入的空气并非经净化的现场空气，而是另行供给。隔绝式呼吸防护用品可以使人员呼吸器官、眼睛和面部与外界受污染空气隔绝。过滤式呼吸防护用品的使用要受环境的限制，当环境中存在着过滤材料不能滤除的有害物质，或氧气含量＜18%，或有毒有害物质浓度＞1%时均不能使用，这种环境下应用隔绝式呼吸防护用品。

① 送风式空气呼吸器为独立供氧防护设备，自给形式的呼吸系统在大多情况下都可以提供理想的保护，它的主要构件有：头套、呼吸管道、适当的压缩机、比大气压力稍高的新鲜空气。若没有压缩机和呼吸管道的条件，可以选用软管面罩，软管与鼓风器连接，整个鼓风器应该完全处于危险环境之外，且鼓进来的气体要新鲜健康。在没有鼓风器的环境下切不可使用此种防护工具。

② 正压式空气呼吸器主要包括罐装压缩氧气或空气、减压阀和面罩，氧气罐的氧气则会自动通过减压阀注入呼吸袋。氧气罐中的氧气含有一定量的惰性气体，在实际使用时，氧气被消耗，因而呼吸袋中的惰性气体含量会增加，当到指定含量时，呼吸器不再具有防护效果，此时应该立刻退出实验环境，否则会产生窒息危险。携带式空气呼吸器用于危急情况的抢险救援，这种仪器笨重且复杂，使用和保养都需要预先训练。由于穿戴者背负的储气罐尺寸不同及年龄等因素，每一台可以提供 1～2h 的使用时间。

③ 自给式空气呼吸器。其基本原理是封闭循环，人体从呼吸袋中吸入氧气，呼出的二氧化碳和水蒸气与预先放入的化学试剂（如过氧化钾）反应生成氧气，以此进行循环使用，直到药剂失效。

## 二、呼吸器官防护用具的选择

呼吸防护用品的使用环境分两类，第一类是对生命和健康造成直接危害的（IDLH）环境，IDLH 环境会导致人立即死亡，或丧失逃生能力，或导致永久健康伤害；第二类是非 IDLH 环境。IDLH 环境包括以下几种情况：①空气污染物种类和浓度未知的环境；②缺氧或缺氧危险环境；③有害物浓度达到 IDLH 浓度的环境。

针对 IDLH 环境应选择隔绝式呼吸防护用品，在非 IDLH 环境才可以选择过滤式防护用品，对过滤式呼吸器，要根据现场有害物的种类、特性、浓度选择面罩种类及适当的过滤元件，当有害物种类不详或不具有警示性或警示性很差，以及没有适合的过滤元件时，就不能选择过滤式呼吸防护用品。

根据应急响应现场可能遇到的有害物不同而选择不同的滤芯，如微生物、放射性和核爆物质（核尘埃）以及一般的粉尘、烟和雾等，应使用防颗粒物过滤元件，但需要在过滤效率等级方面和过滤元件类别方面加以区分，过滤效率选择原则是：致癌性、放射性和高毒类颗粒物应选择效率最高档，微生物类至少要选择效率在 95%档；类别选择原则是：如果是油性颗粒物（如油雾、沥青烟、一些高沸点有机毒剂释放产生油性的颗粒等）应选择防油的过滤元件，如果颗粒物具有挥发性，还必须同时配备防护对应气体的滤毒元件。

## 三、呼吸器官防护用具的使用

### 1. 半面罩的使用

半面罩是实验室最常用的防毒用具，其正确的佩戴方法如下所述：

① 先将头带扣松开，把头带调至最松位置，然后将上方头带套在头顶，使面罩盖住自己的口鼻，然后将下方头带在颈后扣好；

② 用双手拉紧头带，注意不要过紧，造成不必要的不适；

③ 调整好面罩位置后，做面部密合性试验，先用手掌盖住滤盒或滤棉的进气部分，然后缓缓吸气，如果感觉面罩稍稍向里塌陷，说明面罩内有一定负压，外界气体没有漏入，密合良好；

④ 用手盖住呼气阀，缓缓呼气，如果感觉面罩稍微鼓起，但没有气体外泄，说明密合良好。

防尘面罩可以阻止粉尘的吸入，减少对人体肺部的伤害，降低职业病的发生，防尘面罩大多情况下是通过机械过滤的方法，过滤大颗粒固体来起作用，防尘面罩的主要性能差别是被滞留的颗粒的大小、粉尘除去的干净度和呼吸阻力等因素。防尘面罩由于原理简单，所以样式更加多样化，但原理基本不变，由于是机械过滤，所以此种面罩的寿命也比较短，在长时间使用后，由于颗粒堵塞，呼吸会有窒息感，这时候就应该及时更换。防毒面罩具有各种尺寸，佩戴者需要了解自己的使用尺寸，这样才能与四周环境的大气隔离，使其完美地嵌合人的呼吸器官，避免发生泄漏等问题。在佩戴前应对仪器加以检查，优良的面罩应具有呼入和呼出阀，可以减少对呼吸的阻力，减轻窒息感。面罩的面料应该是柔韧的，与脸部要贴合，并需用束缚带扎住。面罩上的镜片为不易碎玻璃或其他高强度物料构成，在镜片的朝里一面需要涂抹防雾物料来防止呼出蒸汽的影响。

### 2. 过滤式防毒面罩的使用

过滤式防毒全面罩在使用前应将面罩、导气管、滤毒罐连接起来，检查整套面罩的密封性，戴上面罩后用手堵住滤毒罐底部进气孔，进行深呼吸，若无空气吸入，说明此套面罩气密性良好，检查是否有破损，系带是否连接牢固，选用适合个人面部大小的面罩，系带时不易过紧，不应产生压迫感，保证与脸形状密合良好又能在口鼻处保留一定空间，感觉舒适即可。根据作业场所有害物质环境选择与有害物质相适位的滤毒罐，并认真阅读使用说明书。详细了解其性能和注意事项，防止意外伤害。

### 3. 正压式空气呼吸器的使用

正压式空气呼吸器的使用方法如下所述：

① 佩戴空气呼吸器的面罩。拉开面罩头网，将面罩由上向下戴在头上，调整面罩位置，使下巴进入面罩下面凹形内，调整颈带和头带的松紧。

② 检查空气呼吸器面罩的密封。戴上面罩后，用手按住面罩口处，通过呼气检查面罩密封是否良好。

③ 安装空气呼吸器面罩供气阀。将供气阀上的红色旋钮置于关闭位置（顺时针旋转到头），确认其接口与面罩接口啮合，然后顺时针方向旋转 90°，当听到咔嗒声时，即安装完毕。

④ 背负空气呼吸器的气瓶。将气瓶阀向下背上气瓶，通过拉肩带上的自由端调节气瓶的上下位置和松紧，直到感觉舒服为止，然后扣紧腰带。

⑤ 结束使用空气呼吸器。使用结束后，松开颈带和头带将面罩从脸部由下向上脱下，按下供气开关，解开腰带和肩带，卸下装具，关闭气瓶阀。

正压式空气呼吸器的使用注意事项如下：

① 使用前必须完全打开气瓶阀，同时观察压力表读数，气瓶压力应不小于 25MPa，通过几次深呼吸检查供气阀性能，吸气和呼气都应舒畅，无不适感觉。佩戴空气呼吸器的面罩不能漏气，要检查空气呼吸器面罩的密封性。

② 空气呼吸器使用结束后，必须按下供气阀旁边的供气开关按钮，防止浪费压缩空气。

③ 供气阀进气口上配有一个红色旋钮指示器，使用时空气将迅速释放，只有在非常必要时才使用。

④ 空气呼吸器保存温度为 5～30℃，距热源 1.5m，远离酸、碱等有腐蚀性的地方保存。听到报警声时，应迅速撤离现场。

## 四、呼吸器官防护用具的检查与更换

呼吸防护用品的有效性主要体现在两个方面：提供洁净呼吸空气的能力，隔绝面罩内洁净空气和面罩外部污染空气的能力。后者依靠防护面罩与使用者面部的密合。判断密合的有效方法是适合性检验，适合性检验的方法有多种，每种适合性检验都有适用性和局限性，一般定性的适合性检验只能适合半面罩，或防护有害物浓度不超过 10 倍接触限值的环境，定量适合性检验适合各类面罩。由于不需要密合，开放型面罩或送风头罩的使用不需要做适合性检验。

适合性检验不是检验呼吸防护面罩的性能，而是检验面罩与每个具体使用者面部的密合性。一般在呼吸防护面罩的检验认证过程中，依据标准对面罩进行有关密合性的检验，在选择面罩时，首先可以根据每款面罩提供的型号，根据脸形大小进行粗略选择，然后再借助适合性检验确认能够密合。

适合性检验中需要借助某些试剂（颗粒物或气体），通过检测或探测面罩内外部浓度，判断面罩能够将面罩外检测试剂浓度降低的程度。以定性适合性检验为例，借助喷雾装置，将经过特殊配比诸如糖精（甜味）或苦味剂液体喷雾，在确认使用者能够尝到试剂味道的前提下，依靠使用者对检验喷雾的味觉，判断面罩内能否尝到喷雾，如果尝不到，一般可以判断面罩密合；如使用者在适合性检验中能够尝到味道，说明两种可能性，一是面罩型号不适合，二是面罩佩戴或调节方法不当。所以每次检验失败都提供第二次机会，通过调节头带松紧、面罩位置、鼻夹松紧等再重复检验。如果仍然有味道，说明该使用者应选择其他型号或品牌的防护面罩了。定性适合性检验设备比较简便，实施比较方便。对需要使用全面罩的情况，需要依靠定量适合性检验来判断面罩的适合性，建议联系面罩供货商提供有关服务。根据国标的要求，适合性检验应在首次使用一款呼吸防护面罩的时候做，以后每年进行一次。适合性检验应由提供呼吸防护用品的单位提供。

此外气体通过滤芯后，有害物的浓度降低，同时滤芯也会逐渐吸附饱和，一旦吸附达到饱和就需要更换。更换滤芯难以通过主观评断，实际生产中是通过统计使用时间来进行，这就要求实验人员在每次使用完毕后仔细记录使用时间及具体时长。在环境中有害物浓度较高或滤芯已开封长时间的情况下都不可以使用，因安全系数不够可能对人体造成损伤，需换用全面罩或更换新的防毒滤芯。

在平时的检查中，检查人员需要测试滤毒设备的吸收能力，并给予记录，在每次使用完毕后都应当洗涤干净并消毒，一般用肥皂水和清水，或者甲醛消毒。由于大多防毒面罩包含许多橡胶部件，因此防毒面罩在不使用时应置于阴凉通风处。

## 第五节　手的保护

手是进行实验操作，与各种化学试剂最近距离接触的部位，若不给予适当的防护设备保护，是最容易受到伤害的。轻微伤害比如有腐蚀性液体少量飞溅造成的脱皮，严重伤害比如高速旋转机器对手造成的损伤，此外许多有机溶剂等还会通过手的毛细孔进行皮肤渗入，导致人中毒。手套可以防止多方面的伤害：化学试剂、切割、划伤、擦伤、烧伤和生物伤害等。由于安全疏忽没有佩戴手部防护用品或者不当地佩戴导致的安全事故也屡见不鲜。2008 年，某博士生在使用三乙基铝的时候，不小心弄到了手上，由于没有戴防护手套，出事后也没有立刻用大量清水冲洗，结果左手皮肤严重灼伤，需要植皮。常见的防护手套使用提醒标识见图 7-3。

必须戴防护手套

图 7-3　防护手套使用提醒标识

防护手套是最常用的手部防护用品。防护手套必须足够结实，确保在工作过程中不破损或开裂。按防护目的不同，手套分为耐酸碱手套、橡胶耐油手套、防毒手套、防静电手套和带电作业用绝缘手套等，其中应用最为广泛的要数耐酸碱手套。

**1. 防护手套的技术规格**

实验室对常用的防护手套的技术规格要求如下：

① 塑料（PVC）防护手套使用不会引起皮肤过敏、发炎的原料制作，手套双侧的厚度不小于 0.6mm，不允许漏气。

② 乳胶防护手套不允许漏气，表面无明显裂痕、气泡、杂质等缺陷。

③ 橡胶防护手套不能含有再生胶和油膏，表面必须无裂痕、折缝、发黏、喷霜、发脆等缺陷，除了硫化配料和其他配合剂外，胶料的含量要占总质量的 70%以上。

④ 帆布防护手套分为五指、三指和二指三种。缝制的针码为每厘米 4～5 针，帆布的质量不小于 $380g/m^2$。

⑤ 白纱防护手套分为平口和螺口两种。平口白纱手套要使用本白粗号棉纱（21×8）根并合织成，质量不小于 45g/副。螺口白纱手套要使用本白粗号棉纱（21×9）并合织成，质量不小于 52g/副。

⑥ 皮革防护手套要使用经过铬鞣制的成品皮革制作，手套表面不得有刀伤、擦伤、虫伤等残缺现象，手套单层的厚度不小于 0.8mm，手套用皮的铬含量不少于 3.5%，不允许使用能遮蔽缺陷的方法处理手套用皮，不允许使用刺激皮肤的化合物处理手套用皮。

一般的防酸碱手套与抗化学物的防护手套并非等同，皮革或缝制的工作手套也不适合处理化学品，由于许多化学物对手套材质具有不同的渗透能力，所以需要考察实验项目涉及的化学品，以选择合适的防化学品手套。此外，选用手套时，应考虑化学品的存在状态（气态、液体）浓度以确定该手套能否抵御该浓度，如由天然橡胶制造的手套可应付一般低浓度的无机酸但不能抵御浓硝酸或浓硫酸，橡胶手套对病原微生物、放射性尘埃有良好的阻断作用。选用手套时还应考虑厚度、韧性、使用条件、耐用性等多方面的影响，选用适合实验的护具，若选用规格不符则会产生实验时操作不便或不能起到防护作用的问题。

在戴手套感到妨碍操作且接触的实验材料对皮肤的伤害轻微的情况下，也可选用防护油膏作为防护，干酪素防护膏对有机溶剂、油漆和染料等有良好的防护作用。对酸碱等水溶液可用由聚甲基丙烯酸丁酯制成的胶状膜液，涂布后即形成防护膜，洗脱时可用乙酸乙酯等溶剂。防护膏膜不适于有较强摩擦力的操作。

**2. 防护手套使用注意事项**

每次使用之前要检查手套是否有损坏，在处理有害物质或操作危险工序前应戴上防护手套。在实验结束后，脱下已污染的手套后要避免污染物外露及接触皮肤，一次性手套需消毒后再包好丢弃，避免交叉污染，重复使用的防护手套使用后要彻底清洁及风干。在实验中使用电话、接触门把手和洗手池等公共物品时一定要摘下手套，在接触实验材料或者操作仪器时必须戴手套。进行跨区域操作时则需要更换手套。

在实验结束后经常需要对手部进行清洗消毒。一般常用自动式洗手开关，流动水冲洗手部多次，然后用液体皂滴在手上，反复搓手，再用水彻底冲洗（动作轻柔，水不要开得太大），在清洗完毕后，用干净的纸巾或毛巾擦干，可以用 75%的酒精擦手来清除双手的轻度污染，在没有洗手池的地点，可以使用含酒精的“免洗”手部清洁产品替代。

防护手套要放在干燥、避光、恒温的环境中保养。当有大量化学物质残留时，要用适当的溶剂清洗，但要避免使用腐蚀性清洗液。手套洗干净后要充分晾干，除非有制造商指示，否则切勿用热力烘干手套，那样会使手套快速老化。正确的使用和保养方法，可以适当地增加防护手套的使用寿命。

## 第六节　耳的保护

在实验中对耳朵的保护也是相当重要的，护具除了可以保护耳朵免受外部伤害之外，在对听力的保护方面亦能起到关键的作用。实验室中由于各种机械运转、排气放空、蒸汽及空气吹扫等，清洗现场噪声通常都在 80～100dB。为了减轻噪声对施工人员身体的不良影响，排除给施工过程带来的干扰，在无法消除噪声源的情况下，可以采取个人防护的办法，市售的防噪声用品有：硅橡胶耳塞、防噪声耳塞、防噪声棉耳塞、防噪声耳罩和防声头盔。这些防噪声用品分别由特殊硅橡胶、软橡胶、塑料、超细玻璃纤维、泡沫塑料及海绵橡胶等材料制成，分别适用于不同的噪声环境，有各自不同的特点，可根据需要选择使用。当实验过程中出现潜在噪声，则需要为实验人员配备耳塞、耳罩、头盔等个人防护用品，这也是防止噪声危害的最后一项措施。在使用前也需要有专门人员进行指导并监督使用。若实验者需要长期处于噪声环境，则应定期对其进行听力检测，发现听力异常则需及时进行休息和治疗，若听力出现损害则应调换岗位。

实验室常用听力护具系列产品主要有耳塞、耳罩和帽盔三类。

**1. 耳塞**

耳塞是插入外耳道内或置于外耳道口的一种护耳器，常用材料为塑料和橡胶。按结构外形和材料分为圆锥形塑料耳塞、蘑菇形塑料耳塞、伞形塑料耳塞、提篮形塑料耳塞、圆柱形泡沫塑料耳塞、可塑性变形塑料耳塞和硅橡胶成型耳塞、外包多孔塑料纸的超细纤维玻璃棉耳塞、棉纱耳塞。对于耳塞的要求为：应有不同规格的适合于人外耳道的构型，隔声性能好、佩戴舒适，易佩戴和取出又不易滑脱，易清洗、消毒，不变形等。

对防噪声耳塞一般具有下列要求：形如子弹头，表面光滑，回弹慢，使用时耳朵没有胀痛感，隔音效果为 29dB。切记耳塞塞入耳朵前，要将耳朵向上向外拉起，放到正确位置才能发挥最佳效果。塞入、取出时应轻柔、缓慢，旋转塞入、取出，切忌猛塞猛拉。如图 7-4 所示为一种常见的隔音耳塞。

在防噪声设备中耳塞因携带佩戴方便，价格经济，性价比高，是最常用的一种设备。采购员在采购中应选用质地柔软、佩戴舒适、耐用的耳塞。合格的耳塞可以降低低频噪声 10～15dB，降低中频噪声 20～30dB，降低高频噪声 30～40dB。

**2. 耳罩**

耳罩常以塑料制成，矩形杯状或碗状（图 7-5），内具泡沫或海绵垫层，覆盖于双耳，两耳间连以富有弹性的头架适度紧夹于头部，可调节，无明显压痛，舒适。要求其隔音性能好，耳罩壳体的低限共振率越低，防声效果越好。

**3. 防噪声帽盔**

防噪声帽盔（图 7-6）能覆盖大部分头部，以防强烈噪声经骨传导而达内耳，有软式和硬式两种。软式质轻，热导率小，声衰减量为24dB，缺点是不通风。硬式为塑料硬壳，声衰减量可达30～50dB。

图7-4 隔音耳塞

图7-5 耳罩

图7-6 防噪声帽盔

对防噪声工具的选用，应考虑作业环境中噪声的强度和性质，以及各种防噪声用具衰减噪声的性能。各种防噪声用具都有一定的适用范围，选用时应认真按照说明书使用，以达到最佳防护效果。

## 第七节 头部及其他部位的保护

在实验室中对操作者除了以上防护要求，还有其他方面的要求，如：头部防护和身体其他部位的防护。头部伤害是指从2～3m以上高处坠落时对头部造成的伤害，以及日常工作中对头部的伤害。头部防护的主要产品有安全帽和安全头盔。按材质分为玻璃钢安全帽、丙烯腈-丁二烯-苯乙烯共聚物（ABS）安全帽、聚乙烯（PE）安全帽。身体防护是为了保护实验者免受劳动环境中的物理、化学因素的伤害，主要分为特殊防护服和一般作业服两类。防坠落用具用于防止坠落事故发生，主要有安全带、安全绳和安全网。护肤用品用于外露皮肤的保护，分为护肤膏和洗涤剂。

**1. 安全帽与安全头盔**

安全帽是保护施工人员免受或减轻飞来或落下物体对头部的伤害。在实验室，为防止意外飞溅物体伤害、撞伤头部，或防止有害物质污染，操作者应佩戴安全防护头盔。我国国家标准对安全头盔的形式、颜色、耐冲击、耐燃烧、耐低温、绝缘性等技术性能有专门规定，防护头盔多用合成树脂类橡胶等制成。根据用途，防护头盔可分为单纯式和组合式两类。单纯式有：一般建筑工人、煤矿工人佩戴的帽盔，用于防重物坠落砸伤头部；机械化工等工厂防污染用的以棉布或合成纤维制成的带舌帽。组合式主要有电焊工安全防护帽、矿用安全防尘帽、防尘防噪声安全帽。化学操作人员使用的通用型安全帽，由聚乙烯塑料制成，可耐酸、碱、油及化学溶剂，可承受3kg钢球在3m高度自由坠落的冲击力（图7-7）。

图7-7 防冲击头盔

安全帽在使用前要检查是否有国家指定的检验机构的检验合格证，是否达到报废期限（一般使用期限为两年半），是否存在影响其性能的明显缺陷，如：裂纹、碰伤痕迹、严重磨损等。不能随意拆卸或添加安全帽上的附件，也不能随意调节帽衬的尺寸，以免影响其原有的性能。安全帽的内部尺寸如垂直间距、佩戴高度、水平间距是有严格规定的，它直接影响安全帽的防护性能。不能私自在安全帽上打孔，不能随意碰撞安全帽，不能将安全帽当板凳坐，以免影响其强度。受过一次强冲击或做过试验的安全帽不能继续使用，应予以报废。安全帽应端正戴在头上。帽衬要完好，除与帽壳固定点相连外，与帽壳不能接触。下颚带要具有一定强度，并要求系牢不能脱落。

**2. 防护服**

在实验室中需要穿工作服或者相应级别的防护服，在离开实验室时必须脱下防护服留在实验室内消毒处理，不得穿出实验区域外，不能够二次使用的，在消毒处理后统一丢弃且需记录。在安全级别较高的实验室会要求换上全套的实验室服装，包括内衣、衬衣、外套、鞋、手套，也会配备专门的更衣室和淋浴室。在处理具有腐蚀性的化学药品或者有特殊危险性的情况下需要穿上指定的防护服装，这些服装具有充分的保护作用，在舒适度和行动方面也有一定的要求，对于清洁性方面的要求也较高。石棉衣服可以隔热和防烫伤，皮质和橡胶质地的衣服可以防止一定的机械伤害，合成橡胶、塑胶等材质的则可以防液体、烟尘。

**3. 防护鞋靴**

在特定情况下需要注意足部的防护，和防护手套类似，防护鞋靴的防护功能也多种多样，包括防砸、防穿刺、防水、抗化学物、绝缘、抗静电、抗高温、防寒、防滑等。在搬运重物时，物体可能砸伤脚面，需要穿戴防撞击鞋子；如区域存在钉子、尖锐金属、碎片，需要穿防刺伤鞋；在地面潮湿的场所或操作拖车等设备时需要穿防滑鞋；在化学实验室，防护鞋靴要对酸碱和腐蚀性物质有一定的抵御性。防护鞋表面不应有皱褶，以免积存尘埃。

## 习题

1. 试对比分析医用外科口罩和过滤式防毒面罩的区别，并说明为什么在实验室不能只简单佩戴医用外科口罩。
2. 请简述如何对呼吸防护用具作适合性检查。
3. 试简述正压式空气呼吸器的使用方法。
4. 请简述洗眼器的使用方法。
5. 试简述隔音耳塞的适用范围以及使用方法。

# 第八章

# 实验室辐射安全

## 第一节　放射性及其相关物理量

### 一、放射性核素

原子核内具有相同质子数和中子数的一类原子称为核素。自然界中多数核素的原子核都是稳定不变的，这类核素被称为稳定核素；原子核不稳定，能自发地放出射线的核素被称为放射性核素，原子核放出射线而自身形成一种新的、更稳定核素的过程叫作核衰变。放射性核素衰变过程具有三个主要特性。

① 放射性核素衰变时，能自发地放出α、β、γ射线。质量较轻的核素一般只放出β、γ射线，质量较重的核素多放出α射线。

② 放射性核素衰变具有一定的半衰期（$T_{1/2}$）。半衰期指一定量的放射性核素衰变一半时所需要的时间。半衰期是放射性核素的一个特征常数，不随外界条件和元素的物理化学状态的不同而改变。不同的放射性核素半衰期差别很大，如钍-232为140亿年，而钋-210仅为$3.0\times10^{-7}$s。

③ 放射性核素衰变过程中原子核数目的减少服从指数规律。一般用公式$N=N_0e^{-\lambda t}$表示（$N_0$为初始放射性核素原子核数；$\lambda$是衰变速率常数，称为衰变常数；$N$为经过$t$时间衰变后所剩下的放射性核素原子核数）。

放射性核素有天然放射性核素和人工放射性核素两种。现在工、农、医等诸方面使用的放射性核素，大部分是人工制造的。天然放射性核素，如镭-226（$^{226}Ra$）、铀-235（$^{235}U$）和钍-232（$^{232}Th$）等，也要经过人工提纯后才能使用。

### 二、放射性活度

放射性强弱用放射性活度来度量，放射性活度指单位时间内发生衰变的核素。目前国际单位用“贝可勒尔”（简称“贝可”）表示，符号为 Bq。1Bq 表示每秒发生一次衰变。

放射性活度的单位过去一直用居里（符号为 Ci）表示，贝可与居里的换算关系是 $1Ci=3.7\times10^{10}Bq$。

## 三、辐射剂量

辐射剂量学中常用的三个辐射量是：照射量、吸收剂量和剂量当量。

**1. 照射量（*X*）**

照射量表示 X 射线或 γ 射线在单位质量体积空气中，释放的全部电子（负电子和正电子）在空气中完全被阻止时所产生的离子总电荷的绝对量。它的单位是伦琴，符号为 R，$1R=2.58\times10^{-4}C/kg$。照射量只对空气而言，仅适用于 X 射线或 γ 射线。

**2. 吸收剂量（*D*）**

吸收剂量定义为单位质量被照射物质平均吸收的辐射能量。吸收剂量的专用单位是拉德，符号 rad。1kg 被照射物质平均吸收了 0.01J 的辐射能量，则表示该物质接受了 1rad 的吸收剂量。

吸收剂量的国际制单位是戈，符号 Gy。它的定义是质量 1kg 的物质吸收 1J 的辐射能量时的吸收剂量，1Gy=100rad。

**3. 剂量当量（*H*）**

相同的吸收剂量未必产生同样程度的生物效应，因为生物效应受到辐射类型、剂量与剂量率大小、照射条件、生物种类和个体生理差异等因素的影响。为了比较不同类型辐射引起的有害效应，在辐射防护中引进了一些系数，当吸收剂量乘上这些修正系数后，就可以用同一尺度来比较不同类型辐射照射所造成的生物效应的严重程度或产生概率。

把乘上了适当的修正系数后的吸收剂量称为剂量当量，用 $H$ 表示，单位是雷姆，符号为 rem。组织中某点处的剂量当量 $H=DQN$（$D$ 是吸收剂量；$Q$ 是品质因子，依不同类型辐射而异；$N$ 是其他修正系数的乘积）。剂量当量的国际制单位是希，符号 Sv。1Sv=100rem。

照射量、吸收剂量和剂量当量是三个意义完全不同的辐射量。照射量只能作为 X 射线或 γ 射线辐射场的量度，描述电离辐射在空气中的电离本领；吸收剂量则可以用于任何类型的电离辐射，反映被照介质吸收辐射能量的程度；剂量当量只限于防护中应用。三个不同量之间在数值上有一定的联系，在一定条件下可以相互换算，粗略计算，$2.58\times10^{-4}C/kg$ 的 X 射线或 γ 射线在空气中的吸收剂量约为 $8.38\times10^{-3}Gy$；而在软组织中的吸收剂量约为 $9.31\times10^{-3}Gy$。

# 第二节　辐射分类与应用

## 一、辐射的分类

按照放射性粒子能否引起传播介质的电离，把辐射分为电离辐射和非电离辐射，如

图 8-1 所示。

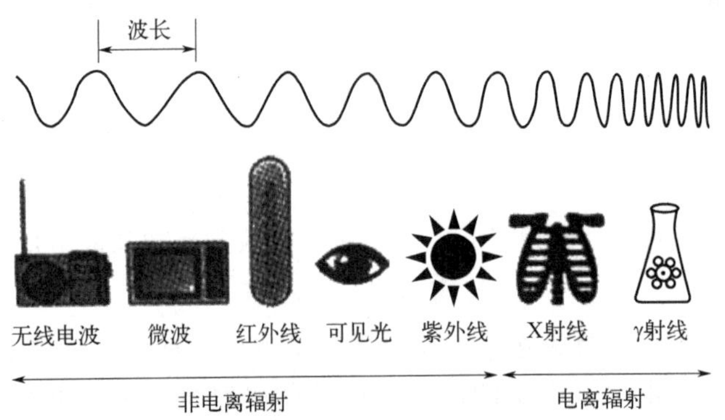


图 8-1　电磁波谱与辐射类型的关系

**1. 电离辐射**

拥有足够高能量的辐射可以把原子电离。一般而言，电离是指电子被电离辐射从电子壳层中击出，使原子带正电。由于细胞由原子组成，电离作用可以引起癌症，一个细胞由数万亿个原子组成，电离辐射引起癌症的概率取决于辐射剂量率及接受辐射生物之感应性。α、β、γ 射线及中子辐射均可以加速至足够高能量电离原子。

**2. 非电离辐射**

非电离辐射之能量较电离辐射弱。非电离辐射不会电离物质，而会改变分子或原子之旋转、振动或价层电子轨态。非电离辐射对生物活组织的影响近年才开始被研究，不同的非电离辐射可产生不同的生物学作用。

无论是电离辐射还是非电离辐射，都存在于人们的日常生产生活和科学研究中，很多时候人们不知不觉间已经享用到辐射给人们带来的好处，但如果使用不当，也会对人体造成伤害。

## 二、放射源与射线装置

**1. 放射源**

放射源按其密封状况可分为密封源和非密封源。密封源是密封在包壳或紧密覆盖层里的放射性物质，工农业生产中应用的料位计、探伤机等使用的都是密封源，如钴-60、铯-137、铱-192 等。非密封源是指没有包壳的放射性物质。医院里使用的放射性示踪剂属于非密封源，如碘-131、碘-125 等。

按照放射源对人体健康和环境的潜在危害程度，从高到低将放射源分为Ⅰ、Ⅱ、Ⅲ、Ⅳ、Ⅴ类。Ⅰ类放射源为极高危险源，没有防护情况下，接触这类放射源几分钟到 1h 就可致人死亡；Ⅱ类放射源为高危险源，没有防护情况下，接触这类放射源几小时至几天可致人死亡；Ⅲ类放射源为危险源，没有防护情况下，接触这类放射源几小时就可对人造成永久性损伤，接触几天至几周也可致人死亡；Ⅳ类放射源为低危险源，基本不会对人造成永久性损伤，但对长时间、近距离接触这些放射源的人可能会造成可恢复的临时性损伤；Ⅴ类放射源为极低危险源，不会对人造成永久性损伤。Ⅴ类放射源的下限活度值为该种核素的豁免活度。

上述放射源分类原则对非密封源适用。非密封源工作场所按放射性核素日等效最大操作量分为甲、乙、丙三级，具体分级标准见 GB 18871—2002《电离辐射防护与辐射源安全基本标准》。甲级非密封源工作场所的安全管理参照Ⅰ类放射源。乙级和丙级非密封源工作场所的安全管理参照Ⅱ、Ⅲ类放射源。

**2. 射线装置**

射线装置是指 X 射线机、加速器、中子发生器等在运行时可以产生射线的装置以及含放射源的装置。通常所指的射线装置，是指 X 射线机、加速器、中子发生器等。

根据射线装置对人体健康和环境可能造成危害的程度，从高到低将射线装置分为Ⅰ类、Ⅱ类、Ⅲ类。按照使用用途分医用射线装置和非医用射线装置。Ⅰ类为高危险射线装置，事故时可以使短时间受照射人员产生严重放射损伤，甚至死亡，或对环境造成严重影响；Ⅱ类为中危险射线装置，事故时可以使受照人员产生较严重放射损伤，大剂量照射甚至导致死亡；Ⅲ类为低危险射线装置，事故时一般不会造成受照人员的放射损伤。

# 第三节　电离辐射源

电离辐射源按其来源可分为天然辐射源和人工辐射源两大类。天然辐射源是指自然界中本来存在的辐射源，包括来自大气层外的宇宙辐射，宇宙射线与大气作用产生的宇生放射性核素以及地壳物质中存在的原生放射性核素。生活在地球上的人类时刻都在通过吸入、食入天然放射性核素和外照射接受天然辐射。由于地壳地质结构、表面土壤岩石的特性、海拔高度和地磁纬度的差异，各地区的天然本底辐射水平也不尽相同。联合国原子辐射效应科学委员会（UNSCEAR）报告书指出全世界人均年有效剂量为 2.4mSv，其中氡及其子体造成的内照射剂量约占 52%。人工辐射源来自于人类的一些实践活动，主要的人工辐射源包括核爆炸产生的放射性核素、核反应堆生产的放射性核素、加速器生产的放射性核素以及加速的带电粒子、经过加工的天然放射性核素、X 射线装置和中子源。

## 一、X 射线装置

X 射线是高速电子与物质相互作用而产生的。这种过程常发生在 X 射线管和电子加速器中。靶材料一般采用高原子序数的难熔金属（如钨、铂、金、钽等）。

X 射线的光谱分为两类：一类 X 射线的光谱是连续的，由轫致辐射产生，X 射线的最大能量即为电子在加速电场中获得的全部能量；另一类 X 射线的光谱是线状的，由靶材料性质所决定。

## 二、中子源

中子主要有三种来源：一是通过裂变反应产生；二是通过（α，n）中子源产生；三是通过加速器中子源产生。

**1. 裂变中子源**

反应堆内核燃料发生核裂变除释放能量之外，还会有中子释放出来。$^{235}U$ 发生一次核裂变平均释放 2.4 个中子。$^{235}U$ 的裂变示意图见图 8-2。反应堆常用作中子活化分析。

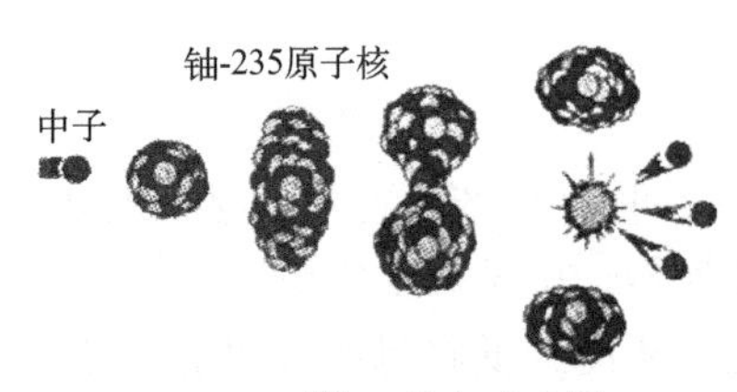


图 8-2　$^{235}U$ 裂变示意图

还有一类是自发裂变中子源，常用的核素是 $^{252}Cf$。它是把 $^{239}Pu$ 放在反应堆中连续照射，进行中子俘获和 β 衰变而形成的。$^{252}Cf$ 的半衰期为 2.64a，α 衰变占 96.6%，自发裂变占 3.1%，平均每次自发裂变可发射 3.7 个中子，平均中子能量为 2.348MeV，中子的产额为 $2.35\times10^{12}$ n/(s·g)。

**2. (α,n) 中子源**

把 α 衰变放射性核素如 $^{226}Ra$、$^{241}Am$、$^{210}Po$ 等与铍（Be）或硼（B）以粉末状态混合在一起就可以制成同位素中子源。如 $^{241}Am$-Be 中子源。

$$^{9}Be+\alpha \longrightarrow {}^{12}C+n+Q$$

中子的能量在 1～11.5MeV，平均 5MeV，中子的产率为（2.2～2.7）$\times10^{6}$ n/(s·Ci)。中子产生过程中，有 1.27MeV、4.43MeV 和 5.70MeV γ 射线释放出来。

**3. 加速器中子源**

加速器中子源是利用加速器所加速的带电粒子去轰击某些靶核，可以引起发射中子的核反应，产生的中子是单能的。

常用的是中子发生器，它是利用直流电压加速氘核，打到氚靶，发生核反应，释放 14.1MeV 单能中子。

$$D+T \longrightarrow {}^{4}He+n+Q$$

中子发射率为 $10^{8}$～$10^{9}$ n/s。

# 第四节　电离辐射的危害

日常生活中人们时刻受到辐射照射（图 8-3），宇宙射线和自然界中天然放射性核素发出的射线称为天然本底辐射。在我国广东省阳江放射性高本底地区，虽然辐射剂量比正常地区高得多，但当地居民的健康状况与对照地区比较，并未发现显著性差异。

近几十年，人工电离辐射源的广泛应用，成为人类接受的辐射照射的主要来源。

## 一、电离辐射对人体健康的影响

α、β 射线等带电的射线进入物质后，与物质的电子相互作用，引起物质的大量电离；γ

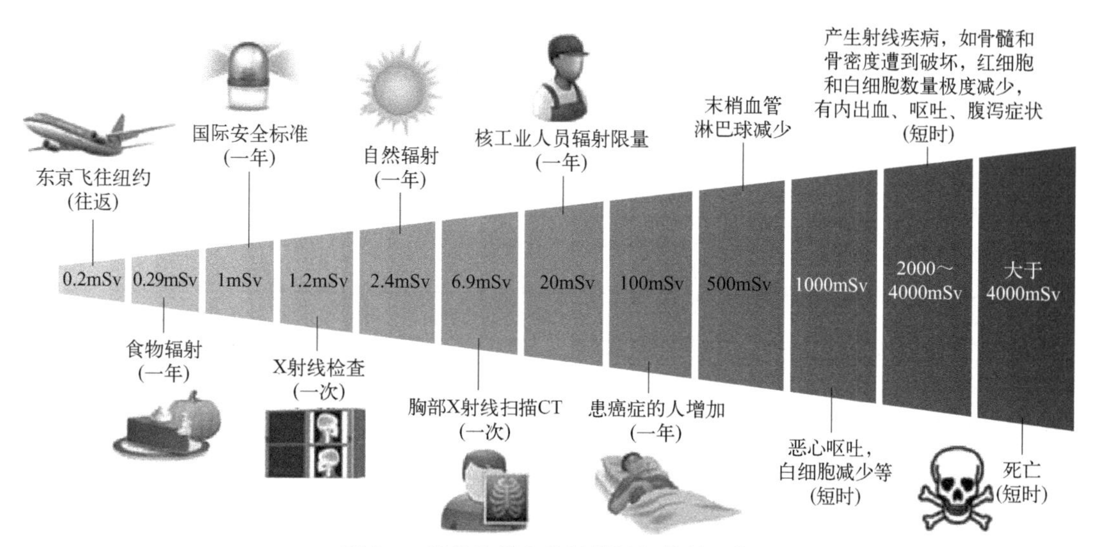


图 8-3　日常生活中的辐射源辐射剂量值

射线等不带电的射线进入物质后，首先产生一个或几个能量较高的带电粒子，这些带电粒子再与物质的电子相互作用，也会引起物质的大量电离。射线与人体相互作用引起人体内物质大量电离，使人体产生生物学方面的变化，这些变化在很大程度上取决于辐射能量在物质中沉积的数量和分布。射线对人体的照射可以分为外照射和内照射。人体外部的放射源对人体造成的照射叫外照射；人体内部的放射源对人体造成的照射叫内照射（图 8-4）。α 射线的穿透本领很小，外照射的危害可以不予考虑；β 射线的穿透本领也比较小，一般只能造成人体浅表组织的损伤，因此对于近距离的 β 射线应引起注意；γ 射线和 X 射线的射程都比较长，是外照射的主要考虑对象。α 射线和 β 射线的内照射危害比较大，尤其是 α 射线，是内照射的主要关注对象。其他射线（中子等）的照射比较少见。

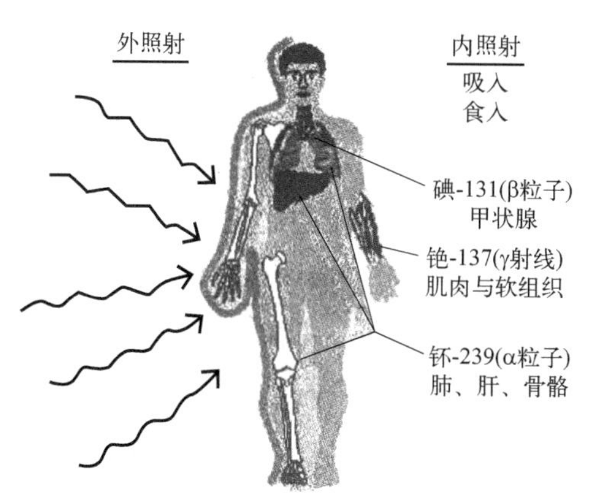


图 8-4　射线对人体的辐照方式

随着放射性核素的广泛应用，越来越多的人认识到辐射对机体造成的损害随着辐射照射量的增加而增大，大剂量的辐射照射会造成被照部位的组织损伤，并导致癌变，即使是小剂量的辐射照射，尤其是长时间的小剂量照射蓄积也会导致照射器官组织诱发癌变，并会使受照射的生殖细胞发生遗传缺陷（见表 8-1）。

表 8-1 成年人全身蓄积短射症状

| 受照剂量/mSv | 放射病程度 | 症状 |
| --- | --- | --- |
| 100 以下 | 无影响 | |
| 100～500 | 轻微影响 | 白细胞减少，多无症状表现 |
| 500～2000 | 轻度 | 疲劳、呕吐、食欲减退、暂时性脱发，红细胞减少 |
| 2000～4000 | 中度 | 骨骼和骨密度遭到破坏，红细胞和白细胞数量极度减少，有内出血、呕吐、腹泻症状 |
| 4000～6000 | 重度 | 造血、免疫、生殖系统以及消化道等脏器受影响，甚至危及生命 |

虽然射线对人体会造成损伤，但人体有很强的修复功能。对于从事放射性工作人员的职业照射，在辐射防护剂量限值的范围内，其损伤也是轻微的、可以修复的。因此，对于辐射的使用，既要注意防护，尽可能合理降低辐射的危害，又不必产生恐慌心理，影响人们的正常工作和生活。

## 二、电离辐射的生物效应

电离辐射对人体的照射有可能产生各种生物效应。按照生物效应发生的个体不同，可以分为躯体效应和遗传效应；按照辐射引起的生物效应发生的可能性，可以分为随机效应和确定性效应。

**1. 躯体效应和遗传效应**

发生在被照射个体本身的生物效应叫躯体效应；由于生殖细胞受到损伤而体现在其后代活体上的生物效应叫遗传效应。

**2. 随机效应和确定性效应**

发生概率与受照剂量成正比而严重程度与剂量无关的辐射效应叫随机效应，主要表现在受照个体的癌症及其后代的遗传效应。在正常照射的情况下，发生随机效应的概率是很低的。一般认为，在辐射防护感兴趣的低剂量范围内，这种效应的发生不存在剂量阈值，阈值就是发生某种效应所需要的最低剂量值。通常情况下存在剂量阈值的辐射效应叫确定性效应，接受的剂量超过阈值越多，产生的效应越严重。

电离辐射的生物效应之间的相互关系见图 8-5。

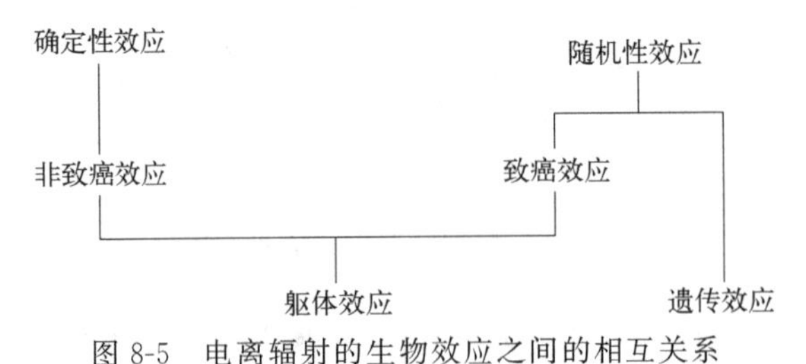


图 8-5 电离辐射的生物效应之间的相互关系

人们日常所遇到的照射大多与随机效应有关，但在放射性事故和医疗照射中，发生确定性效应的可能性应该引起足够的重视。

# 第五节　电离辐射的防护

## 一、电离辐射防护目的

电离辐射防护在于防止不必要的射线照射，保护操作者本人免受辐射损伤，保护周围人群的健康和安全。一般认为，辐射防护的目的主要有三个。

① 防止有害的确定性效应发生。例如，影响视力的眼晶体浑浊的阈剂量当量在15Sv以上，为了保护视力，防止这一确定性效应的发生，就要保证工作人员眼晶体的终身累积剂量当量不超过15Sv。

② 限制随机性效应的发生率，使之达到被认为可以接受的水平。辐射防护的目的是使由于人为原因引起的辐射所带来的各种恶性疾患的发生率，小到能被自然发生率的统计涨落所掩盖。

③ 消除各种不必要的照射。在这方面，主要是防止滥用辐射，或尽量避免本来稍加努力就可以免受的某些照射。

## 二、电离辐射防护标准

《电离辐射防护与辐射源安全基本标准》（以下简称《基本标准》）是我国现行辐射防护应遵守的基本标准。《基本标准》指出，一切带有辐射的实践和设施必须遵循辐射防护三原则，对于射线装置的生产调试和使用场所，应当具有防止误操作、防止工作人员和公众受到意外照射的安全措施。

**1. 电离辐射防护三原则**

（1）实践的正当性　实践的正当性就是对于任何一项辐射照射实践，其对受照个人或社会所带来的利益足以弥补其可能引起的辐射危害时，该实践才是正当的。

（2）辐射防护的最优化　辐射防护的最优化就是在考虑了经济和社会因素之后，保证受照人数、个人受照剂量的大小以及受照射的可能性均保持在可合理达到的尽量低水平。

（3）个人剂量限制　在实施上述两项原则时，要同时保证个人所受的辐射剂量不超过规定的相应限值。

**2. 职业剂量限值**

《基本标准》规定的工作人员职业照射剂量限值是连续5年内的平均有效剂量不超过20mSv，任何一年中的有效剂量不超过50mSv，眼晶体的年剂量当量不超过150mSv，四肢（手、足）或皮肤的年剂量当量不超过500mSv。

对于育龄妇女所接受的照射应严格按照职业照射的剂量限值予以控制，对于孕妇在孕期余下的时间内应保证腹部表面的剂量当量限值不超过2mSv。

年龄在16～18岁的青少年如接触放射性物质，其一年内受到的有效剂量不超过6mSv，眼晶体的年剂量当量不超过 50mSv，四肢（手、足）或皮肤的年剂量当量不超过 150mSv。

**3. 公众剂量限值**

《基本标准》指出，公众成员所受到的年有效剂量不超过 1mSv，特殊情况下，如果 5 个连续年的年平均剂量不超过 1mSv，则某一单一年份的有效剂量可提高到 5mSv；眼晶体的年剂量当量不超过 15mSv；皮肤的年剂量当量不超过 50mSv。

**4. 应急照射限值**

应急照射指在事故情况下，为了抢救人员或国家财产，防止事故蔓延扩大，有时需要少数人一次接受较大剂量的照射。《基本标准》规定：在十分必要时，经过事先周密计划，由领导批准，健康合格的工作人员一次可接受 50mSv 全身照射，但以后所接受的照射应适当减少，以使这次照射前后 10 年平均有效剂量不超过 20mSv。

应急照射情况下当结果或预料超过干预水平时，常表示发生了事故等异常状态，这时应对事件的现场和人员做特殊处理，如立即停止操作或对人员进行医学处理等。不同辐射剂量情况下的干预措施见表 8-2。

**表 8-2　不同辐射剂量情况下的干预措施**

| 项目 | 预期剂量/(mSv或mGy) | 一般性措施 | 严厉措施 |
|---|---|---|---|
| | | 隐蔽、服用稳定性碘 | 撤离 |
| 全身照射 | ＜5 | 不必要 | 不必要 |
| | 5～100 | 有必要 | 有必要 |
| | 100～500 | 必须(特别注意对孕妇、儿童的保护) | 国家主管部门根据具体特定条件判断后,可以考虑撤离 |
| | ＞500 | 必须,直到撤离前 | 必须 |
| 受到主要照射的肺、甲状腺和其他器官 | ＜250 | 不必要 | 不必要 |
| | 250～500 | 有必要 | 有必要 |
| | 500～5000 | 必须(特别注意对孕妇、儿童的保护) | 国家主管部门根据具体特定条件判断后,可以考虑撤离 |
| | ＞5000 | 必须,直到撤离前 | 必须 |

注：1. 其他器官不包括生殖腺和眼晶体。
2. 预期剂量单位对于全身为 mSv，对于器官为 mGy。

## 三、电离辐射的探测

**1. 辐射探测器的基本原理**

探测器的基本原理是利用辐射和物质相互作用而产生的一些特殊现象，如电离、荧光、核反应、热效应、化学效应以及一些特殊的次级效应，来明确射线的类型以及能量等。辐射的物理和化学效应主要有气体的电离、固体的电离和激发、化学系统的改变等。根据各类效应以及原理产生各种类型的剂量检测方法。它们分别是电离法、闪烁法、化学法、固体发光法。

**2. 常用剂量监测仪介绍**

通常做放射性测量，主要测定下列内容：射线的种类和能量、辐射源的活度、放射性核素的半衰期以及辐射源周围空间的电离情况等。

探测器可分为以下几种：

① 气体探测器，它是利用射线与气体的相互作用，如电离室、正比计数器、盖革-米勒（G-M）计数器等；

② 固体探测器，它是利用射线与固体的相互作用，如各种类型闪烁计数器、半导体探测器等；

③ 液体探测器，它是利用射线与液体物质的相互作用，如液体闪烁计数器、气泡室等。

从作用原理上，探测器可以分为两种类型：一种属于累计型，它是测量因辐射作用而产生的微弱电流（或电荷）或其他效应，而不分辨个别粒子的行为，所以具有累计的性质，如电流电离室、热释光探测器、胶片剂量计等；另一种是脉冲探测器，它可以测量由于每个粒子的电离作用所引起的脉冲式电压改变，分辨单个粒子的行为，如脉冲电离室、正比计数器、G-M 计数器等。

目前，国内外使用的环境工作场所监测仪器和个人计量仪，在稳定性、灵敏度、量程范围、准确度等方面都有不断的改进和提高，剂量监测仪种类很多，可分为三大类：个人剂量仪、巡测仪、固定监测仪。

（1）个人测量仪　个人剂量监测仪器的探测器件通常是佩戴在人体身上，常用的有四种：

① 剂量笔，实际上是一种形状大小和钢笔差不多的验电器，其金属壁作为一个电极，中间的收集电极包括一个中心电极和一根可移动的石英细丝。这种剂量笔的量程一般是 $10^{-4}\sim10^{1}$Gy。

② 胶片测量计，它是由装在特殊盒子里的胶片制成的，优点在于可以长久保存，对辐射作“永久性”记录。

③ 热释光剂量计，是由热致发光元件和测量装置组成，前者佩戴在工作人员身上，经过一段时间测量后，取下来在仪器上进行测量，提供快速而准确的剂量测量。

④ 荧光玻璃剂量计。

（2）巡测仪　主要用于工作场所和环境的辐射监测。如 G-M 计数管、X 射线剂量计以及 β 射线测量仪等。大部分的小型探测器都属于这种类型。

（3）固定监测仪　固定监测仪一般用在核工业、加速器、反应堆、中子照相装置等大型辐射场所，用于进行定点剂量监测。这类仪器使用相应探测器、各种记录显示装置，以及备有报警装置，专用性较强。

要根据现场的具体要求和射线的种类，以及仪器本身的性能来选择合适的测量仪器。为了保证仪器的正常工作，在使用前按照市计量局或国家计量院的标准和要求对辐射测量仪进行校准，使仪器满足总的误差要求，达到监测的目的。

## 四、电离辐射防护方法

对内照射的防护是减少放射性核素进入人体和加快排出。对外照射的防护主要采取以下三种方法。

**1. 时间防护**

对于相同条件下的照射，人体接受的剂量与照射的时间成正比。因此减少接受照射的时间，就可以明显减少吸收剂量。

**2. 距离防护**

对于点源，如果不考虑介质的散射和吸收，它在相同方位角的周围空间所产生的直接照射剂量与距离的平方成反比。实际上，只要不是在真空中，介质的散射和吸收总是存在的，因此直接照射剂量随着与点源的距离的增加而迅速减少。在非点源和存在散射照射的条件下，近距离的情况比较复杂；对于距离较远的地点，其所受的剂量也随着距离的增加而迅速减少。

**3. 物质屏蔽**

射线与物质发生作用，可以被吸收和散射，即物质对射线有屏蔽作用。对于不同的射线，其屏蔽方法是不同的。对于γ射线和X射线，用原子序数高的物质（比如铅）效果较好；对β射线则先用低原子序数的材料（比如有机玻璃）阻挡β射线，再在其后用高原子序数的物质阻挡激发的X射线；对于α射线的屏蔽很容易，在体外，它基本上不会对人体造成危害，但它的内照射危害特别严重。见图8-6。

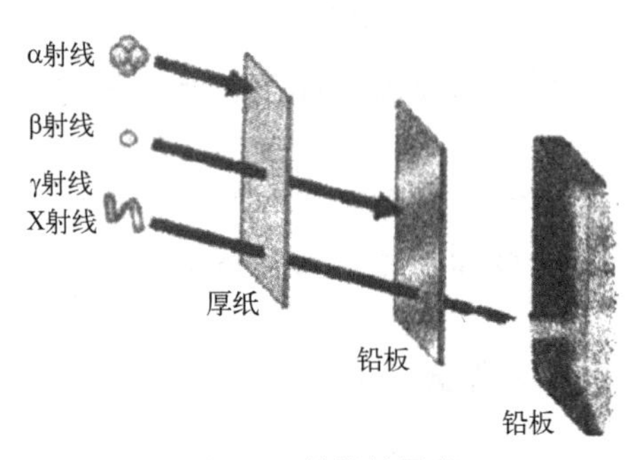


图8-6　射线的屏蔽

除了以上三项措施以外，在满足需要的情况下，尽量选择活度小、能量低、容易防护的辐射源也是十分重要的。

# 第六节　放射性实验室的安全防护

## 一、放射性实验室的建立

放射性实验室包括操作放射性物质的开放性放射化学实验室和使用放射源及射线发生装置仪器的实验室。

① 放射性实验室的建立，应进行辐射防护评价，并向上级辐射防护和环境保护部门上报评价报告。在设施的选址、设计、运行等阶段，均应有相应的辐射防护评价；辐射防护评价的内容包括辐射防护管理、技术措施和人员受照情况三个方面。

② 放射性实验室的设计、施工和施工监理都应该由具有相关资质的单位完成，绝不允许无资质的单位参与放射性实验室的建设。

③ 放射性实验室需要按限制分区特殊建设并配备良好的设备。实验室应按放射性强弱依次分为非限制区、限制区、控制区、辐射区等，不同的放射性实验应在不同的分区内完成。

## 二、放射性实验室的安全管理

**1. 放射性物质的购买**

购买放射性物质（包括射线装置），要经过环保部门的审批并对物质存放和使用的实验室进行环境影响评价后，办理相关的安全许可证明，且详细登记所购买的放射性物质的名称、活度、种类、化学形态、厂商等信息后，方能进入购买程序。

**2. 放射性标志的使用**

放射性工作场所，要在场所外面的明显位置张贴电离辐射标志。实验室内存放的放射性物品、辐射发生装置等，都应有明显的放射性标志（图 8-7）。

**3. 放射性实验的登记制度**

实验室开展放射性实验时，要采取严格的登记制度，要详细记录实验的日期、参加人员、放射源及非密封的放射性物质或相关仪器装置的使用情况和实验过程等。

**4. 放射源及带源仪器的安全使用**

任何类型的放射源都不能用手直接拿取、触摸，所有放射源使用时都要使用工具（如长柄、短柄的镊子和钳子等）进行操作；保证放射源进出仪器的操作正确，谨防误操作造成的事故；放射源使用后，应退出机器，装入铅罐（图 8-8），放回保险柜并锁好，放射源的管理严格执行“双人双锁”制度。

图 8-7　放射性标志

图 8-8　放射源储罐（铅罐）

**5. 非密封放射性物质的安全使用**

在进行实验前要详细了解所使用放射性物质的性质，设计实验操作流程，并严格按照操作流程进行实验操作；在对放射性物质进行操作时，要戴橡胶手套，穿好防护服及必要的防护用品；能够产生挥发性气体的放射性实验要在手套箱或通风橱中进行。

**6. 射线装置的安全使用**

在开机前，应认真检查射线装置，打开辐射剂量监测报警仪，确保实验室内无人员误入，确保防护门关闭后，方可开启射线装置，在射线装置工作过程中，不得开启防护门。射线装置运行过程中出现剂量超标报警，应立即关停设备。

**7. 放射性实验室的定期检测**

对于放射性实验室及其周边环境，要由有资质的监测机构至少一年进行一次检测，并对实验室及其周边环境的辐射情况进行详细分析，确保实验室的辐射水平在规定的限值之内。

## 三、放射性实验室的人员管理

**1. 出入放射性实验室的人员管理**

① 放射性实验室要有专人负责实验室的安全管理，相关安全管理人员及实验人员要通过国家指定机构组织的辐射安全培训，培训合格才能从事放射性工作，做到持证上岗。临时的工作人员或进入实验室的学生也应经过实验室相关辐射知识的培训，否则不可以进入放射性实验室。

② 进入放射性实验室开展实验，要佩戴个人剂量计，并对个人剂量计进行定期检测。个人剂量计的检验周期为1次/季度。

③ 工作人员在有比较严重的疾病或外伤时，不要进入放射性实验室。

④ 工作人员禁止在放射性实验室内饮水、进食、吸烟和化妆，也不能存放此类物品。如需要，可设立单独的、完全与实验室隔离的房间进行休息、进食。

⑤ 工作人员离开放射性实验室前，应进行全身放射性物质沾污检测，合格后方可离开实验室。

⑥ 参观访问人员进入放射性实验室，要确保有了解该实验室安全与防护措施的工作人员陪同；在参观访问人员进入实验室前，向他们提供足够的信息和指导，在相关区域设置醒目的标志，并采取其他必要的措施，确保对来访者实施适当的监控。

**2. 从事放射工作人员的职业健康管理**

（1）放射人员个人剂量监测　放射单位应按照国家有关标准安排本单位的放射人员接受个人剂量监测，监测周期一般为30天，最长不应超过90天。个人剂量监测结果要逐个记录、存档，其保存时间不少于停止辐射工作后30年。单位应允许放射工作人员查阅、复印其个人剂量监测资料。

（2）放射人员职业健康检查　放射人员职业健康检查包括上岗前、在岗期间、离岗时、受到应急照射或者事故照射时的健康检查以及职业性放射性疾病患者和受到过量照射放射工作人员的医学随访观察，职业健康检查的周期为1～2年，但不得超过2年。放射单位应当为放射人员建立并终生保存职业健康监护档案。放射人员职业健康监护档案应包括：职业史、既往病史、职业照射接触史、应急照射和事故照射史；历次职业健康检查结果及评价处理意见；职业性放射性疾病诊断与诊断鉴定、治疗、医学随访观察等健康资料；怀孕声明；工伤鉴定意见或结论等。

（3）工作岗位的调换　放射单位对职业健康检查中发现不宜继续从事放射工作的人员，应及时调离放射工作岗位，并妥善安置；对需要复查和医学观察的放射人员，应当及时予以安排。对已妊娠的放射人员，不应安排其参与事先计划的职业照射和有可能造成职业性内照射的工作。授乳妇女在其哺乳期间应避免接受职业性内照射，用人单位应为其调换合适的工作岗位。

（4）放射人员的营养保健　放射工作人员的保健津贴按照国家有关规定执行。临时调离放射工作岗位者，可继续享受保健津贴 3 个月；正式调离放射工作岗位者，可继续享受保健津贴 1 个月。除了国家统一规定的休假外，放射工作人员每年可享受保健休假 2～4 周。从事放射工作满 20 年的工作人员的保健休假，可由所在用人单位安排健康疗养。长期从事放射工作的人员，因患病不能胜任现职工作的，经相关组织或机构诊断确认后，可根据国家有关规定提前退休；放射人员因职业放射损伤致残者，其退休后工资和医疗卫生津贴照发。

## 四、个人防护用具的配备与应用

① 放射性实验室应根据实际需要为工作人员提供适用、足够和符合有关标准的个人防护用具，如各类防护服、防护围裙、防护手套、防护面罩及呼吸防护器具等（图 8-9），并应使工作人员了解其所使用的防护用具的性能和使用方法。

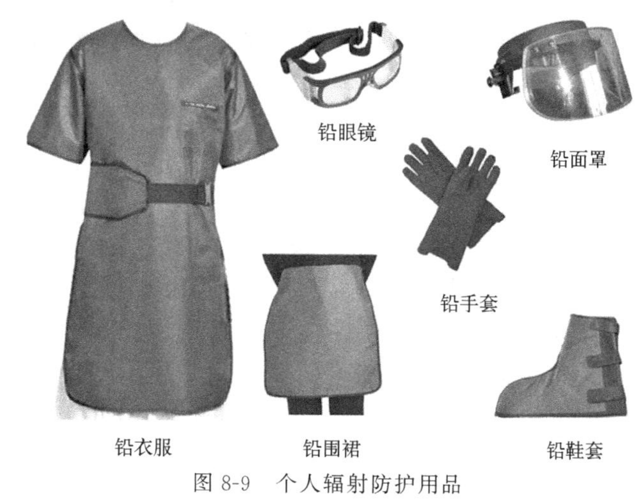


图 8-9　个人辐射防护用品

② 应对工作人员进行正确使用呼吸防护器具的指导，并检查其佩戴是否合适。

③ 对于任何给定的工作任务，如果需要使用防护用具，则应考虑由于防护用具使用带来的工作不便或工作时间延长所导致的照射增加，并应考虑使用防护用具可能伴有的非辐射危害。

④ 个人防护用具应有适当的备份，以备在干预事件中使用。所有个人防护用具均应妥善保管，并应对其性能进行定期检验。

⑤ 放射性实验室应通过利用适当的防护手段与安全措施（包括良好的工程控制装置和满意的工作条件），尽量减少正常运行期间对个人防护用具的依赖。

# 第七节　辐射安全事故及应急处置

辐射安全事故主要指除核设施事故以外，放射性物质丢失、被盗、失控，或者放射性物质造成人员受到意外的异常照射或环境放射性污染事件。

## 一、辐射事故的分类和分级

### 1. 辐射事故的分类

辐射事故的类型，按其性质分为五类：超剂量照射事故、表面污染事故、丢失放射性物质事故、超临界事故和放射性物质泄漏事故。按其影响范围分为：发生在辐射工作单位管辖区（归辐射工作单位直接管辖的除生活区外的区域）内部的事故和管辖区外部的事故。

### 2. 辐射事故的分级

《放射性同位素与射线装置安全和防护条例》（国务院令第449号）规定，根据辐射事故的性质、严重程度、可控性和影响范围等因素，从重到轻将辐射事故分为特别重大辐射事故、重大辐射事故、较大辐射事故和一般辐射事故四个等级。

① 特别重大辐射事故，是指Ⅰ类、Ⅱ类放射源丢失、被盗、失控造成大范围严重辐射污染后果，或者放射性同位素和射线装置失控导致3人以上（含3人）急性死亡。

② 重大辐射事故，是指Ⅰ类、Ⅱ类放射源丢失、被盗、失控，或者放射性同位素和射线装置失控导致2人以下（含2人）急性死亡或者10人以上（含10人）急性重度放射病、局部器官残疾。

③ 较大辐射事故，是指Ⅲ类放射源丢失、被盗、失控，或者放射性同位素和射线装置失控导致9人以下（含9人）急性重度放射病、局部器官残疾。

④ 一般辐射事故，是指Ⅳ类、Ⅴ类放射源丢失、被盗、失控，或者放射性同位素和射线装置失控导致人员受到超过年剂量限值的照射。

## 二、辐射事故管理

### 1. 事故的预防

辐射工作单位必须贯彻预防为主的方针，加强辐射防护知识和技能的教育与训练，严格事故管理，制定有效的事故处理方案，及时采取有效措施，切实消除不安全因素，防止各类事故的发生和扩大。

### 2. 应急预案的制定

可能发生事故的单位，必须制定事故应急计划，确保在一旦出现此类事故时可立即采取相应行动。应急计划应报监督部门审批，主管部门备案。平时要组织适当的训练和演习。

### 3. 事故的报告

辐射工作单位不论发生何种辐射事故，均应及时按要求填报事故报告表。一个事故可作多种分类和分级时，按其中最高的一级上报和处理。重大事故应在事故发生后24h内上报主管部门和监督部门。各单位的领导要对事故报告的及时性、全面性和真实性负责。对于隐瞒不报、虚报、漏报和无故拖延报告的，要追究责任。

### 4. 事故档案的建立

辐射工作单位应建立全面、系统和完整的事故档案，认真总结经验教训，防止同类事故再次发生。

### 三、辐射事故的应急处置

发生辐射安全事故，应立即启动事故安全应急预案，及时报告事故的相关情况，具体过程如下：

① 立即通知事故区内的所有人员并撤离无关人员，及时报告给相关部门及负责人。

② 撤离有关工作人员，并在辐射安全专家的指导下开展相关紧急处置行动，封锁现场，控制事故源，切断一切可能扩大污染范围的环节，防止事故扩大和蔓延。放射源丢失，要全力追回；放射源脱出，要将放射源迅速转移至容器内。

③ 对可能受放射性核素污染或者损伤的人员，立即采取暂时隔离和应急救援措施，在采取有效个人防护措施的情况下组织人员彻底清除污染，并根据需要实施医学检查和医学处理。

④ 对受照人员要及时估算受照剂量。

⑤ 污染现场未达到安全水平之前，不得解除封锁，将事故的后果和影响控制在最低限度。

## 第八节　高等学校的辐射防护与安全管理

高等学校由于人才培养学科和研究领域不同，辐射源也各不相同。目前我国高等学校辐射源基本涵盖了Ⅰ类、Ⅱ类、Ⅲ类、Ⅳ类、Ⅴ类密封放射源，Ⅰ类、Ⅱ类、Ⅲ类射线装置，以及非密封放射性物质。非密封源的放射工作场所有乙级和丙级。根据国家法律、法规和相关标准规范的要求，高等学校的辐射防护与安全管理应开展以下工作：

① 成立辐射防护与安全管理领导小组或任命专人负责本单位的辐射防护与安全管理工作。

② 建立辐射防护管理制度和辐射事故应急预案，定期开展辐射事故应急演练。发生辐射事故时，辐射工作单位应立即启动辐射事故应急预案迅速开展事故应急，并及时报告当地的环保、公安和卫生部门。

③ 申请辐射安全许可证，并根据相关规定及时变更、重新申请和延续辐射安全许可证。

④ 加强放射工作人员管理，开展辐射安全培训、职业健康检查和个人剂量监测，建立放射工作人员职业健康档案和个人剂量档案。个人剂量档案终身保存。对于进入辐射工作场所学习的学生，应进行辐射安全培训，并佩戴直读式个人剂量计。

⑤ 为辐射工作场所配备足够的辐射防护监测设备，为个人提供合适的个体防护装备。对于开放型放射工作场所，应根据使用的放射性核素，配备合适的去污剂和促排药物。

⑥ 定期开展辐射安全检查和自主监测，将结果记录存档，并每年委托有资质单位开展辐射防护检测1～2次。

⑦ 建立密封放射源和射线装置台账。对于可移动的密封放射源和放射性物质，应设立放射源暂存库，双人双锁管理，建立放射源出入库使用台账；对于不再使用的密封放射源，应返回原生产单位或原出口方，或送交有相应资质的放射性废物集中贮存单位贮存。

⑧ 非密封源放射工作场所产生的放射性废物应分类收集，集中暂存在放射性废物暂存库；短寿命的放射性核素废物放置 10 个半衰期，经审管部门审核准许，可作普通废物处理；其他放射性废物按有关要求进行处理。

⑨ 辐射工作单位应当对本单位的放射性同位素与射线装置的安全和防护状况进行年度评估，并于每年 1 月 31 日前向原发证机关提交上一年度的评估报告。

## 习题

1. 简述电离辐射对人体的危害有哪些。
2. 试分析电离辐射防护的目的是什么。
3. 简述个人测量仪的种类及其特点。
4. 试分析电离辐射防护的主要方法有哪些。
5. 分析涉及放射性的实验项目，应该如何进行辐射防护管理。
6. 简述如何对放射性实验室开展定期检测。

# 第九章 实验室废弃物的处理

实验室废弃物是指实验过程中产生的“三废”（废气、废液、固体废物）物质，实验用剧毒物品、麻醉品、化学药品残留物、放射性废弃物、实验动物尸体及器官、病原微生物标本以及对环境有污染的废弃物。

与工业“三废”相比，实验室废弃物数量上较少，但其种类多、成分复杂，具有多重危险危害性，如燃、爆、腐蚀、毒害等。由于不便集中处理，实验室废弃物处理成本高、风险大。长期以来，实验室处理废弃物，除剧毒物质外，废液、废气等几乎都是稀释一下就自然排放了，对待固体废物则按生活垃圾处理。经过长时间的积累后，这些废弃物会对周边的水环境、大气环境、土壤环境、生态环境和人体健康造成严重影响。实验室废弃物污染主要有化学性污染、生物性污染、放射性污染等，其中较为普遍的为化学性污染及生物性污染。由于实验室产生的废弃物大多数不同于生活垃圾，其可能存在有毒有害、易燃易爆等不同特征，不合理的处理将会对人体以及周边环境造成严重的危害。因此，正确处理实验废弃物是实验开展必须做的，是实验操作者必须了解的知识。

## 第一节 实验室危险废弃物概述

### 一、实验室废弃物的危害

实验室废弃物相比工业废弃物的特点在于量少、种类多，各种不同的污染物危害也不尽相同，对周围的植物、动物、微生物以及其他生态环境（水体、气候、土壤等）带来不同程度的危害。

（1）废气污染　实验室的废气包括燃料燃烧废气、试剂和样品的挥发物、分析过程的中间产物、泄漏和排空的标准气和载气等。具体有硫化氢、氨、氯仿、四氯化碳、苯系物、氢氰酸、二氧化硫、汞蒸气、乙炔气、氢气、氮气等，均为刺激性气体，可造成呼吸道疾病或刺激眼睛角膜，引起造血系统及中枢神经系统损坏。在实验操作过程中，有些操作者不按规范操作，只图方便省事。如在使用正丁醇、乙醚、甲醛、二甲苯、巯基乙醇等挥发性试剂时，规范的实验操作要求实验应在通风橱中进行，产生的废液回收后须进一步进行处理，而有些操作者直接在敞开的容器中完成操作，使整个实验室甚至楼道充满呛人的气味，同样也造成了实验室的空气污染。更有甚者，在实验完毕后，不回收就直接将正丁醇等试剂反应的废液倒入水池内，随排水管道排放室外，使污染领域进一步扩大。

（2）废液污染　实验室的教学和科研中用到大量的化学试剂，很多是有毒性的，如亚硝酸盐、环氧氯丙烷等。一些有机溶剂如二甲苯、氯仿等能破坏人体免疫系统，造成人体机能失调；而有一些化学试剂具有很强的腐蚀性，如浓酸、浓碱等。如果不加处理，直接排入城市污水管网，可能会超过《污水排入城镇下水道水质标准》的要求，直接对环境造成二次污染。

（3）过期药品、试剂污染　实验室中由于实验项目或研究课题的变换，用过的、剩余的药品和试剂就会被长期保存，使之过期。积累多了，有些实验者便把这些过期的药品、试剂丢弃到垃圾桶，很多有毒试剂、重金属试剂就随垃圾一起被拉到郊外搁置或埋藏，造成当地的土壤和水质的严重污染。例如含 Hg、Pb 等的药品试剂，释放到当地的水和土壤中，人和牲畜长期饮食含有这些离子的水质和吸收了这些离子的植物，会造成神经性的损害，严重的还能导致神经错乱甚至死亡。

（4）动物尸体不当处理　生物类和医药类实验室经常要用到小鼠、鸡、牛蛙、兔子等实验生物，用过的死亡生物如果处理不当，会造成极大的安全隐患。

（5）微生物污染　生物类的实验室经常进行微生物、细菌、病毒等方面的研究，部分微生物，如真菌会随着空气到处飞扬，人呼吸到口腔和鼻腔中，会引起咽炎和鼻炎的发生。而有些细菌、病菌却可以直接引起人的免疫系统失调，使人丧失对机体的调控能力，直接威胁人的身体健康。

## 二、实验室废弃物的一般处理程序

处理实验室废弃物的一般程序可分为下述四步：

① 鉴别废弃物及其危害性；

② 系统收集、储存实验废弃物；

③ 采用适当的方法处理废弃物以减少废弃物的数量；

④ 正确处置废弃物。

## 三、实验室废弃物的分类、前处理及储存

### 1. 实验室废弃物的分类

严格将实验室废弃物进行分类和搜集是实验室废弃物进行处理的前提条件，也是国家法律和法规的要求。当然，每个实验室和实验产生的废弃物的种类分布不同，有的实验室废弃物主要是酸碱废液，有的实验废液包含大量溶剂，应该根据实验室实验的特点，结合国际标准、国家法律和法规对实验室废弃物进行分类收集，目前涉及实验室废弃物的法律法规包括：《危险废物污染防治技术政策》、《移动实验室有害废物管理规范》（GB/T 29478—2012）、《危险废物收集、贮存、运输技术规范》（HJ 2025—2012）、《危险废物贮存污染控制标准》（GB 18597—2023）、《职业健康安全管理体系　要求及使用指南》（GB/T 45001—

2020）等。实验室废弃物类别见表 9-1。

**表 9-1 实验室废弃物类别**

| 专业类别 | 实验类别 | 污染物种类 | 名称 |
| --- | --- | --- | --- |
| 化学类 | 无机化学、有机化学、物理化学、仪器分析、化工原理、高分子化学和精细化工等实验类 | 酸、碱、有机溶剂和重金属类 | 硫酸、磷酸、硝酸、高氯酸、冰乙酸等酸类；氢氧化钠、氢氧化钾等碱类；醇类、酯类、烃类、酚类、烷类等；硝酸铅、重铬酸钾、硝酸银、砷化物、氯化汞等 |
| 生物类 | 生物化学、遗传学、植物生理、微生物学、生物技术和基因工程等实验类 | 酸液、碱液、有机化合物 | 同化学类 |
| 医药类 | 动物生物学、人体及动物生理学、药物化学、动物营养、动物遗传、繁殖与育种等实验类 | 生物活性材料、有机溶剂、培养基、有毒物 | 组织、细胞、微生物、氨基酸、生物碱及酰胺等 |
| 环境类 | 环境化学、环境监测等实验类 | 酸、碱、重金属和有机溶剂 | 同化学类 |

**2. 实验室废弃物的收集**

实验室废弃物收集一般有以下三种方法。

① 分类收集法：按废弃物的类别、性质和状态不同，分门别类收集。

② 按量收集法：根据实验过程中排出的废弃物的量的多少或浓度高低予以收集。

③ 相似归类收集法：按废弃物的性质或处理方式予以收集。

由于一般单位和研究机构不能自行处理实验室废弃物，为与专业的实验室废弃物回收处理公司协作，在实验室需按照实验室废弃物回收处理公司的要求进行废弃物的分类、收集、包装和标识。实验室废弃物回收处理公司回收的实验室废液被分为有机废液和无机废液类，具体如下所述。

（1）实验室有机废液分类

① 油脂类。由实验室产生的废弃油脂，例如灯油、轻油、松节油、润滑油等。

② 卤素类有机溶剂。由实验室所产生的废弃溶剂，该溶剂含有脂肪族卤素类化合物，如氯仿、氯代甲烷、二氯甲烷、四氯化碳，或含芳香族卤素类化合物，如氯苯、苯甲酰等。避免混入的物质包括：酸、碱、强氧化剂、碱金属（如钠和钾）、塑料、橡胶、涂料及其他对处理过程造成妨碍的物质。

③ 非卤素类有机溶剂。由实验室所产生的废弃溶剂，该溶剂不含脂肪族卤素类化合物或芳香族卤素类化合物。避免混入的物质包括酸和碱性物质、强氧化剂（如过氧化物盐、硝酸盐或过氯酸）及其他对处理过程造成妨碍的物质。

（2）实验室无机废液分类

① 含重金属废液。由实验室所产生的含有任一类重金属（如铁、钴、铜、锰、银、锌、镁等）的废液。

② 含其他盐类废液。除重金属废液外的盐废液。

③ 废酸液。避免混入的物质包括碱性物质、金属、有机物质、混入后会产生有毒气体的物质（如氰化物和硫化物等）、还原剂、氧化剂、爆炸物、溴化物、碳化物、硅化物、磷化物及其他对处理过程造成妨碍的物质。

④ 废碱液。含碱废液中需避免混入的物质包括有机物质、酸性物质、金属、过氧化物及其他对处理过程造成妨碍的物质。

⑤ 含汞废液。避免混入的物质包括有机物质、碱性物质、钠、镁、硼砂、铜、铁、铅、甲酸盐、硫酸盐、磷酸盐、次磷酸盐、碳酸盐、蛋白质、氨、硫化物、溴化物、生物碱、石灰水、单宁、蔬菜收敛剂等及其他对处理过程有妨碍的物质。

⑥ 含铬废液。避免混入的物质包括有机物质、碱性物质、金属、金属盐、还原剂、甲酸盐、硫酸盐、磷酸盐、次磷酸盐、碳酸盐、蛋白质、氨、硫化物、溴化物、生物碱、石灰水、单宁、蔬菜收敛剂等及其他对处理过程有妨碍的物质。

⑦ 含镉废液。避免混入的物质包括有机物质、强酸、金属、金属盐、还原剂、磷及其他对处理过程有妨碍的物质。

⑧ 含氰废液。避免混入的物质包括酸性物质、有机物质、强氧化剂（如硝酸盐、亚硝酸盐、过氧化物及氯酸物）、汞、氯、溴及会引起爆炸或产生有害气体和恶臭等成分、二氧化碳、常温下析出的结晶、橡胶、皮革屑、碎布、金属片等及其他对处理过程造成妨碍的物质。

**3. 实验室废弃物的前处理**

由于实验室废弃物的制造者更熟悉产生的废弃物，因此产生后及时处理相比实验室废弃物回收处理公司的处理容易得多，并且能大大减少实验室的废弃物产生量，许多时候还能变废为宝，继续利用。目前对实验室废弃物的前处理方法包括：回收再利用、稀释法、中和法、氧化法和还原法。

（1）回收再利用　实验中产生的大量有机废液可以采用蒸馏法进行回收，在满足要求的前提下可重复使用；一些贵重金属可以采用沉淀法、结晶法、吸附法、离子交换法等方法进行回收；实验中的冷却水可以经外部冷却后循环使用。

（2）稀释法　实验室废弃物如某些金属盐、可溶于水的易燃有机溶剂等，可以做适当稀释后直接排入下水道，具体要求按 GB 8978—1996《污水综合排放标准》排放。

（3）中和法　强酸类和强碱类实验室废弃物可中和到中性后直接排放，若中和后的废液中含有其他有害物质需要做进一步处理。不含有害物质而其浓度在 1%以下的废液，把它中和后即可排放。

（4）氧化法　硫化物、氰化物、醛类、硫醇和酚类等化合物可以被氧化为低毒和低臭化合物，深度氧化往往可以氧化成 $CO_2$ 和水，然后直接排放。

（5）还原法　氧化物、过氧化物、许多有机药品和重金属溶液可以被还原成低毒物质。含六价铬的废液可以被酸、硫酸亚铁等还原剂还原为三价铬。废液中的汞、铅和银还原后，可以沉淀过滤出来。有机铅也可以通过类似的方法去除。将处理后的浓缩液收集后装入容器，送到指定地点处理。

**4. 注意事项**

实验室废弃物前处理通常需要注意以下几点：

① 随着废液的组成不同，在处理过程中，往往伴随着产生有毒气体以及发热、爆炸等危险，因此，处理前必须充分了解废液的性质，然后分别加入少量所需添加的药品。同时，必须边注意观察边进行操作。

② 含有络离子、螯合物之类物质的废液，只加入一种消除药品有时不能把它处理完全。

因此，要采取适当的措施，注意防止一部分还未处理的有害物质直接排放出去。

③ 对于为了分解氰基而加入次氯酸钠，以致产生游离氯，以及由于用硫化物沉淀法处理废液而生成水溶性的硫化物等情况，其处理后的废水往往有害。因此，必须把它们加以再处理。

④ 沾附有害物质的滤纸、包药纸、棉纸、废活性炭及塑料容器等，不要丢入垃圾箱内，要分类收集，加以焚烧或其他适当的处理，然后保管好残渣。

⑤ 处理废液时，为了节约处理所用的药品，可将废铬酸混合液用于分解有机物，以及将废酸、废碱互相中和，要积极考虑废液的利用。

⑥ 尽量利用无害或易于处理的代用品，代替铬酸混合液之类会排出有害废液的药品。

⑦ 对甲醇、乙醇、丙酮及苯之类用量较大的溶剂，原则上要把它回收利用，而将其残渣加以处理。

## 四、实验室废弃物的存放和管理

实验室必须设置危险废弃物存放柜（箱、架），并设有明显的警示标志，存放地点在室内，要做到安全、牢固，远离火源、水源。废液容器须贴上专用的标签纸，并填写清楚标签纸上的内容，以明确每个收集桶是用来收集哪种类别的废液。标签上的记录数据至少应包括下列几项：废液名称、废液特性的标志、产生单位、储存期间、储存数量。过期试剂、药剂、浓度过高或反应性剧烈的母液等不得倒入收集容器内，应连原包装物一起收集进行处理。标签粘贴位置应明显，使相关人员易于辨识标签上所记载的内容，以便于废液的分类收集、储存及后续处理处置。

### 1. 直接盛装危险废弃物的容器的要求

① 容器的材质必须与危险废弃物相容（不互相反应）；

② 容器要满足相应的强度和防护要求；

③ 容器必须完好无损，封口严紧，防止在搬动和运输过程中泄漏、遗撒；

④ 每个盛装危险废弃物的容器上都必须粘贴明显的标签（或原有的，或贴上新的标签，注明所盛装物质的中文名称及危险性质），标签不能有任何涂改的痕迹；

⑤ 凡盛装液体危险废弃物的容器都必须留有适量的空间，不能装得太满。

### 2. 废液收集桶使用注意事项

① 按类分别存放，不相容的物质应分开存放，以防发生危险；

② 易碎包装物及容器容量小于 2L 的直接包装物应按性质不同分别固定在木箱或牢固的纸箱中，并加装填充物，防止碰撞、挤压，以保证安全存放；

③ 直接盛装危险废弃物的容器在存储过程中（含在间接包装箱中）应避免倾斜、倒置及叠放码放；

④ 实验室的危险废弃物存储时间不宜超过 6 个月，存量不宜过多。

### 3. 已收集的实验室废弃物存放

① 漂白粉和无机氧化剂的亚硝酸盐、亚氯酸盐、次亚氯酸盐不得与其他氧化剂混合存放；

② 硝酸盐不得与硫酸、氯磺酸、发烟硫酸混合存放，无机氧化剂与硝酸、发烟硫酸、

氯磺酸均不得混合存放；

③ 氧化剂不得与松软的粉状可燃物混合存放；

④ 遇水易燃烧的物质不得与含水的液体物质混合存放；

⑤ 无机剧毒物及有机剧毒物中的氰化物不得与酸性腐蚀物质混合存放；

⑥ 氨基树脂不得与氟、氯、溴、碘及酸性物质混合存放。

## 五、实验室废弃物的清运

实验室废弃物应分类和储存在规划管辖区域内的储存位置和容器；单位根据指定收集点的废弃物累积情况，联系外部合法单位处理，并事先规划清运频率、清运时间及清运路线；清运车辆必须为合格清除厂商自有，须有防止飞散、溅落、溢漏、恶臭扩散等措施；可回收垃圾于垃圾房打包处理，再由废料承包商处理；不可回收的危险废弃物应由专业及认可的承包商回收处理，避免对环境构成危险（爆炸）和破坏（污染）；处理危险废弃物时要使用防泄漏工具及使用个人防护用品；废弃物清除时，应防范收集袋和储存容器破裂，废弃物清除后，应将储存容器归位、排列整齐；实验室管理人员应不定期追踪危险废弃物的清理流向，并对处理场所实地了解并记录，以确保废弃物依规定清理；未经许可，严禁任意倾倒或自行焚烧废弃物。

# 第二节 实验室“三废”处理

实验室废弃物处理的基本原则是危险废物的减量化、资源化和无害化。尽可能防止和减少危险废物的产生；对产生的危险废物尽可能通过回收利用，减少危险废物处理产生量；不能回收利用和资源化的危险废物应进行安全处置；安全填埋为危险废物的最终处置手段。

普通的废弃物按照其存在的状态来分，可以分为：固体废弃物、液体废弃物和气体废弃物。对危害性废弃物处理时，一定要谨慎认真，否则达不到处理效果，还会危害人身健康和污染环境。

不同的废弃物有不同的处理方法，某些危险废物不宜长期储存或长途运输。因此要求在其产生地区就地处理和处置。对废弃物应该采用分类收集法，即按废弃物的类别性质和状态不同，分门别类收集。也可以根据实验过程中排出的废弃物的量的多少或浓度高低予以收集，或者按照其性质或处理方式、方法等，相似的废弃物应收集在一起进行处理。对于特殊的危险废弃物应予以单独收集处理。

当废弃物浓度很稀且安全时，可以排放到大气或排水沟中。对于危险性废弃物应尽量浓缩废液，使其体积变小，放在安全处进行隔离或储存。也可以利用蒸馏、过滤、吸附等方法将危险物分离，而只弃去安全部分。

无论液体或固体，凡能安全燃烧的都可以通过燃烧的方法进行处理，但数量不宜太大，且燃烧时切勿残留有害气体或燃烧残留物，如不能焚烧时，则要选择安全场所进行填埋处理，而不能将其裸露在地面上。一般有毒气体可通过通风橱或通风管道，经空气稀释后排出，大量的有毒气体必须通过与氧气充分燃烧或吸附处理后才能排放。废液应根据其化学特性选择合适的容器和存放地点，通过密闭容器存放，不可混合。

## 一、固体废物的处理

固体废物是指那些在生产、生活和其他活动中产生的丧失原有利用价值或者虽未丧失利用价值但被抛弃或者放弃的固态、半固态和置于容器中的气态的物品、物质以及法律、行政法规规定纳入固体废物管理的物品、物质。实验室固体废弃物的处理应注意以下几点：

① 黏附有害物质的滤纸、包药纸、棉纸、废活性炭及塑料容器等，不要丢入垃圾箱内，要分类收集；

② 废弃或不用的药品可交还仓库保存或用合适的方法处理；

③ 废弃玻璃物品单独放入纸箱内，废弃注射器针头统一放入专用容器内，注射管放入垃圾箱内；

④ 干燥剂和硅胶可用垃圾袋装好后放入带盖垃圾桶内，其他废弃的固体药品包装好后集中放入纸箱内，由专业回收公司处理（剧毒、易爆危险品要先预处理）。

**1. 焚烧法**

危险废物焚烧可实现危险废物的减量化和无害化，并可回收利用其余热。焚烧处置适用于不宜回收利用其有用组分、具有一定热值的危险废物。易爆废物不宜进行焚烧处置，焚烧设施的建设、运营和污染控制管理应遵循《危险废物焚烧污染控制标准》及其他有关规定。

焚烧是高温分解和深度氧化的过程，通过焚烧可以使可燃的固体废物氧化分解，达到减少容积、去除毒性并回收能量及副产品的目的。焚烧法是城市垃圾资源化、减量化、无害化的一项有效措施，是除土地填埋之外的一个重要手段。

焚烧的优点和缺点如下所述。

优点：把大量有害的废物分解成为无害的物质，并可以处理各种不同性质的废物，焚烧后可减少废物体积的 90%，便于填埋处理；

缺点：投资较大，焚烧过程排烟造成二次污染，设备腐蚀现象严重。

**2. 填埋法**

危险废物的安全填埋处置适用于不能回收利用其组分和能量的危险废物，未经处理的危险废物不得混入生活垃圾填埋场。安全填埋为危险废物最终的处置手段。危险废物填埋须满足《危险废物填埋污染控制标准》的规定。

卫生土地填埋是处置一般固体废物而不会对公众健康及环境安全造成危害的一种方法。卫生土地填埋操作方法大体可分为场地选址、设计建造、日常填埋和监测利用等步骤。

安全土地填埋是一种改进的卫生填埋方法，也称为安全化学土地填埋。安全土地填埋处置场地不宜处置易燃性废物、反应性废物、挥发性废物、液体废物、半固体和污泥，以免混合后发生爆炸，产生或释放出有毒有害的气体和烟雾。

土地填埋法的优点和缺点如下所述。

优点：工艺简单，成本低，适于处置多种类型的固体废物；

缺点：场地处理和防渗施工比较难以达到要求，此外浸出液的收集控制也是一个问题。

## 二、废液的处理

废液应根据其化学特性选择合适的容器和存放地点，通过密闭容器存放，不可混合储存，容器标签必须标明废物种类、储存时间，定期处理。一般废液可通过酸碱中和、混凝沉淀、次氯酸钠氧化处理后排放，有机溶剂废液应根据性质进行回收。

实验室产生的废液主要是化学性污染废液和生物性污染废液，另外还有放射性污染废液，化学性污染废液包括有机物污染废液和无机物污染废液。有机物污染废液主要是有机试剂污染废液和有机样品污染废液。在大多数情况下，实验室中的有机试剂并不直接参与发生反应，仅仅起溶剂作用，因此消耗的有机试剂以各种形式排放到周边的环境中，排放总量大致就相当于试剂的消耗量。日复一日，年复一年，排放量十分可观。有机样品污染废液包括一些剧毒的有机样品，如农药、黄曲霉毒素、亚硝胺等。无机物污染废液有强酸、强碱的污染液，重金属污染液，氰化物污染液等。其中汞、砷、铅、镉、铬等重金属污染液的毒性不仅强，且在人体中有蓄积性。

生物性废液包括生物废弃物污染液和生物细菌毒素污染液。生物废弃物有检验实验室的标本，如血液、尿、动物尸体等；检验用品，如实验器材、细菌培养基和细菌阳性标本等。生物实验室的通风设备设计不完善或实验过程中的个人安全保护漏洞，会使生物细菌毒素扩散传播，带来污染，甚至带来危害生命的严重后果。

**1. 废液处理一般方法**

（1）焚烧法　将可燃性物质的废液，置于燃烧炉中燃烧。如果数量很少，可把它装入铁制或瓷制容器，选择室外安全的地方把它燃烧。点火时，取一长棒，在其一端扎上沾有油类的破布，或用木片等东西，站在上风方向进行点火燃烧，并且必须监视至烧完为止。

对于难燃烧的物质，可把它与可燃性物质混合燃烧，或者把它喷入配备有助燃器的焚烧炉中燃烧。对多氯联苯等难于燃烧的物质，往往会排出一部分未焚烧的物质，要加以注意。对含水的高浓度有机类废液，利用此法亦能进行焚烧；对由于燃烧而产生 $NO_2$、$SO_2$ 或 HCl 等有害气体的废液，必须用配备有洗涤器的焚烧炉燃烧，此时，必须用碱液洗涤燃烧废气，除去其中的有害气体；对固体物质亦可将其溶解于可燃性溶剂中然后使之燃烧。

（2）吸附法　用活性炭、硅藻土、矾土、层片状织物、聚丙烯、聚酯、氨基甲酸乙酯、泡沫塑料、稻草屑及锯末之类能良好吸附溶剂的物质，使其充分吸附后与吸附剂一起焚烧。原理是利用一种多孔性固体材料（吸附剂）的表面来吸附水中的溶解污染物（溶质或称吸附质），以回收或去除它们，使废水净化。

机理：固体表面的分子或原子因受力不平衡而具有剩余的表面能，当某些物质碰撞固体时，受到这些不平衡力的吸引而停留在表面上，这就是吸附作用。常用的吸附剂有活性炭、焦炭、炉渣、树脂、木屑以及黏土。对吸附剂的要求是有良好的吸附性、稳定的化学性、耐强酸强碱和抗水浸。

（3）氧化分解法　在含水的低浓度有机类废液中，对其易氧化分解的废液，用 $H_2O_2$、$KMnO_4$、NaClO、$H_2SO_4+HNO_3$ 或重铬酸洗液等物质，将其氧化分解。然后，按无机类实验废液的处理方法加以处理。

（4）水解法　对有机酸或无机酸的酯类，以及一部分有机磷化合物等容易发生水解的物质，可加入氢氧化钠或氢氧化钙，在室温或加热下进行水解。水解后，若废液无毒害时，把它中和，稀释后，即可排放。如果含有有害物质时，用吸附等适当的方法加以处理。

（5）生物化学处理法　即利用活性污泥等物质并吹入空气进行处理废弃液的一种方法。向污水中投入某种化学物质，使它与污水中的溶解性物质发生互换反应，生成难溶于水的沉淀物，从而达到回收污水中的某些污染物质，或使其转化为无害的物质的目的。例如，对含有乙醇、乙酸、动植物性油脂、蛋白质及淀粉等的稀溶液，常用的方法有化学沉淀法、混凝法、中和法、氧化还原法（包括电解）等。通常把投加的化学药剂称之为沉淀剂，常用于含重金属、氰化物等工业生产污水的处理。

（6）好氧生物处理法　污水的生物处理法就是利用微生物的新陈代谢功能，使污水中呈溶解和胶体状态的有机污染物被降解并转化为无害的物质，使污水得以净化。属于生物处理法的工艺又可以根据参与作用的微生物种类和供氧情况，分为两大类，即好氧生物处理法和厌氧生物处理法。其中好氧生物处理法是在有氧的条件下，借助于好氧微生物（主要是好氧菌）的作用来进行的处理。根据处理过程中呈现的状态不同又可以分为活性污泥法和生物膜法。

**2. 含六价铬的废液**

（1）处理方法　还原法＋中和法（亚硫酸氢钠法）。

① 于废液中加入 $H_2SO_4$，充分搅拌，调整溶液 pH 值在 3 以下（采用 pH 试纸或 pH 计测定。对铬酸混合液之类的废液，已是酸性物质，不必调整 pH 值）。

② 分次少量加入 $NaHSO_3$ 结晶，至溶液由黄色变成绿色为止，要一边搅拌一边加入（如果使用氧化还原光电计测定，则很方便）。

③ 除 Cr 以外还含有其他金属时，确证 Cr(Ⅵ) 转化后，作含重金属的废液处理。

④ 废液只含 Cr 重金属时，加入浓度为 5%的 NaOH 溶液，调节 pH 值至 7.5～8.5（注意，pH 值过高沉淀会再溶解）。

⑤ 放置一夜，将沉淀滤出并妥善保存（如果滤液为黄色时，要再次进行还原）。

⑥ 对滤液进行全铬检测，确证滤液不含铬后才可排放。

（2）注意事项

① 要戴防护眼镜、橡胶手套，在通风橱内进行操作。

② 把 Cr(Ⅵ) 还原成 Cr(Ⅲ) 后，也可以将其与其他的重金属废液一起处理。

③ 铬酸混合液系强酸性物质，故要把它稀释到约 1%的浓度之后才进行还原。并且，待全部溶液被还原变成绿色时，查明确实不含六价铬后，才按处理方法④进行处理。

**3. 含氰化物的废液**

（1）处理方法　氯碱法。

① 废液中加入 NaOH 溶液，调整 pH 至 10 以上，然后加入约 10%的 NaClO 溶液。搅拌约 20min，再加入 NaClO 溶液，搅拌后，放置数小时（如果用氧化-还原光电计检测其反应终点，则较方便）。

② 加入 5%～10%的 $H_2SO_4$（或盐酸），调节 pH 至 7.5～8.5，然后放置一昼夜。

③ 加入 $Na_2SO_3$ 溶液，还原剩余的氯（稍微过量时，可用空气氧化。每升含 1g $Na_2SO_3$ 的溶液 1mL，相当于 0.55mg$Cl^-$）。

④ 查明废液确实没有 $CN^-$ 后，才可排放。

⑤ 废液含有重金属时，再将其作为含重金属的废液加以处理。

（2）注意事项

① 因有放出毒性气体的危险，故处理时要慎重。操作时宜在通风橱内进行。

② 废液要处理为碱性，不要在酸性情况下直接放置。

③ 对难于分解的氰化物（如 Zn、Cu、Cd、Ni、Co、Fe 等的氰的络合物）以及有机氰化物的废液，必须另行收集处理。

④ 对含有重金属的废液，在分解其氰基后，必须对重金属进行相应的处理。

**4. 含砷废液**

（1）处理方法　氢氧化物共沉淀法。

① 废液中含砷量大时，加入 $Ca(OH)_2$ 溶液，调节 pH 至 9.5 附近，充分搅拌，先沉淀分离一部分砷。

② 在上述滤液中，加入 $FeCl_3$ 使其铁砷比达到 50，然后用碱调整 pH 至 7～10 之间，并进行搅拌。

③ 把上述溶液放置一夜，然后过滤，保管好沉淀物。检查滤液不含 As 后，加以中和即可排放。此法可使砷的浓度降到 0.05mg/kg 以下。

（2）注意事项

① $As_2O_3$ 是剧毒物质，其致命剂量为 0.1g。因此，处理时必须十分谨慎。

② 含有机砷化合物时，先将其氧化分解，然后再进行处理（参照含重金属有机类废液的处理方法）。

**5. 含镉及铅的废液**

（1）处理方法　同砷的处理方法。

（2）注意事项

① 含两种以上重金属时，由于其处理的最适宜 pH 值各不相同，因而，对处理后的废液必须加以注意。

② 含大量有机物或氰化物的废液，以及含有络离子的时候，必须预先把它分解除去（参照含有重金属的有机类废液的处理方法）。

**6. 含汞废液**

（1）处理方法

① 废液中加入与 $Hg^{2+}$ 等化学计量比的 $Na_2S \cdot 9H_2O$，加入 $FeSO_4$（$10\times10^{-6}$mol/L）作为共沉淀剂，充分搅拌，并使废液之 pH 值保持在 6～8 范围内。

② 上述溶液经放置后，过滤沉淀并妥善保管好滤渣（用此法处理，可使 Hg 浓度降到 0.05mg/kg 以下）。

③ 用活性炭吸附法或离子交换树脂等方法，进一步处理滤液。

④ 在处理后的废液中，确保检不出 Hg 后，才可排放。

（2）注意事项

① 废液毒性大，经微生物等的作用后，会变成毒性更大的有机汞。因此，处理时必须做到充分安全。

② 含烷基汞之类的有机汞废液，要先把它分解转变为无机汞，然后才进行处理。

**7. 含氧化剂、还原剂的废液**

（1）处理方法

① 查明各氧化剂和还原剂，如果将其混合也没有危险性时，即可一面搅拌，一面将其

中一种废液分次少量加入另一种废液中，使之反应。

② 取出少量反应液，调成酸性，用碘化钾-淀粉试纸进行检验。

③ 试纸变蓝时（氧化剂过量）：调整 pH 值至 3，加入 $Na_2SO_4$（用 $FeSO_4$ 也可以）溶液，至试纸不变颜色为止，充分搅拌，然后把它放置一夜；试纸不变色时（还原剂过量）：调整 pH 值至 3，加入 $H_2O_2$ 使试纸刚刚变色为止，然后加入少量 $Na_2SO_3$，把它放置一夜。

④ 用碱将其中和至 pH 为 7，并使其含盐浓度在 5%以下，才可排放。

（2）注意事项　原则上将含氧化剂、还原剂的废液分别收集。但当把它们混合没有危险性时，也可以把它们收集在一起。

注：含铬酸盐时可作为含 Cr(Ⅵ) 的废液处理，含其他重金属物质时，可参考含镉及铅的废液处理。

**8. 实验室废液处理的注意事项**

由于实验室废液不同于工业废水，实验室废液的成分及数量稳定度低，种类繁多且浓度高，所以，实验室废液处理的危险性也相对较高。对其进行相关处理时，一定要注意以下几点：

① 充分了解处理的方法。实验室废液的处理方法因其特性而异，任一废液如未能充分了解其处理方法，切勿尝试处理，否则极易发生意外。

② 注意皮肤吸收致毒的废液。大部分的实验室废液触及皮肤仅有轻微的不适，少部分腐蚀性废液会伤害皮肤，有一部分废液则会经由皮肤吸收而致毒，所以在搬运或处理时需要特别注意，不可接触皮肤。

③ 注意毒性气体的产生。实验室废液处理时，如操作不当会有毒性气体产生，如：氰类与酸混合会产生剧毒的氰酸、漂白水与酸混合会产生剧毒的氯气或次氯酸、硫化物与酸混合会产生剧毒的硫化物。

④ 注意爆炸性物质的产生。实验室废液处理时，应完全按照已知的处理方法进行处理，不可任意混合其他废液，否则容易产生爆炸的危险。如：叠氮化钠与铅或铜的混合、胺类与漂白水的混合、硝酸银与酒精的混合、次氯酸钙与酒精的混合、丙酮在碱性溶液下与氯仿的混合、硝酸与乙酸酐的混合、氧化银和氨水与酒精废液的混合。

⑤ 其他一些极容易产生过氧化物的废液（如异丙醚）也应特别注意，因过氧化物极易因热、摩擦、冲击而引起爆炸，此类废液处理前应将其产生的过氧化物先行消除。

⑥ 实验室废液浓度高，处理时易于大量放热，因反应速率增加而导致发生意外。为了避免这种情形，在处理实验室废液时应把握下列原则：

a. 少量废液进行处理，以防止大量反应；

b. 处理剂倒入时应缓慢，以防止激烈反应；

c. 充分搅拌，以防止局部反应；

d. 必要时在水溶性废液中加水稀释，以减慢反应速率以及降低温度上升的速率，如处理设备含有冷却装置则更佳。

## 三、废气的处理

实验室废气处理主要是指针对实验室产生的废气，如粉尘颗粒物、烟气烟尘、异味气体、有毒有害气体，进行治理的一种净化手段。所有产生废气的实验必须备有吸收或处理装置。如 $NO_2$、$SO_2$、$Cl_2$、$H_2S$、HF 等可用导管通入碱液中使其大部分被吸收后排出；在反应、加热、蒸馏中，不能冷凝的气体，排入通风橱之前，要进行吸收或其他处理，以免污染空气。

选用废气处理方法时，应根据具体情况优先选用费用低、耗能少、无二次污染的方法，尽量做到化害为利，充分回收利用成分和余热。

**1. 常见的废气处理方法**

（1）吸附法　此方法可以分物理吸附法和化学吸附法，前者主要是利用活性炭或土壤等多孔、稀松的独特结构，通过其吸附性吸收实验室产生的污染性气体；后者利用某试剂中和或消化废气中某有害成分，从而达到清除废气的目的。

（2）化学反应法　利用废气中的某些物质和某试剂能中和反应的特性，从而去除气体中污染性成分。常见的有酸碱洗涤法、加氯洗涤法、过氧化氢洗涤法等。

（3）催化氧化法　在某些催化剂的作用下，使废气中的碳氢化合物在较低温度下迅速氧化成为无害气体或其他无害物质，从而达到净化的目的。

（4）直燃式氧化法　用直接燃烧的方式来去除有机污染气体，但是此方法只能处理少量的废气，对于大量的废气不适用。

（5）低温等离子法　在外加电场的作用下，电极空间里的电子获得能量后加速运动，从而引发了使其发生激发、解离或电离等一系列复杂的物理、化学反应，使得废气中的某些基团的化学键断裂，从而达到净化的目的。

（6）生物氧化法　利用微生物和废气接触，当气体经过生物表面时被特定微生物捕获并消化掉，从而使有毒有害污染物得到去除。

（7）紫外线法　利用特制的高能高臭氧紫外线光束照射废气，使有机或无机高分子化合物分子链在高能紫外线光束照射下，降解转化成低分子无害化合物的一种方法。

**2. 常见的吸收剂及气体处理方法**

（1）氢氧化钠稀溶液　处理卤素、酸气（如 HCl、$SO_2$、$H_2S$、HCN 等）、甲醛、酰氯等。

（2）稀酸（$H_2SO_4$ 或 HCl）　处理氨气、胺类等。

（3）浓硫酸　吸收有机物。

（4）活性炭、分子筛等吸附剂　吸收气体、有机物气体。

（5）水　吸收水溶性气体，如氯化氢、氨气等。

（6）氢气、一氧化碳、甲烷气　如果排出量大，应装上单向阀门，点火燃烧，但要注意，反应体系空气排净以后再点火，最好事先用氮气将空气赶走再反应。

（7）较重的不溶水挥发物　导入水中，下沉，吸收瓶吸入后再处理。

# 第三节　放射性污染与放射性废物的处理

## 一、放射性污染的处理

在放射性物质生产和使用的过程中，时常会发生人体表面和其他物体表面受到污染的现象，不但影响操作者本身的健康，也会污染周围的环境。一般的轻微污染，即那些放射毒性较低、污染量较小的事件，在一定的时间和条件支持下，可以进行相应的清洗，清洗污染的过程越早进行效果越好。如果污染情况较为严重，特别是有人员损伤的情况下，应属于放射性事故，应参照放射性事故应急处理程序进行处置。

常规轻微的放射性污染清理处置的方法如下：

① 工作室表面污染后，应根据表面材料的性质及污染情况，选用适当的清洗方法。一般先用水及去污粉或肥皂刷洗，若污染严重则考虑用稀盐酸或柠檬酸溶液冲洗，或刮去表面或更换材料。

② 手和皮肤受到污染时，要立即用肥皂、洗涤剂、高锰酸钾、柠檬酸等清洗，也可用1%二乙胺四乙酸钙和88%的水混合后擦洗；头发如有污染也应用温水加肥皂清洗。不宜用有机溶剂及较浓的酸清洗，若这样做则会促使污染物进入体内。

③ 对于吸入放射性核素的人，可用0.25%肾上腺素喷射上呼吸道或用1%麻黄素滴鼻使血管收缩，然后用大量生理盐水洗鼻、漱口，也可用祛痰剂（氯化铵、碘化钾）排痰，眼睛、鼻孔、耳朵也要用生理盐水冲洗。

④ 清除工作服上的污染时，如果污染不严重，及时用普通清洗法即可；污染严重时，不宜用手洗，要用高效洗涤剂，如用草酸和磷酸钠的混合液。如果一时找不到这些清洗剂，可将受污染的衣物先封存在一个大塑料袋内，以避免大面积污染。

⑤ 有些污染不适合使用上述方法清洗，应咨询专家，具体分析污染内容再做处理。

## 二、放射性废物的管理与处置

放射性废物是指含有放射性核素或被放射性污染，其活度和浓度大于国家规定的清洁控制水平，并预计不可再利用的物质。生产、研究和使用放射性物质以及处理、整备（固化、包装）、退役等过程都会产生放射性废物。

对放射性废物中的放射性物质，现在还没有有效的方法将其破坏，以使其放射性消失。目前只是利用放射性自然衰减的特性，采用在较长的时间内将其封闭，使放射强度逐渐减弱的方法，达到消除放射污染的目的。

### 1. 放射性废物的储存

实验室应有放射性废物存放的专用容器，并应防止泄漏或沾污，存放地点还应有效屏蔽防止外照射。放射性废物的存放应与其他废物分开，不可将任何放射性废物投入非放射性垃圾桶或下水道。

放射性废物要防止丢失，包装完整易于存取，包装上一定要标明放射性废物的核素名称、活度、其他有害成分以及使用者和日期。应经常对存放地点进行检查和监测，防止泄漏事故的发生。

放射性废物在实验室临时存放的时间不要过长，应按照主管部门的要求送往专门储存和处理放射性废物的单位进行处置。

### 2. 放射性废物的处理

放射性废物处理的目的是降低废物的放射性水平和危害，减小废物处理的体积。在实际放射性工作中，合理设计实验流程，合理使用放射性设备、试剂和材料，尽量能做到回收再利用，尽量减少放射性废物的产生量。优化设计废物处理，防止处理过程中的二次污染。放射性废物要按类别和等级分别处理，从而便于储存和进一步深化处理。

（1）放射性液体废物的处理

① 稀释排放。对符合我国《放射性废物管理规定》（GB 14500—2002）中规定浓度的废水，可以采用稀释排放的方法直接排放，否则应经专门净化处理。

② 浓缩贮存。对半衰期较短的放射性废液可直接在专门容器中封装贮存，经一段时间，待其放射强度降低后，可稀释排放。对半衰期长或放射强度高的废液，可使用浓缩后贮存的方法。通过沉淀法、离子交换法和蒸发法浓缩手段，将放射物质浓集到较小的体积，再用专门容器贮存或经固化处理后深埋或贮存于地下，使其自然衰变。

③ 回收利用。在放射性废液中常含有许多有用物质，因此应尽可能回收利用。这样做既不浪费资源，又可减少污染物的排放。可以通过循环使用废水，回收废液中某些放射性物质，并在工业、医疗、科研等领域进行回收利用。

（2）放射性固体废物的处理　对可燃性固体废物可通过高温焚烧大幅度减容，同时使放射性物质聚集在灰烬中。焚烧后的灰可在密封的金属容器中封存，也可进行固化处理。采用焚烧方式处理，需要有良好的废气净化系统，因而费用高昂。

对无回收价值的金属制品，还可在感应炉中熔化，使放射性被固封在金属块内。

经压缩、焚烧减容后的放射性固体废物可封装在专门的容器中，或固化在沥青、水泥、玻璃中，然后将其埋藏在地下或贮存于设于地下的混凝土结构的安全贮存库中。

（3）放射性气体废物的处理　对于低放射性废气，特别是含有半衰期短的放射物质的低放射性废气，一般可以通过高烟囱直接稀释排放。

对于含有粉尘或含有半衰期长的放射性物质的废气，则需经过一定的处理，如用高效过滤的方法除去粉尘，碱液吸收去除放射性碘，用活性炭吸附碘、氪、氙等。经处理后的气体，仍需通过高烟囱稀释排放。

## 第四节　废旧电子设备的处理

### 一、废旧计算机类电子设备的危害

电子产品的寿命是有限的，大量的电子产品在达到使用寿命后报废成了电子废弃物。电子废弃物主要包括家用电器、IT 设备、通信设备、电视及音响设备、照明设备、监控设备、电子玩具和电动工具等。根据来源，电子废弃物可分为电子电器产品生产过程中产生的废弃物和达到使用寿命后废弃的电子电器设备。电子废弃物会给环境带来严重的危害，当务之急是寻找处理电子废弃物的有效方法。

电子废弃物的成分复杂，不少电子产品含有有毒化学物质，其中半数以上的材料对人体有害，有一些甚至有剧毒。例如，一台计算机有 700 多个元件，其中有一半元件含有汞、砷、铬等各种有毒化学物质；一台 15 英寸（1 英寸＝2.54 厘米）的，阴极射线管（CRT）计算机显示器就含有镉、汞、六价铬、聚氯乙烯塑料和溴化阻燃剂等有害物质；计算机的电池和开关含有铬化物和水银，计算机元件中还含有铅、汞和其他多种有害物质；激光打印机和复印机中含有碳粉等。

电子废弃物被填埋或者焚烧时，其中的重金属渗入土壤，进入河流和地下水，将会造成土壤和地下水的污染，直接或间接地对当地居民及其他生物造成损伤；有机物经过焚烧，释放出大量的有害气体，如剧毒的二噁英、呋喃、多氯联苯类等致癌物质，对自然环境和人体造成危害。铅会破坏人的神经、血液系统以及肾脏，影响幼儿大脑的发育。铬化物会破坏人体的 DNA，引起哮喘等疾病。在微生物的作用下，无机汞会转化为甲基汞，进入人的大脑后破坏神经系统，重者会引起死亡，溴化阻燃剂和含氯塑料低水平的填埋或不适当的燃烧与再生将会排放有毒有害物质。

## 二、废旧计算机类电子设备再利用

电子废弃物类型复杂，种类繁多，各种构件的成分和含量相差很大，这使得其回收利用有一定的难度，电子废弃物的回收处理技术可以概括地分为机械处理、化学处理和微生物处理。

**1. 机械处理**

机械处理是根据电子废弃物中各成分、物理特性的不同而实现回收的一种手段，主要包括拆卸、破碎、分选等方法。破碎是将废弃电路板中的金属尽可能单体分离以提高分选效率。分选是利用电子废弃物中材料的磁性、密度等物理特性的不同实现不同成分的分离，密度分选和磁电分选是两种常用的分选方式。

**2. 化学处理**

化学处理技术的基本原理是利用电子废弃物中各种化学成分不同的稳定性提取不同的物质。化学处理技术是一种广泛应用于电子废弃物处理的成熟方法，可分为火法冶金、湿法冶金等工艺。火法冶金主要包括焚化法、真空裂解法、微波法等。通常的电子废弃物主体部分都是由热固性和环氧树脂玻璃纤维复合材料制成的，这种材料不但具有不溶和不熔的特点，而且含有高浓度的溴化阻燃剂、重金属等多种成分，给再生利用带来很大困难。湿法冶金是目前应用较为广泛的处理电子废弃物的方法，具体是指利用金属能溶解在硝酸、硫酸和王水等溶液中的特点，将金属从电子废弃物中脱除并从液相中给予回收。湿法冶金与火法冶金相比，具有排放废气少、残留物易处理、经济效益显著、工艺流程简单等特点。

**3. 微生物处理**

利用微生物浸取金等贵金属是 20 世纪 80 年代开始研究的提取低含量物料中贵金属的技术。利用微生物的活动使得金等贵金属合金中的其他非贵金属氧化成可溶物而浸入溶液，使贵金属裸露出来以便于回收。浸取技术提取金等贵金属具有工艺简单、费用低的特点，但浸取时间较长。

## 习题

1. 试简要说明实验室废弃物处理的一般原则以及收集方法。
2. 如何鉴别实验室卤素类有机溶剂，并简要说明处理的注意事项。
3. 简要分析盛放危险废弃物的容器需要达到哪些具体要求。
4. 试简要分析使用废液收集桶需要注意哪些具体问题。
5. 实验室为什么要设置危废存放区？危废存放区需要满足什么具体要求？
6. 分析说明为什么电子元器件不能当作生活垃圾处理。

# 第十章
# 实验室安全应急

实验室安全事故产生的原因主要有三：一是人的不安全行为，二是物的不安全状态，三是实验室管理上的缺陷。发生实验室安全事故，不仅危害广大师生生命安全，造成巨大的经济损失，而且易引起实验室工作人员的恐惧心理。因此应根据“安全第一，预防为主”的原则，从明确实验室安全基础应急设施与使用开始，有效采取实验室安全应急措施，以保障实验室工作人员安全，促进实验室各项工作顺利开展，防范安全事故发生。对可能引发的化学品事故、机械损伤事故、火灾爆炸等事故，要有充分的思想准备和应变措施，确保实验室在发生事故后，能科学有效地实施处理，切实有效降低事故的危害。

## 第一节　实验室安全应急概论

### 一、实验室安全应急设施

实验室安全应急设施包括个人防护器具和安全应急设备。个人防护器具包括护目镜、口罩、实验服、防护手套等。实验应急设备包括：视频监控系统、排风系统、化学品存放设施、感烟报警系统、消防应急系统和紧急喷淋系统等。实验室安全应急设施具体见表 10-1。

**表 10-1　实验室安全应急设施**

| 名称 | 名称 | 名称 |
|---|---|---|
| 洗眼器 | 紧急冲淋装置 | 防护墙或防护掩体 |
| 烟雾报警器 | 灭火砂箱 | 防火毯 |
| 应急灯 | 火灾报警系统 | 急救药箱 |
| 化学品安全技术说明(MSDS)表 | 通风柜 | 事故应急预案说明 |
| 化学药品运送的提篮 | 盛放碎玻璃或尖锐物的容器 | 警示信号和标示 |

## 二、实验室安全应急预案

应急预案又称应急计划，是针对可能的重大事故或灾害，为保证迅速、有序、有效地开展应急与救援行动、降低事故损失而预先制订的有关计划和方案。它是在辨识和评估重大危险、事故类型、发生的可能性、发生过程、事故后果及影响严重程度的基础上，对应急机构与职责、人员、技术、装备、设施（备）、物资、救援行动及其指挥与协调等方面预先作出的具体安排，它明确了在突发事件发生之前、发生过程中以及刚结束之后，谁负责做什么、何时做以及相应的策略和资源准备等。每个实验室中都张贴有事故应急预案，在进入实验室时要首先阅读应急预案，了解事故发生后的应急程序，包括如何报警、控制灾害、疏散、急救等。

实验室发生事故后，若事态尚能控制，现场人员应积极进行抢救，阻止事态蔓延，控制事态发展。同时，应根据事件发展态势，酌情寻求专业救护人员支援，并立即将有关情况逐级上报实验室安全负责人、单位负责人、学校职能部门负责人等。若事态无法控制，现场人员（教师和学生）应及时、安全、快速撤离，并通知相关人员及时撤离。

事故现场是分析事故原因的重要依据，除特殊情况以外，应严格保护现场，任何人不得擅自清理事故现场。如果有实验记录和视频录像，也要进行妥善保存，不得进行涂改、毁坏。

## 三、实验室应急准备

**1. 为火灾准备**

① 熟悉实验室周围的安全逃生通道；

② 了解火警警报及灭火器的位置，确保可以迅速使用灭火器具；

③ 切勿乱动任何火警侦察或者灭火装置；

④ 保持所有防火门关闭。

**2. 为实验室紧急事件准备**

① 使用化学品前，须详细查阅化学品安全技术说明书（MSDS）；

② 相关安全知识可以登录实验室安全管理平台学习；

③ 熟知实验室内安全设施所在位置；

④ 准备恰当且充足的急救物资；

⑤ 了解所用物品的潜在危险性，严格按照实验室操作规程实验；

⑥ 进入实验室前须接受实验操作培训和实验室安全教育；

⑦ 若对某种做法是否安全有怀疑，最好采取保守做法（响起警报，离开实验室，把处置工作留给专业人员）。

**3. 为损伤准备**

① 学习简单的急救方法；

② 熟知紧急喷淋和洗眼器的位置；

③ 确保急救药物、器具充足有效，必要时准备特殊解毒剂；

④ 如需要使用有毒物时，须先学习如何使用解毒剂。

# 第二节　实验室事故应急处理

实验室关键的安全应急是预防应急，可以避免安全事故发生；其次是防止安全事故扩大，险情刚刚发生之时，即将险情消灭于萌芽之中；最后是面对已经发生的险情采取应急措施。

当发生中毒、伤害、触电、火灾等险情时，先自行选用合适方法和技术进行事故应急处理，必要时拨打急救电话（119、120）求救，讲清报告人的姓名、事故地点、发生原因、危险情况以及可能会引起的后果。化学实验室常见中毒、灼伤、烧伤、划伤、触电、着火等安全事故。

## 一、误食毒性化学品的应急处理

化学品中毒会损伤身体器官，如腐蚀性化学品会使皮肤、黏膜、眼睛、气管和肺受到严重损伤，铅、汞与芳香族有机物会使肝脏受到严重的损害。

一般化学品对人体的危害表现为急性中毒和慢性中毒两种类型。急性中毒指短时间内受到大剂量有毒物质的侵蚀对身体造成的损害，包括窒息、麻醉、全身中毒、过敏和刺激作用。慢性中毒是指在不引起急性中毒的剂量条件下，长期反复进入机体而出现的中毒状态或疾病状态，这种伤害通常是难以治愈的。

这里介绍的应急方法是针对急性中毒事件采取的急救措施。化学实验室误食毒性化学品大多不是食用毒物，而是将食物带入实验室，其被有毒化学品沾染后食用而产生的中毒事件。当实验室发生误食毒性化学品中毒事件时，一般采取以下五种应急措施。

（1）降低化学品浓度或吸收化学品　饮食牛奶、打溶的鸡蛋、面粉、淀粉、土豆泥的悬浮液以及水等降低胃中化学品的浓度，延缓毒物被人体吸收的速度并保护胃黏膜。也可在500mL蒸馏水中加入约50g活性炭，服用前再添加400mL蒸馏水，并充分摇动润湿，给患者分次少量吞服，一般10～15g活性炭大约可吸收1g毒物。

（2）催吐　适用于神志清醒的中毒者。用手指、筷子或者匙子按住患者喉头或舌根催吐。若不能做催吐，可在半杯水中加入15mL催吐剂，或者在80mL热水中溶解一茶匙食盐水催吐，或者用5～10mL 5%的稀硫酸铜溶液加入一杯温水后催吐，催吐后火速送往医院治疗。强酸强碱中毒者不能采用催吐法。

（3）洗胃　洗胃是常规治疗，通常根据吞服的药物选择1∶5000高锰酸钾溶液、2%碳酸氢钠溶液、生理盐水或温开水，最后加入导泻药（一般为25%～50%的硫酸镁），以促进毒物排出。

（4）倾泻　可通过口服或胃管送入大剂量的泻药，如硫酸镁、硫酸钠等，进行倾泻。

（5）吞服万能解毒剂　2份活性炭、1份氧化镁和1份单宁酸混合而成的药剂，用时可将2～3茶匙此药剂加入1杯水调成糊状物吞服。

## 二、沾染毒性化学品的应急处理

沾染毒性化学品后，立即脱去被污染的衣服、鞋袜等，并用大量水冲洗患处皮肤（禁用热水，冲洗15～30mim），再用消毒剂洗涤伤处，涂敷能中和毒物的液体或保护性软膏。如果沾染毒性化学品的地方有伤痕，需迅速清除毒物，并请求医生进行治疗。如果毒性化学品能与水作用（如浓硫酸或者遇水放热的金属），应先用干布或其他能吸收液体的干性材料擦去大部分污染物，再用清水冲洗患处或涂抹必要的药物。

## 三、吸入毒性化学品的应急处理

首先保持中毒者呼吸畅通，并立即转移到有新鲜空气的地方，解开衣领让患者进行深呼吸，对休克者进行人工呼吸。待呼吸好转后，立即送医院治疗。注意：硫化氢、氯气和溴中毒不可进行人工呼吸，一氧化碳中毒不可使用兴奋剂。

## 四、化学品灼伤的应急处理

危险化学品灼伤时，首先应迅速解除衣物，清除皮肤上的化学药品，并迅速用大量清水冲洗，再用能消除该药品的溶液或药剂处理。如果受伤处起水泡，均不宜把水泡挑破，如有水泡出血，可涂红药水或者紫药水。

**1. 酸灼伤**

酸灼伤后应立即用大量水冲洗或用甘油擦洗伤处，然后包扎，须根据具体情况进行处理。

① 如果少量硫酸、盐酸、硝酸、氢碘酸、氢溴酸、氯磺酸触及皮肤，立即用大量水冲洗10～20min，再用饱和$NaHCO_3$溶液或肥皂液洗涤。如沾有大量硫酸，则不能直接用水冲洗，而是先用干抹布抹去沾染的浓硫酸，然后用水清洗10～20min，再用饱和$NaHCO_3$溶液或稀氨水冲洗，严重时送医治疗。

② 当皮肤被草酸灼伤，不宜使用饱和$NHCO_3$溶液进行中和，这是因为碳酸氢钠碱性较强，会产生刺激，应当使用镁盐或钙盐进行中和。

③ 氢氰酸灼伤皮肤时，先用高锰酸钾溶液冲洗，再用硫化铵溶液冲洗。

**2. 碱灼伤**

碱灼伤后立即用大量的水冲洗，再用乙酸溶液冲洗伤处或在灼伤处撒硼酸粉，不同碱灼伤处理方法有一定差异。

① 氢氧化钠或者氢氧化钾灼伤皮肤，先用大量水冲洗15mim，再用1%硼酸溶液或2%乙酸溶液浸洗，最后用清水洗，必要时洗完以后加以包扎。

② 当皮肤被生石灰灼伤时，则先用油脂类的物质除去生石灰，然后用水进行清洗。

**3. 三氧化磷、三溴化磷、五氧化磷、五溴化磷等灼伤**

三氧化磷、三溴化磷、五氧化磷、五溴化磷等灼伤后立即用清水冲洗15min，再送医院治疗。受白磷腐蚀时，立即用1%硝酸银或2%硫酸铜溶液或浓的高锰酸钾溶液擦洗，然后用 2%硫酸铜溶液润湿过的绷带覆盖在伤处，最后包扎。

**4. 溴和碘灼伤**

溴灼伤是很危险的，被灼伤后的伤口一般不易愈合。当皮肤被溴液灼伤时，应立即用 2%硫代硫酸钠溶液冲洗至伤处呈白色，再用大量水冲洗干净，包上纱布就诊；或者先用酒精冲洗，再涂上甘油；或直接用水冲洗后，用 25%氨水、松节油、95%酒精（1∶1∶10）的混合液涂敷。碘触及皮肤时，可用淀粉物质如土豆涂擦，减轻疼痛，也能褪色。

**5. 酚类化合物灼伤**

酚类化合物灼伤后先用酒精洗涤，再涂上甘油。例如苯酚沾染皮肤时，先用大量水冲洗，然后用 70%乙醇和 1mol/L 氯化镁（4∶1）的混合液擦洗。

**6. 碱金属灼伤**

碱金属灼伤后立即用镊子移走可见的钠块，然后用酒精擦洗，再用清水冲洗，最后涂上烫伤膏。碱金属氰化物灼伤皮肤后的处理方法与氢氰酸灼伤类似，先用高锰酸钾溶液冲洗，再用硫化铵溶液冲洗。

**7. 氢氟酸或氟化物灼伤**

氢氟酸或氟化物灼伤后先用水清洗，再用 5%的 $NHCO_3$ 溶液冲洗，最后用甘油和氧化镁（配比为 2∶1）糊剂涂敷，或者用冰冷的硫酸镁溶液冲洗，也可涂松油膏。

**8. 铬酸、重铬酸钾以及 6 价铬化合物灼伤**

铬酸、重铬酸钾以及 6 价铬化合物灼伤后，用 5%硫代硫酸钠溶液清洗受污染的皮肤，还可用大量水冲洗，再用硫化铵的稀溶液冲洗。

**9. 磷灼伤**

磷灼伤后一是要在水的冲淋下仔细清除磷粒，二是要用 1%硫酸铜溶液冲洗，三是要用大量生理盐水或清水冲洗，四是用 2%碳酸氢钠溶液湿敷，切忌暴露或用油脂敷料包扎。

**10. 硫酸二甲酯灼伤**

硫酸二甲酯灼伤后用大量水冲洗，再用 5%的 $NaHCO_3$ 溶液冲洗，不能涂油，不能包扎，应暴露伤处让其挥发，等待就医。

## 五、化学品进入眼睛的应急处理

当有化学品进入眼睛时，应立即提起眼睑，使毒物随泪水流出，使用洗眼器用大量流动清水彻底冲洗，冲洗时要边冲洗边转动眼球，使结膜内的化学物质彻底洗出，冲洗 20～30min，如若没有冲洗设备或无他人助冲洗时，可将头浸入脸盆或水桶中，浸泡十几分钟，可达到冲洗目的。

注意：

① 一些毒物会与水发生反应，如生石灰、电石等，若眼睛沾染此类物质则应先用沾有植物油的棉签或干毛巾擦去毒物，再用水冲洗；

② 冲洗时忌用热水，以免增加毒物吸收；

③ 切记不可使用化学解毒剂处理眼睛，冲洗完毕后涂抹适量的眼部护理液，将伤者送

往医院救治。

## 六、烧伤应急处理

① 迅速脱离致伤源。应迅速脱去燃烧的衣服，或就地卧倒打滚压灭火焰，或用水浇灭火焰。切忌站立呼喊或奔跑呼叫，以防面部、呼吸道损伤进一步加重。

② 立即冷疗。用冷水冲洗、浸泡或湿敷。烧伤后，为了防止发生疼痛和损伤细胞，应迅速采用冷疗方法进行紧急处理，一般在6h内有较好的效果。冷却水的温度应控制在10～15℃为宜，冷却时间至少要0.5～2h。对于不便洗涤的脸及躯干等部位，可用自来水润湿2～3条毛巾，包上冰片，敷在烧伤面上，并经常移动毛巾，以防同一部位过冷。若患者口腔疼痛，可口含冰块。

③ 保护创面。现场烧伤创面无需特殊处理，但应尽可能保持水疱完整性，不要撕去腐皮，同时用干纱布进行简单包扎即可，创面忌涂有颜色药物及其他物质，如甲紫、红汞、酱油等，也不要涂膏剂，如牙膏等，以免影响对创面深度的判断和处理。伤势较重者应立即送往医院进行治疗。

烫伤与烧伤的病理相似，处理原则基本相同。如伤势较轻，涂上苦味酸或烫伤软膏即可；如伤势较重不能涂烫伤软膏等油脂类药物时，可撒上纯净的碳酸氢钠粉末，并立即送医院治疗。

## 七、冻伤应急处理

急救复温是基本救治手段。

① 首先脱离低温环境和冰冻物品。

② 将冻伤部位放入40℃（不要超过此温度）的温水中浸泡20～30min，水温要稳定。

③ 待衣物、鞋袜等冻结物融化后，脱下或者剪掉。

④ 如果没有温水或冻伤部位不便浸水，例如耳朵、鼻子等部位，可用体温（手、腋下）将其暖和。

注意：切勿用火烘烤冻伤部位。缓慢抬高冻伤部位，切勿包扎，保持安静。

## 八、玻璃仪器划伤应急处理

化学实验室玻璃仪器使用种类与数量繁多，若遇玻璃仪器破碎划伤身体事件，首先要进行止血，以防大量流血引起休克。原则上可直接压迫损伤部位进行止血，即使损伤动脉，也可用手指或纱布直接压迫损伤部位即可止血。玻璃仪器伤害一般有以下三种情况：

① 由玻璃片或玻璃管造成的外伤。首先必须检查伤口内有无玻璃碎片，以防压迫止血时将碎玻璃片压深。若有碎片，应先用消过毒的镊子小心地将玻璃碎片取出，再用消毒棉花和硼酸溶液或双氧水洗净伤口，再涂上红药水或碘酊（两者不能同时使用）并用消毒纱布包扎好，若伤口太深，流血不止，则让伤者平卧，抬高出血部位，压住附近动脉，并在伤口上方约10cm处用纱布扎紧，压迫止血，并立即送医院治疗。

② 被沾有化学品的碎玻璃片或管刺伤。应立即挤出污血，以尽可能将化学品清除干净，

以免中毒。用净水洗净伤口，涂上碘酊后包扎。如化学品毒性大则应立即送医治疗。被带有化学品的注射器针头刺伤时可进行同样处理。

③ 玻璃碎屑进入眼睛造成的伤害。玻璃碎屑进入眼内绝不能用手搓揉，尽量不要转动眼球，可任其流泪。有时碎屑会随泪水流出。严重时，用纱布包住眼睛，将伤者紧急送医治疗。

## 九、机械性损伤的应急处理

机械性损伤指当机体受到机械性暴力作用后，器官组织结构被破坏或功能发生障碍，又称为创伤。根据损伤处皮肤或黏膜是否完整可分为闭合性损伤和开放性损伤。实验室常发生的机械性损伤包括割伤、刺伤、挫伤、撕裂伤、撞伤、砸伤、扭伤等。对于轻伤，处理的关键是清创、止血、防感染。当伤势较重，出现呼吸骤停、窒息、大出血、开放性或张力性气胸、休克等危及生命的紧急情况时，应临时实施心肺复苏、控制出血、包扎伤口、骨折固定、转运等。

**1. 开放性损伤的应急处理**

对于较轻的开放性损伤，处理的关键是清创防感染。具体步骤如下。

① 伤口浅时，先小心取出伤口中异物。伤口深时，如发生较深的刺伤，先不要动异物，紧急止血后应及时送医院处理。

② 用冷开水或生理盐水冲洗伤口，擦干。

③ 用碘酊或酒精消毒周围皮肤。

④ 伤口不大，可直接贴“创可贴”。若没有创可贴，或伤口较大时，取消毒敷料紧敷伤处，直至停止出血。

⑤ 用绷带轻轻包扎伤处，或用胶布固定住。伤口深时，应按加压包扎法止血。

注意：切勿用手指、用过的手帕或其他不洁物触及伤口，勿让口对着伤口呼气，以防伤口感染。伤口较深者，应急处理后应立即送到医院使用抗生素和注射破伤风抗毒血清防止感染。

**2. 闭合性损伤的应急处理**

闭合性损伤的急救关键是止血，具体方法如下。

① 冷敷：用自来水淋洗伤处或将伤处浸入冷水中 5～10min。另一种方法是用冷水浸透毛巾，放在伤处，每隔 2～3min 换一次，冷敷半小时。若在夏天，可用冰袋冷敷。

② 取适当厚度的海绵或棉花一块，放在伤处，用绷带稍加压力进行包扎。

③ 应将伤处抬高，使高于心脏水平，以减少伤处充血。

④ 若伤处停止出血，急性炎症逐渐消退，但仍有瘀血及肿胀（通常在受伤一两天后），为使活血化瘀，宜作热敷（热水袋敷，热毛巾敷或热水浸泡）、按摩或理疗。

注意：在损伤初期（24～48h 内），应及早冷敷，以使伤处血管收缩，减轻局部充血与疼痛，且不宜立即作热敷或按摩，以免加剧伤处小血管出血，导致伤势加重。

**3. 严重流血者的急救**

由于大量失血，可使伤员在 3～5min 内死亡。因此对严重流血者的急救关键是：切勿延误时间，对伤处直接施压止血。

① 搀扶伤者躺下，避免伤者因脑缺血而晕厥。同时尽可能抬高其受伤部位，减少出血。

② 快速将伤口中明显的污垢和残片清除。

③ 用干净的布、卫生纸，若没有这些材料时，可用手直接按压伤口。

④ 保持按压直到止血。保持按压 20min，期间不要松手窥察伤口是否已停止流血。

⑤ 在按压期间，可用胶布或绷带（或一块干净的布）将伤口围扎起来以起到施压的作用。

⑥ 如果按压伤口仍然无法起到止血的作用，握捏住向伤口部位输送血液的动脉，同时另一只手仍然保持按压伤口的动作。

⑦ 止血以后，不要再移动伤者的受伤部位。此时不要拆除绷带，应尽快地将伤者送医急救。

⑧ 注意事项。手的压力和扎绷带的松紧度以能取得止血效果但又不致过于压迫伤处为宜。不要试图取出那些较大的或者嵌入伤口较深的物体。不要拆除绷带或者纱布，即使包扎以后血还不停地通过纱布渗透出来，也不要把纱布拿去，应该用更多的吸水性更强的布料缠裹住伤口。胳膊上的动脉应在腋窝和肘关节之间的手臂内侧，腿部的动脉应在膝盖后部和腹股沟处。

**4. 骨折固定**

对骨折部位及时进行固定，可以制动、止痛或减轻伤员痛苦，防止伤情加重和休克，保护伤口，防止感染，便于运送。

骨折固定的要领是：先止血，后包扎，再固定。固定用的夹板材料可就地取材，如：木板、硬塑料、硬纸板、木棍、树枝条等。夹板长短应与肢体长短相称；骨折突出部位要加垫；先扎骨折上下两端，然后固定两关节；四肢需露指（趾）；胸前需挂标志。骨折固定好后应迅速送往医院。

**5. 头部机械性伤害的应急处理**

头皮裂伤是由尖锐物体直接作用于头皮所致。实验室中可能发生的头部机械性伤害有：头发卷入机床造成的头皮撕裂，高空坠物造成的头皮伤害等。

对于较小的头皮裂伤，可剪去伤口周围毛发，再用碘酒或酒精等消毒伤口及周围组织，再用无菌纱布或干净手帕包扎即可。对于较大的头皮裂伤，由于头皮血液循环丰富，因此，出血比较多，处理原则是先止血、包扎，然后迅速送往医院。由于头皮血供方向是从周围向顶部，故用细带围绕前额、枕后，作环形加压包扎即可止血。对出血伤口局部，可用干净的纱布、手帕等加压包扎，也可直接用手指压迫伤口两侧止血。

若发生头皮撕脱，要迅速包扎止血。由于头皮撕脱，疼痛剧烈，伤员高度紧张易发生休克，必须安慰伤员，让其放松、坚持。对撕脱的头皮则需用无菌或干净的布巾包好，放入密封的塑料袋内，再放入盛有冰块的保温瓶内，同伤员一起迅速送往医院。

**6. 碎屑进入眼内的应急处理**

若木屑、尘粒等异物进入眼内，可由他人翻开眼睑，用消毒棉签轻轻取出异物，或任眼睛流泪带出异物，再滴入几滴鱼肝油。

玻璃屑进入眼内的情况比较危险。这时要尽量保持平静，绝不可用手揉擦，也不要试图让别人取出碎屑，尽量不要转动眼球，可任其流泪，有时碎屑会随泪水流出。用纱布，轻轻包住眼睛后，立刻将伤者送去医院处理。

**7. 伤员搬运**

在医务人员来到之前，切勿任意搬动伤员。但若继续留在事故区会有进一步遭受伤害危险时，则应将伤员转移。转移前，应尽量设法止住流血，维持呼吸与心跳，并将一切可能有骨折的部位用夹板固定。搬运时，应根据伤情恰当处理，谨防因方法不当而加重伤势。对所有的重伤员，均可采取仰卧位体位。搬运时，先了解伤员伤处，三个搬运者并排单腿跪在伤员身体一侧，同时分别把手臂伸入伤员的肩背部、腹臀部、双下肢的下面，然后同时起立，始终使伤员的身体保持水平位置，不得使身体扭曲。三人同时迈步，并同时将伤员放在硬板担架上。颈椎损伤者应再有一人专门负责牵引、固定头颈部，不得使伤员头颈部前屈后伸、左右摇摆或旋转。四人动作必须一致，同时平托起伤员，再同时放在硬板担架上。

## 十、触电应急处理

"迅速、就地、准确、坚持"是触电急救的原则。发现人身触电事故时，发现者一定不要惊慌失措，首先要迅速将触电者脱离电源；然后立即就地进行现场救护，同时找医生救护；由于触电者经常会出现假死，对触电者的救护一定要正确、坚持、不放弃。

**1. 脱离低压电源的常用方法**

脱离低压电源的方法可用"拉""切""挑""拽"和"垫"五个字来概括。

（1）"拉"　是指就近拉开电源开关，拔出插销或切断整个室内电闸。

（2）"切"　当断开电源有困难时，可用带有绝缘柄或干燥木柄的利器切断电源。切断时应防止带电导线断落触及其他人。

（3）"挑"　如果导线掉落在触电人身上或压在身下，这时可用干燥木棍或竹竿等挑开导线，使之脱离开电源。

（4）"拽"　是救护人戴上手套或在手上包缠干燥衣服、围巾、帽子等绝缘物拖拽触电人，使他脱离开电源导线。

（5）"垫"　是指如果触电人由于痉挛手指紧握导线或导线绕在身上，这时救护人可先用干燥的木板或橡胶绝缘垫塞进触电人身下使其与大地绝缘，隔断电源的通路，然后再采取其他办法把电源线路切断。

**2. 脱离高压带电设备的方法**

由于电源的电压等级高，一般绝缘物品不能保证救护人员的安全，而且高压电源开关一般距现场较远，不便拉闸。因此，使触电者脱离高压电源的方法与脱离低压电源的方法有所不同。

① 立即电话通知有关部门拉闸停电。

② 如果电源开关离触电现场不太远，可戴上绝缘手套，穿上绝缘鞋，使用适合该电压等级的绝缘工具，拉开高压跌落式熔断器或高压断路器。

③ 抛掷裸金属软导线，使线路短路，迫使继电保护装置切断电源，但应保证抛掷的导线不触及触电者和其他人，防止电弧伤人或断线危及人员安全。

注意：如果不能确认触电者触及或断落在地上的带电高压导线无电时，救护人员在未做好安全措施（如穿绝缘靴或临时双脚并紧跳跃地接近触电者）前，不能接近断线点至 8～10m 范围内，防止跨步电压伤人。触电者脱离带电导线后亦应迅速带至 8～10m 以外，确认已经无电后立即开始触电急救。

**3. 脱离电源时的注意事项**

① 救护人不得采用金属和其他潮湿的物品作为救护工具。

② 在未采取绝缘措施前，救护人不得直接接触触电者的皮肤和潮湿的衣服及鞋。

③ 在拉拽触电人脱离开电源线路的过程中，救护人宜用单手操作。这样做对救护人比较安全。

④ 当触电人在高处时，应采取预防措施预防触电人在脱离开电源时从高处坠落摔伤或摔死。

⑤ 夜间发生触电事故时，在切断电源时会同时使照明失电，应考虑切断后的临时照明，如应急灯等，以利于救护。

**4. 触电者脱离带电体后的处理**

（1）触电者脱离带电体后的救护

① 对症抢救的原则是将触电者脱离电源后，立即移到安全、通风处，并使其仰卧。

② 迅速鉴定触电者是否有心跳、呼吸。

③ 若触电者神志清醒，但感到全身无力、四肢发麻、心悸、出冷汗、恶心，或一度昏迷，但未失去知觉，应将触电者抬到空气新鲜、通风良好的地方，使其舒适地躺下休息，让其慢慢地恢复正常。要时刻注意保温和观察，若发现呼吸与心跳不规则，应立刻设法抢救。

④ 若触电者出现呼吸或心跳停止症状，则应立即实施心肺复苏术。

（2）救护注意事项

① 救护人员应在确认触电者已与电源隔离，且救护人员本身所涉环境安全距离内无危险电源时，方能接触伤员进行抢救。

② 在抢救过程中，不要为方便而随意移动伤员，更不要拼命摇动触电者。如确需移动，应使伤员平躺在担架上并在其背部垫以平硬阔木板，不可让伤员身体蜷曲着进行搬运，移动过程中应继续抢救。

③ 任何药物都不能代替人工呼吸和胸外心脏按压，对触电者用药或注射针剂，应由有经验的医生诊断确定，慎重使用。

④ 实施胸外心脏复苏术时，切不可草率行事，必须认真坚持，直到触电者苏醒或其他救护人员、医生赶到。如需送医院抢救，在途中也不能中断急救措施。

⑤ 在抢救过程中，要每隔数分钟判定一次触电者的呼吸和脉搏情况，每次判定时间均不得超过5～7s。

⑥ 在医务人员未接替抢救前，现场救护人员不得放弃现场抢救，只有医生有权做出伤员死亡的诊断。

## 十一、爆炸事故应急处理

① 实验室爆炸发生时，实验室负责人或安全员在其认为安全的情况下必须及时切断电源和管道阀门，避免爆炸事故进一步扩大；

② 所有人员（上课教师和学生）应听从临时召集人的安排，有组织地通过安全出口或用其他方法迅速撤离爆炸现场；

③ 应急预案领导小组负责安排抢救工作和人员安置工作。

## 十二、放射性事故的应急处理

### 1. 放射性事故的分类

放射性事故是指放射性同位素丢失、被盗或者放射装置、放射性同位素失控而导致工作人员或者公众受到意外、非自愿的一切照射。

① 放射性事故按类别分为两类：一类是人员受超剂量照射事故；另一类是丢失放射性物质事故。

② 放射性事故按人体受照射剂量或者放射源活度分为一般事故、严重事故和重大事故。凡属多种类别的放射性事故以及发生多种人员多部位受超计量照射事故时，事故的级别按其中最高一级的事故定级。

### 2. 放射性事故的应急处理原则

由于放射性事故发生的原因不同，程度不一，类别和级别各异，事故现场涉及的对象和引起的后果千差万别。即便是同类型的事故，也会因环境条件和社会因素的不同而表现各异，很难有一个统一的处理方案。但无论何种类型的放射事故，处理时应遵循如下原则：

① 控制或消除事故源，防止事故蔓延。根据事故发生的原因和类别，迅速而果断地采取有效措施，控制事故的发生源，超剂量照射事故应迅速切断事故源；丢失放射源时要设法尽快找到。

② 及时处理。一旦发生事故，事故单位应立即启动应急预案，并按法定程序报告有关监管部门，在监管部门的指导下，迅速采取措施，及时组织人力和物力制定合理的处理方案。在处理措施制定之前，应利用现有条件迅速及时地采取一些必要的处理方法，减少和控制事故危害，切不可贻误有效处理时机。当同时危及人员生命和贵重财产时，应首先抢救受照射人员。

③ 控制社会影响。放射事件无论其大小、损失如何，都会给工作人员和社会公众造成身体和心理影响。在处理放射性事故的过程中，应本着实事求是的科学态度，恰如其分地运用宣传工具开展舆论宣传，切不可为了某一目的，采取不慎重的行动，夸大其害，扩大覆盖面，造成不良社会影响。

④ 受照射剂量的控制。参加事故处理的人员，应尽量减少照射，做好处理事故中的剂量监测工作，在万不得已的情况下才允许接受应急照射，但不得接受超应急照射限值的事故照射。

### 3. 常见放射性事故的处理

（1）非密封源事故　这类事故主要是污染事故，可导致人员受内照射。

主要措施：首先要控制污染，禁止无关人员出入现场，以防扩大污染范围。在采取控制污染措施时，要注意保护好现场，但也不能为了保护现场，而不去积极采取控制污染的措施。

① 发生工作场所、地面、设备污染事故时，应首先确定污染的核素、范围、水平，尽快采取相应的去污措施，防止事故的扩大蔓延，避免粮食、果树、禽畜以及饮水源等受到污染。

② 发生放射性气体、气溶胶或者粉尘污染空气的事故时，应根据监测数据的大小采取相应的通风、换气、过滤等净化措施。

③ 当人员皮肤、伤口被污染时，应迅速去除污染并给予医学处理，对体内摄入放射性核素者应采取相应的医学处理措施。

（2）密封源事故 这类事故多因放射源丢失或安全运行系统失控而使人员受到异常外照射。处理的主要措施是控制放射源。

① 机械失控时，应制定合理方案及时排除故障，使放射源回到原来有效的防护措施下。

② 若密封源丢失，要采取各种措施尽快追回，因为密封源在失控状态下会发生意想不到的后果。在处理放射性事故前，应制定出具体的处理方案和步骤，尽量缩短工作人员在事故现场的停留时间，控制异常照射的总剂量。

特别注意的是，当密封源壳破损时，粉末状放射源体泄出，将会造成放射性污染，应按非密封源事故处理。

（3）放射装置事故 这类事故中射线装置是在高压下而产生射线的，当装置无高压输入时即停止产生射线。因此处理此类事故的关键就是切断电源，以便停止照射。如因为射线装置输出量异常而导致放射性事故，除妥善处理受照射人员外，应及时检修射线装置，并进行输出量计量校准。

**4. 放射性事故的预防**

① 宣传放射防护知识，开展法规教育。

② 对新建、改建、扩建的放射工作场所，严格进行设计审查和竣工验收，消除潜在的事故隐患，保证放射防护措施与主体工程同时设计、同时施工、同时投入使用。

③ 建立切实可行的放射防护操作规程和安全管理规章制度，设置防护管理机构或专（兼）职防护人员，配备必要的放射防护用品和检测仪器。放射工作人员经放射防护知识培训和法规教育，考核合格后方能上岗。

④ 对放射工作单位要定期监督监测。若发现问题，应及时消除事故隐患。放射工作单位的应用设备和安全报警系统要定期检修，使放射工作安全可靠地运行。

⑤ 贮存放射性同位素的场所必须采取有效的防火、防盗、防泄漏的安全防护措施，并指定专人管理。闲置不用的放射源，要妥善保存，不得乱丢、乱放，未经放射防护部门允许不准擅自处置。室外、野外从事放射工作时，必须划出安全防护区域，并设危险标志，由专人警戒，以确保公众的安全。自行运输放射源时，须有符合要求的运输工具和设备，防止中途丢失或容器倒置泄漏。

## 十三、火灾事故应急处理

① 发现火情，立即采取措施处理，防止火势蔓延并迅速报告。

② 确定火灾发生的位置，判断出火灾发生的原因，如压缩气体、液化气体、易燃液体、易燃物品、自燃物品等。

③ 明确火灾周围环境，判断出是否有重大危险源分布及是否会有次生灾难发生。

④ 明确救灾的基本方法，用适当的消防器材进行扑救。包括木材、布料、纸张、橡胶以及塑料等的固体可燃材料的火灾，可采用水冷却法，但对资料、档案应使用二氧化碳、干粉灭火剂灭火。易燃（可燃）液体、易燃气体和油脂类等化学药品火灾，使用大剂量泡沫灭

火剂、干粉灭火剂将液体火灾扑灭。带电电气设备火灾，应切断电源后再灭火，因现场情况及其他原因，不能断电，需要带电灭火时，应使用干砂或干粉灭火器，不能使用泡沫灭火器或水。可燃金属，如镁、钠、钾及其合金等火灾，应用特殊的灭火剂，如干砂或干粉灭火器等来灭火。

⑤ 依据可能发生的危险化学品事故类别、危害程度级别划定危险区，对事故现场周边区域进行隔离和疏导。

⑥ 视火情拨打“119”报警求救，并到明显位置引导消防车到达火灾现场。

## 十四、剧毒化学药品丢失应急处理

① 当有人发现化学剧毒药品有丢失时，应立即向实验室负责人汇报；

② 实验室负责人得知情况后，首先要及时向实验室安全事故应急小组、院分管领导等汇报现场药品丢失情况，并安排至少两名专业人员留守现场，保护好现场，直至公安部门人员和保卫人员到达现场；

③ 实验室负责人向各级领导汇报情况完毕后，立即组织通知实验室安全员及相关实验员在半小时内到达现场；

④ 实验室安全员及相关实验员到达现场后，应在实验室安全事故应急小组办公室集合，不得离开，等待相关部门领导调查问询；

⑤ 相关部门领导全部到达现场后，实验室负责人与公安部门人员立即对实验室佩戴钥匙人员进行调查，了解实验室钥匙是否有丢失、被他人使用或复制现象；

⑥ 实验室负责人、实验室安全员对近期实验室人员出入、药品使用等情况立即进行详细检查，对实验室相关人员进行询问调查，了解并掌握实际情况；

⑦ 实验室负责人、实验室安全员在人员询问调查完毕后，立即对实验室所有药品进行一次盘查，确认其他药品有无丢失现象，如有丢失现象，还需进一步进行深入调查；

⑧ 根据各方面线索对丢失药品流向做出判断，在最短时间内将丢失剧毒药品追回；

⑨ 整个事件处理完毕后，实验室负责人在24h内，以书面形式报告实验室安全事故应急小组事件的全过程及采取的防范措施。

## 十五、危险化学品泄漏事故应急处理

### 1. 化学品泄漏危险程度的评估

一旦泄漏发生，不要惊慌。尽量不要去摸它、从泄漏物上面走或者去呼吸它，要按照应急程序来处理，首先评估化学品泄漏的危险程度。

（1）小的泄漏事故　通常小于1L的挥发物和可燃溶剂、腐蚀性液体、酸或碱，小于100mL的OSHA（美国职业安全与健康标准）管制的高毒性化学物质的泄漏可认为是小的泄漏事故。即便是处理这样的事故，也必须了解其危险性并佩戴合适的个人防护设备才可以实施控制和清理。

（2）大的泄漏事故　满足下面一个或多个条件，就可视为大的泄漏事故：

① 人员发生需要医学观察的受伤情况；

② 起火或有起火的危险；

③ 超出涉及人员的清理能力；

④ 没有后备人员来支持清理；

⑤ 没有需要的专业防护设备；

⑥ 不知道泄漏的是什么物质；

⑦ 泄漏可能导致伤亡；

⑧ 泄漏物进入周围环境（土壤和下水道、雨水口）。

对于大的泄漏事故必须报告公共安全或消防部门，交给受过专业培训和有专业装备的专业人士来处理。

**2. 化学品泄漏的一般处理程序**

化学品泄漏事故的处理程序一般包括报警、紧急疏散、现场急救、泄漏处理和控制几方面。

（1）报警　无论泄漏事故大小，只要发现化学品泄漏，需要立刻向上级汇报。及时传递事故信息，通报事故状态，是使事故损失降低到最低水平的关键环节。对于大的泄漏事故，则需首先向公安消防部门报告，拨打119电话，报告事故单位，事故发生的时间、地点，化学品名称和泄漏量以及泄漏的速度，事故性质（外溢、爆炸、火灾），危险程度，有无人员伤亡以及报警人姓名及联系电话。

（2）紧急疏散　根据化学品泄漏的扩散情况建立警戒区，迅速将警戒区内与事故应急处理无关的人员撤离，以减少不必要的人员伤亡。

（3）现场急救　在任何紧急事件中，人命救助是最高优先原则。当化学品对人体造成中毒、窒息、冻伤、化学灼伤、烧伤等伤害时，要立刻进行应急处理，并及时送往医院。救护时，不论患者还是救援人员都需要进行适当的防护。

（4）泄漏处理和控制　危险化学品的泄漏处理不当，容易发生中毒或转化为火灾爆炸事故。因此化学品发生泄漏时，一定要处理及时、得当，避免重大事故的发生。在进入泄漏现场进行处理时，应注意以下几项。

① 进入现场的人员必须配备必要的个人防护器具。

② 如果泄漏的化学品易燃易爆，应严禁火种。扑灭任何明火及任何其他形式的热源和火源，以降低发生火灾爆炸的危险性。

③ 应急处理时严禁单独行动，要有监护人，必要时用水枪掩护。

④ 应从上风、上坡处接近现场，严禁盲目进入。

**3. 实验室化学品泄漏处理方法**

实验室存储的化学品量一般较少，由于意外出现化学品泄漏，情况不严重时，可以参照以下方法处理。

① 应立即向同室人员示警。

② 根据泄漏物质的危险特性佩戴好相应的防护工具，如防化手套、防护眼镜、防化服等。

③ 用适用于该化学品的吸附条或吸附围栏围堵泄漏液体的扩散流动，以防泄漏品进一步污染大面积环境；或抛洒吸附剂（没有专业吸附剂，可用消防沙），并用扫帚等工具翻动搅拌至不再扩散。

④ 取出吸附垫，放置到围住的化学品液体表面上，依靠吸附垫的超强吸附力对化学品

进行快速吸收，以减少化学品的挥发和暴露产生的燃爆危险和毒性。

⑤ 取出擦拭纸，对吸附垫、吸附条粗吸收处理后的残留物进行最后完全吸收处理。

⑥ 最后，取出防化垃圾袋，将所有用过的吸附片、吸附条、黏稠的液体或固体及其他杂质，一起清理到垃圾袋里，扎好袋口，贴上有害废物标签。标签中必须注明有害废物的名称、产生区域和产生日期，放到泄漏应急处理桶内运走，交由专业的废弃物处理公司来处理。泄漏应急处理桶可以在处理干净后，重新使用。

情况严重时，则应向室内人员示警，关闭实验室电闸（非可燃气体泄漏）、实验室门，迅速撤离，报警。若危险大时，则还需疏散附近人员。如遇可燃气体泄漏，则应迅速关闭阀门，打开窗户，关闭实验室门，迅速撤离。严禁开关、操作各种电气设备。

## 十六、汞的泄漏处置

金属汞散失到地面上时，可用硬纸将汞珠赶入纸簸箕内，收集到玻璃容器中，加水液封；也可用滴管吸起汞珠收集入水液封的玻璃容器中；此外还可使用润湿的棉棒，将散落的小汞滴收集成大汞珠，再收集到水液封的玻璃容器中。更小的汞滴可用胶带纸粘起，放入密封袋或容器中。收集不起来的和落入缝隙的小汞滴，可撒硫粉覆盖，用刮刀反复推磨使之反应生成硫化汞，再将硫化汞收集放入密封袋中；也可撒锌粉或锡粉生成稳定的金属汞齐。受污染的房间应将窗户和大门打开通风至少一天。注意：在清除汞时必须戴上手套，使用过的手套同样放在密封袋中。放入污染物的容器和密封袋必须贴上“废汞”或“废汞污染物”的标签。

## 十七、气体泄漏事故

### 1. 应急处理方法

泄漏污染区人员应迅速撤离至上风处，并进行隔离，严格限制出入。建议应急处理人员戴上自给正压式呼吸器，穿消防防护服。应尽可能切断泄漏源。对于小量泄漏，用沙土或其他不燃材料吸附或吸收；也可以用大量的水冲洗，冲洗后的水及时稀释并排入废水系统。对于大量泄漏，要合理通风，加速扩散。应用喷雾状水稀释、溶解；构筑围堤或挖坑收容产生的大量废水。如有可能，将漏出气体用排风机送至空旷地方，或安装适当喷头烧掉。也可以将漏气的容器移至空旷处，并注意通风。漏气容器要妥善处理，待修复检验合格后再用。

### 2. 防护措施

气体泄漏处理时，人员要做好防护措施，具体防护措施如下：

① 呼吸系统防护。一般不需要特殊防护，但在特殊情况下，佩戴自吸过滤式防毒用具（半面罩）。

② 眼睛防护。一般不需要特殊防护，高浓度接触时，可戴安全防护眼镜。

③ 身体防护。穿着防静电工作服。

④ 手防护。一般作业穿戴防护手套。

⑤ 工作现场严禁吸烟，避免长期反复接触，进入罐、限制性空间或其他高浓度作业区，须有人监护。

**3. 急救措施**

（1）皮肤接触 脱去被污染的服装，用肥皂水和清水彻底冲洗皮肤。

（2）眼睛接触 立即翻开上下眼睑，用流动清水冲洗至少 15min，然后立即就医。

（3）呼吸道接触 脱离现场至空气新鲜处，立即就医，对症治疗。

（4）火灾与爆炸 首要的是切断气源。若不能立即切断气源，则不允许熄灭正在燃烧的气体。应喷水冷却容器，可能的话将容器从火场移至空旷处。

# 第三节 实验室急救技术

急救即紧急救治的意思，是指当有任何意外或急病发生时，施救者在医护人员到达前，按医学护理的原则，利用现场适用物资临时及适当地为伤病者进行的初步救援及护理，然后快速送医治疗。

## 一、休克昏迷处理技术

休克是因为机体遭受强烈的致病因素后，由于有效循环血量锐减，机体失去代偿，组织缺血缺氧，神经-体液因子失调的一种临床综合征。休克可引发心力衰竭、急性肝肾功能衰竭、脑功能障碍等并发症，按病因分为：失血性、烧伤性、创伤性、感染性、过敏性、心源性和神经源性休克。

当伤者有感觉头晕、口渴、呕吐、面色灰白、脉搏加快、呼吸微弱等症状，我们可以认为其有休克的可能性，应给予适当的处理。将伤者平躺在地或在床，下肢应略抬高，以利于静脉血回流。如果有呼吸困难可将头部和躯干抬高一点，以利于呼吸。将颈部衣服松解，用被单等包裹身体，伴发高烧的感染性休克病人应给予降温。保持冷静，喂伤者适量流体，如温热的甜茶、稀盐水，注意不可强行灌入液体。如果在喂水过程中呼吸微弱甚至停止时，应立即拨打救助电话，在等待医护人员到来的过程中应密切观察受伤者状态，进行心肺复苏，如出血则应进行快速止血。对待有休克危险的病人应注意保持其呼吸道畅通，密切观察病人的呼吸形态、动脉血气，了解缺氧程度，减轻组织缺氧状况。对于休克晚期和严重呼吸困难的伤者可做气管插管或气管切开，并及早使用呼吸机辅助呼吸。

加强心理护理，休克时机体产生应激心理，病人表现有种濒死感，出现焦虑、恐惧和依赖心理，因而在抢救病人时态度要温和，忙而不乱，沉着冷静，处理快速果断，技术熟练，同时要劝告陪同人员不要惊慌，以减轻病人的紧张恐惧情绪。如果休克病人有意识存在，在护理时应给予精神上和机体上的关心与体贴，使病人产生安全感，从而帮助病人树立起战胜疾病的信心。在现场急救处理完毕后及时送进医院治疗。

## 二、心肺复苏技术

心肺复苏是针对呼吸心跳停止的急症危重病人所采取的抢救关键措施，即胸外按压形成暂时的人工循环并恢复心脏的自主搏动，采用人工呼吸代替自主呼吸，快速电除颤转复心室颤动，以及尽早使用血管活性药物来重新恢复自主循环的急救技术。作为挽救心脏骤停患者的急救技术，院前实施急救分为两部分：一是人工呼吸；二是胸外心脏按压。两者必须结合且有节奏地交替重复进行。

（1）判断意识　轻拍伤者肩部或向其发问："你怎么了?""发生了什么事?"清醒的病人能够准确地回答问题，回忆起发生过的事情，认识熟悉的人。若伤病者对任何刺激都没有反应，即为意识丧失。

（2）判断呼吸　当伤病者没有意识反应时，在开放气道的情况下，将面颊贴近其口鼻上方，观察伤病者胸部有无起伏，同时感觉伤者呼吸的气流和听呼吸的声音。如果10s内没有感觉到呼吸的气流和听到呼吸的声音，没有见到胸部起伏，就可以认定伤病者已经没有自主呼吸，这时要尽快对其进行人工呼吸，如图10-1。

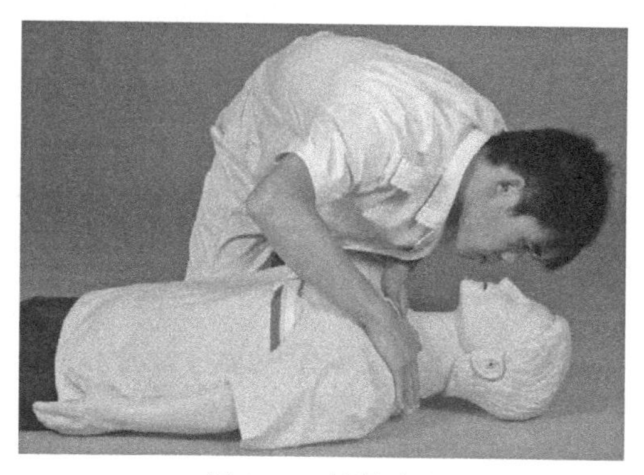

图10-1　判断呼吸

（3）心肺复苏时病人的体位　将病人仰卧在坚实的平面上，保持其头部不得高于胸部，应与躯干处在一个平面上，见图10-2。如果病人躺在软床或沙发上，应将其移至地面或在其背部垫上与床同宽的硬板；如果发生病情时，病人处于俯卧位或侧卧位时，应使其成为仰卧位，其方法是：一手扶住病人的颈后部，一手置于腋下，使病人头颈部与躯干呈一个整体，并同时翻动。施救者应站、跪在病人的一侧，以操作方便为宜。应松解伤病者的衣物，包括领带、领扣、腰带、文胸等可能束缚呼吸的物品。

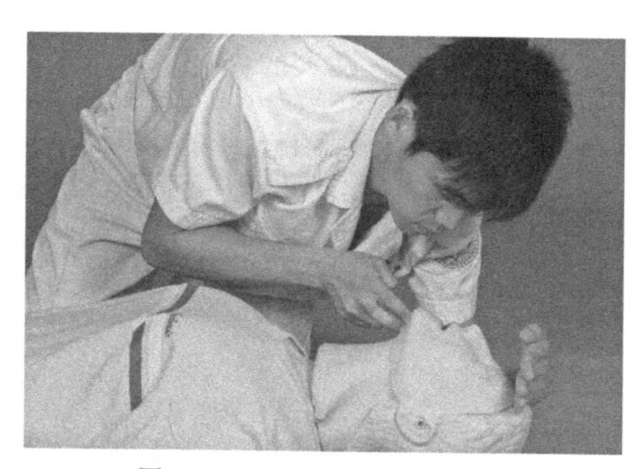

图10-2　心肺复苏时病人体位

（4）清理口腔异物　在判断呼吸之前需要开放伤病者的气道，在开放气道之前需要清除其口腔可视的异物。口腔异物包括呕吐物、痰液、血液、泥土石渣等。清理方法：双手扶住伤病者的头部，使伤病者的头偏向一侧，液体状的异物可顺位流出；还可将食指或小指包上纱布或手帕等，将口腔异物掏取出来。值得注意的是，要取出病人易脱落的义齿，以防义齿脱落进入气道造成窒息。

（5）打开气道　气道就是呼吸道。呼吸道包括口、咽、喉、气管等。当病人意识丧失以后，舌肌松弛，舌根后坠，舌根部贴附在咽后壁，造成气道阻塞。打开气道的目的是使舌根离开咽后壁，使气道畅通。气道畅通后，人工呼吸时提供的氧气才能到达肺部，人的脑组织以及其他重要器官才能得到氧气供应。开放气道的方法最常用的是压额提颏法，如图 10-3 所示。一手压前额，另一手中指、食指指尖对齐，置于下颏的骨性部分，并向上抬起，使头部充分后仰，最终使下颌角与耳垂之间的连线与地面垂直即可。但要避免压迫颈部软组织。怀疑颈椎受伤时，要谨慎使用这种打开气道的方法。

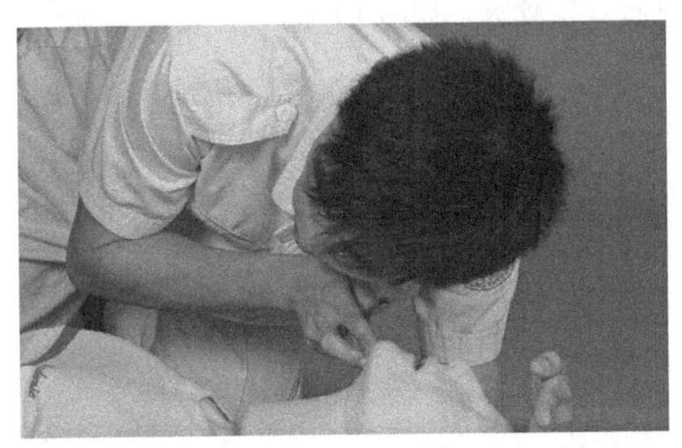

图 10-3　压额提颏法

（6）人工呼吸　人工呼吸是用人工的方法帮助没有呼吸的病人进行呼吸。口对口人工呼吸：将救助者呼出的气体吹入伤病者肺部，以维持伤病者生命最低的氧气供应。人口呼吸通常采取的是口对口人工呼吸的手法。虽然经人工呼吸传染疾病的机会很少，但基于卫生和心理的原因，救助者可用塑胶面罩或口面防护膜进行人工呼吸，不用直接接触伤病者的口唇。如果没有带防护用品，救助者应立即施行人工呼吸。

图 10-4 为口对口人工呼吸。救助者将一只手按压在伤病者前额，使伤病者头向后仰，压前额的手的拇指、食指捏紧伤病者双侧鼻孔，另一只手的拇指和食指置于其下颚，使下颌上提，保持伤病者气道畅通。之后，救助者将口唇严密地包住伤病者的口唇，平稳地向内吹气，在保持气道畅通的操作下，将气体吹入病人的口腔，经气道进入肺部。如果吹气有效，

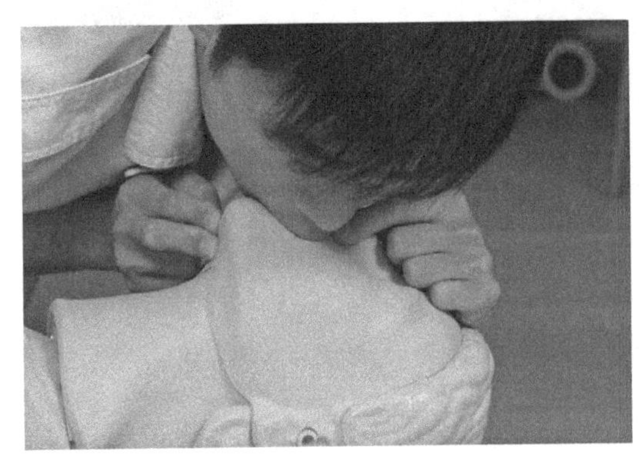

图 10-4　人工呼吸

伤病者胸部会膨起，并随着气体的呼出而下降。吹气后，救助者可以将口唇离开伤病者，并松开捏鼻的手指，使气体呼出，同时侧转头呼吸新鲜空气，再进行第二次吹气。在伤病者口腔有严重外伤、牙关紧闭的情况下，可采用口对鼻人工呼吸。

(7) 胸外心脏按压　当心脏停止跳动时，人体的血液循环也就终止了，所以需要我们在胸部进行心脏按压以推动血液循环，又称为人工循环。人体心脏位于胸骨与胸椎之间，向下按压胸骨时，胸腔内压力会增大，进而就会促使血液流动，同时压挤心脏，向外泵血；在放松压力后，静脉血回流心脏，就可使心脏充盈血液。如此反复进行下去，就可使心脏有节奏地、被动地收缩和舒张，以此来维持血液循环。有效的胸外心脏按压可达到正常心跳时心脏排出血量的25%～30%，可以保证人体最低的基本血液循环需要。停止心肺复苏的时机，一是急救医生接到120电话后赶到现场，二是伤病者已经恢复了心跳和呼吸。对于在施工现场发生的意外，如电击伤、高处坠落伤、机械事故等导致心跳呼吸停止的情况，至少抢救30min，以最大程度地提高抢救的成功率。

如图10-5，胸外心脏按压位置在胸骨中下段或两乳头连线中点下方。救助者在实施按压时，应双手重叠，掌根部放在按压区，被压在下面的手要伸直手指，做到双手指交叉互扣，贴腕翘起。按压时，救助者应将上身前倾，以髋关节做支点，双臂伸直，双肩正对病人胸骨上方，垂直地以掌根将胸骨下压4～5cm，然后放松。掌根始终不要离开患者胸壁，按压和放松的时间要相等。胸外心脏按压频率为100次/min，节律要均匀。人工呼吸和胸外心脏按压必须交替进行。胸外心脏按压30次，人工呼吸2次。按压时救助者应观察伤病者的反应及面色，在施行心肺复苏法2min后，用10s检查呼吸及观察循环征象，而后每隔数分钟就检查1次，直到抢救成功或停止抢救时为止。

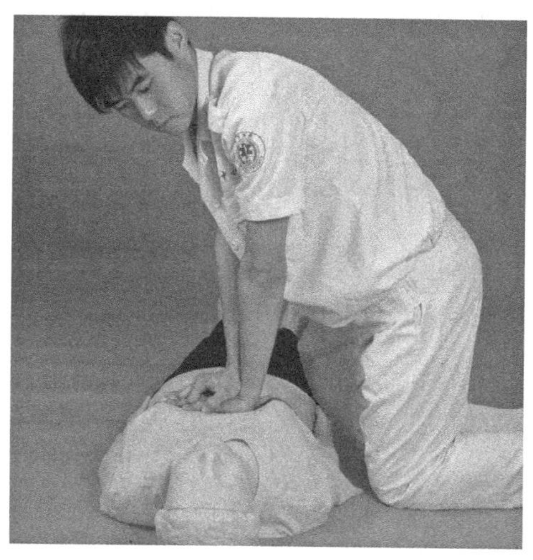

图10-5　胸外心脏按压

## 三、止血与包扎技术

(1) 压迫止血方法　不同损伤程度的出血采用的止血方法不同。机体出血分外出血和内出血两种。外出血根据血管损伤的类型可分为动脉出血、静脉出血和毛细血管出血。动脉出血：鲜红色，喷射或冒出，量多，可危及生命；静脉出血：暗红色，慢慢涌出或徐徐流出，量中等，不危及生命；毛细血管出血：量少，点滴流出或缓慢渗出，危险性小。外出血一般采用压迫止血法进行应急处理。常见的压迫止血法有直接压迫法、间接压迫法和指压止血法（图 10-6）。直接压迫法是直接压迫出血部位，用于一般性出血；间接压迫法适用于伤口有异物的出血；指压止血法适用于急救处理较急剧的动脉出血。如果手头一时无包扎材料和止血带时，或运送途中放止血带的间隔时间，可用此法。指压止血法操作简便，能迅速有效地达到止血目的，缺点是要事先了解正确的压迫点才能见效，而且止血不易持久，应随即采用其他止血法。

（2）包扎止血方法。

① 环形包扎法：如图 10-7 所示。常用于肢体较小部位的包扎，或用于其他包扎法的开始和终结。包扎时打开绷带卷，把绷带斜放伤肢上，用手压住，将细带绕肢体包扎一周后再将带头和一个小角反折过来，然后继续绕圈包扎，第二圈盖住第一圈，包扎 4～5 圈即可。

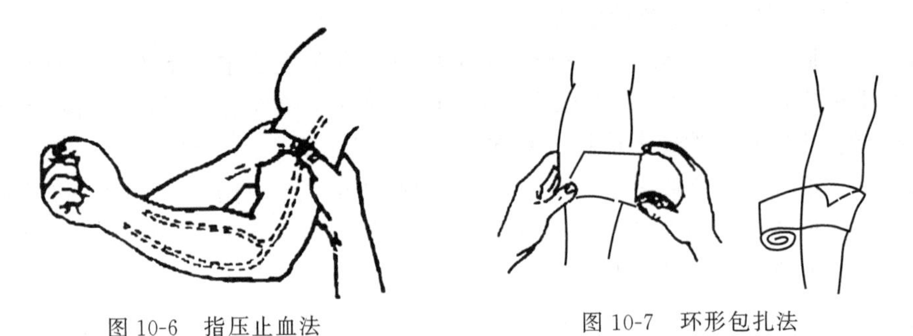

图 10-6　指压止血法　　图 10-7　环形包扎法

② 回返包扎法：用于头部、肢体末端或断肢部位的包扎，如图 10-8 所示。

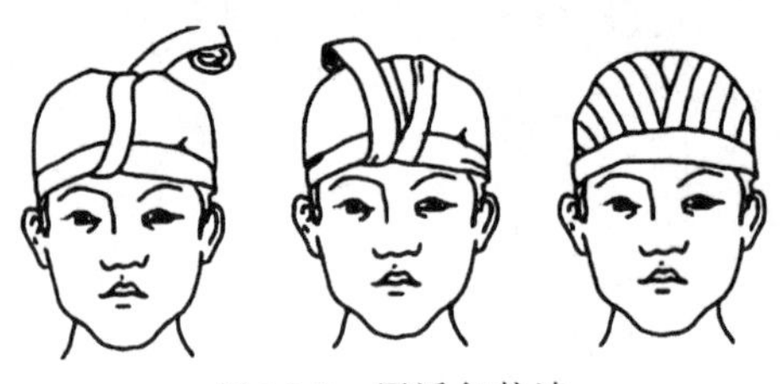

图 10-8　回返包扎法

③ “8” 字包扎法：多用于关节部位的包扎。在关节上方开始做环形包扎数圈，然后将绷带斜行缠绕，一圈在关节下缠绕，两圈在关节凹面交叉，反复进行，每圈压过前一圈一半或三分之一，如图 10-9 所示。

④ 螺旋包扎法：绷带卷斜缠绕，每卷压着前面的一半或三分之一，此法多用于肢体粗细差别不大的部位，如图 10-10 所示。

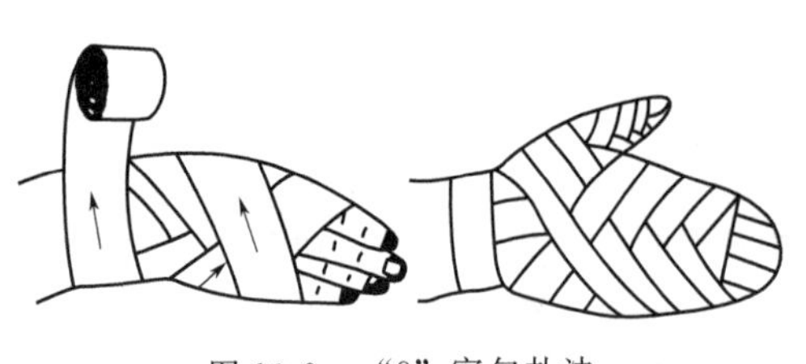

图 10-9　“8” 字包扎法

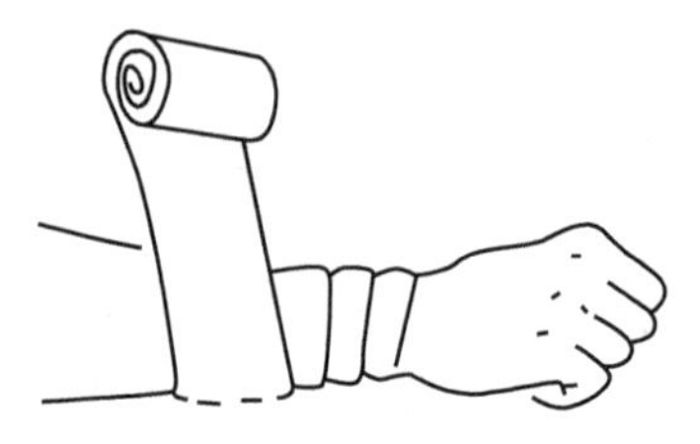

图 10-10　螺旋包扎法

⑤ 反折螺旋包扎法：做螺旋包扎时，用大拇指压住绷带上方，将其反折向下，压住前一圈的一半或三分之一，多用于肢体粗细相差较大的部位，如图 10-11 所示。

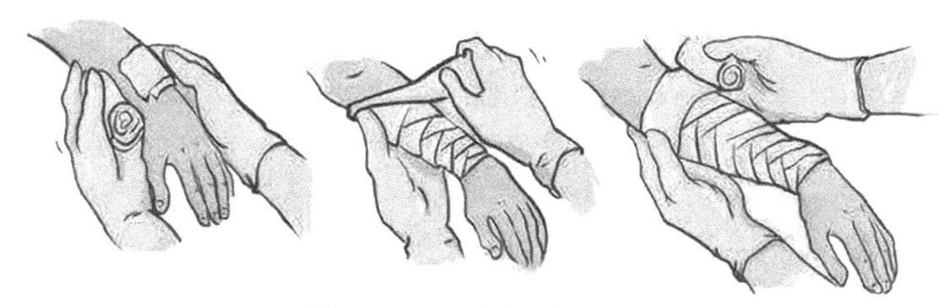

图 10-11　反折螺旋包扎法

值得注意的是，很多学生很难在短期内掌握急救方法，发生人身伤害时，应该在实验教师的指导下进行急救。但是，目前高校实验人员也相对缺乏急救技能方面的相关培训，存在一定安全隐患。长期从事化学实验教学的教师，有必要定期进行常规的实验室伤害应急处理训练，熟悉一般的实验室伤害应急处理方法，以备不时之需。

## 习题

1. 试简要说明如何应急处理误食毒性化学品事故。
2. 请简要说明被少量硫酸灼伤时，如何应急处理。
3. 请简要说明被碱金属灼伤的应急处理方法。
4. 分析说明对于严重流血者的急救，需注意哪些问题。
5. 简要说明当碎屑进入眼内时，需如何应急处理。
6. 当实验室发生有毒有害气体泄漏时，应如何处理。

# 参考文献


[1] 朱莉娜，孙晓志，弓保津，李振花．高校实验室安全基础［M］．天津：天津大学出版社，2014.
[2] 孙尔康，张剑荣，黄志斌，唐亚文．高等学校化学化工实验室安全教程［M］．南京：南京大学出版社，2015.
[3] 曹静，陈星，孙圣峰．化学实验室安全教程［M］．北京：化学工业出版社，2023.
[4] 漆小鹏，肖宗梁，叶洁云，吴珊．材料学科实验室安全教程［M］．北京：化学工业出版社，2022.
[5] 贡长生，张龙．绿色化学［M］．武汉：华中科技大学出版社，2008.
[6] 胡洪超，蒋旭红，舒绪刚．实验室安全教程［M］．北京：化学工业出版社，2023.
[7] 路建美，黄志斌．高等学校实验室环境健康与安全［M］．南京：南京大学出版社，2013.
[8] 崔政斌，崔佳，孔垂玺．危险化学品安全技术［M］．北京：化学工业出版社，2010.
[9] 邹晓川，王跃，任彦荣．实验室安全管理与规范简明教程［M］．武汉：华中科技大学出版社，2018.
[10] 梁慧敏，张奇，白春华．电气安全工程［M］．北京：北京理工大学出版社，2010.
[11] 黄志斌，赵应声．高校实验室安全通用教程［M］．南京：南京大学出版社，2021.
[12] 孙道兴．危险化学品安全技术与管理［M］．北京：中国纺织出版社，2011.
[13] 孙玲玲．高校实验室安全与环境管理导论［M］．杭州：浙江大学出版社，2013.
[14] 冯建跃，阮俊，应窕，任皆利，郭雯飞．高校实验室化学安全与防护［M］．杭州：浙江大学出版社，2013.
[15] 郑春龙．高校实验室生物安全技术与管理［M］．杭州：浙江大学出版社，2013.
[16] 黄凯，张志强，李恩敬．大学实验室安全基础［M］．北京：北京大学出版社，2012.
[17] 范伟，何旭东．高校实验室安全基础［M］．苏州：苏州大学出版社，2022.
[18] 王世果．安全技术［M］．北京：中国电力出版社，2010，
[19] 李志刚，王桂梅，张一帆．实验室安全技术［M］．北京：化学工业出版社，2023.
[20] 和彦苓，许欣，刘晓莉，李士军．实验室安全与管理［M］．北京：人民卫生出版社，2015.
[21] 王凯全．安全管理学［M］．北京：化学工业出版社，2011.
[22] 陈卫华．实验室安全风险控制与管理［M］．北京：化学工业出版社，2017.
[23] 崔政斌，王明明．压力容器安全技术［M］．2 版．北京：化学工业出版社，2009.
[24] 张培红，尚融雪．防火防爆［M］．北京：冶金工业出版社，2011.
[25] 祝优珍，王志国，赵由才．实验室污染与防治［M］．北京：化学工业出版社，2006.